浙江省普通高校"十三五"新形态教材

园艺设施

主　编　王克磊
副主编　苏龙嘎

图书在版编目（CIP）数据

园艺设施 / 王克磊主编. —杭州：浙江大学出版社，2021.8（2024.9 重印）
ISBN 978-7-308-21437-7

Ⅰ. ①园… Ⅱ. ①王… Ⅲ. ①园艺—设施农业出版—教材 Ⅳ. ①S62

中国版本图书馆 CIP 数据核字（2021）第 103007 号

园艺设施

主　编　王克磊
副主编　苏龙嘎

责任编辑　王元新
责任校对　阮海潮
封面设计　BBL 品牌实验室
出版发行　浙江大学出版社
（杭州市天目山路 148 号　邮政编码 310007）
（网址：http://www.zjupress.com）
排　　版　杭州好友排版工作室
印　　刷　杭州高腾印务有限公司
开　　本　787mm×1092mm　1/16
印　　张　13.25
字　　数　331 千
版 印 次　2021 年 8 月第 1 版　2024 年 9 月第 3 次印刷
书　　号　ISBN 978-7-308-21437-7
定　　价　45.00 元

浙江大学出版社市场运营中心联系方式：(0571) 88925591；http://zjdxcbs.tmall.com

编写人员名单

主　编　王克磊（温州科技职业学院）

副主编　苏龙嘎（锡林郭勒职业学院）

编　者（以姓氏笔画为序）

王克磊（温州科技职业学院）

朱隆静（温州科技职业学院）

苏龙嘎（锡林郭勒职业学院）

陈先知（温州科技职业学院）

前　言

2019年12月教育部公布《职业院校教材管理办法》，强调一流教材是人才培养重要的载体，教材要适宜于不断发展的人才培养的要求。浙江省教育厅关于加快推进普通高校“互联网＋教学”的指导意见中也明确提出要加强新形态教材建设，充分发挥新形态教材在课堂教学改革和创新方面的作用，不断提高课堂和课程教学质量。党的二十大报告在“全面推进乡村振兴”中明确指出，发展乡村特色产业，拓宽农民增收致富渠道。巩固拓展脱贫攻坚成果，增强脱贫地区和脱贫群众内生发展动力。统筹乡村基础设施和公共服务布局，建设宜居宜业和美乡村。在此背景下结合我国园艺设施生产特点及“课程教学与科研相结合、课程教学与生产相结合、课程教学与社会实践相结合”的要求，本教材编写人员在2014年《园艺设施》第一版的基础上进行了教材的修订与完善。

本教材按照“项目导向、任务驱动”的教学模式，将教材内容重新进行整合、删减形成了6个项目、32个工作任务，旨在介绍园艺设施的结构及使用技术、园艺设施覆盖的种类与应用、园艺设施环境特点及其调控技术、灌溉设施设备及应用、工厂化育苗设施设备及应用等方面的知识，使学生通过理论学习和实训训练掌握从事与设施园艺生产相关的工作所必须具备的专业素养与综合能力。

本教材以培养直接从事设施园艺生产管理的复合型技术技能人才为目标，对第一版教材中的滴灌、喷灌章节进行调整，并增加无土栽培设施设备内容形成了项目五灌溉设施设备及应用；在项目三中新增了PO膜及新型多功能覆盖材料的介绍；在项目六中新增了嫁接设施设备的介绍。全书附有实训技能训练实录，供学生掌握实训过程中各技术的操作要领。全书根据新形态教材的特点与要求，每个任务都配有二维码系列教学参考资料、教学视频、动画等，更有利于学生直观地接受知识，进一步提高教学效果，同时该课程还在浙江省高等学校在线开放课程平台建有在线课程(http://www.zjooc.cn)。新版教材可供农业职业院校中园艺、园林、设施农业与装备、种子生产与经营等相关专业学生使用。本教材计划学时为60学时，不同学校专业设置和教学侧重点不同，可根据各校实际情况进行选择,并适当增加与削减。

本教材共分为6个项目,并附有技能训练指导,具体分工如下,项目一由王克磊、苏龙嘎编写;项目二和项目五由朱隆静编写;项目三由陈先知编写;项目四和项目六由王克磊和苏龙嘎编写。王克磊负责全书统稿。

教材在编写过程中,参考了大量的学术著作、科技期刊以及广大农业工作者、相关专家学者的科研劳动成果,在此对他们表示衷心的感谢!

由于编者水平和能力有限,书中难免有错误和遗漏之处,恳请广大读者和同仁提出宝贵意见和批评。

编者

2023年10月

目　　录

项目一　园艺设施的认知

 **项目描述**

本项目主要学习园艺设施的概念、园艺设施在园艺作物生产中的作用、园艺设施生产的现状与发展趋势、本课程的正确学习方法等内容。通过上述内容的学习，能初步认识园艺设施，并能正确理解园艺设施在社会生产中的重要作用，熟悉园艺设施的发展趋势，掌握课程的正确学习方法。

任务一　初识园艺设施

一、认识园艺设施

在不适宜园艺作物生长发育的寒冷或炎热季节，人为地进行保温、防寒或降温、防雨等，创造适宜园艺作物生长发育的小气候环境，这些用于保温、防寒、防雨、降温的设施和设备就是园艺设施。

园艺设施的种类很多，作用也千差万别。例如，防虫网可减轻病虫危害；遮阳网可防止高温、暴雨和环境污染等气象灾害对蔬菜生产的危害；塑料大棚、日光温室等可提前或延后园艺作物的栽培，实现提早或延迟上市，延长供应时间。通过园艺设施在园艺产品生产中的应用，最终实现增加园艺产品的花色品种，提高其生产产量和品质，缓解供求矛盾，实现周年生产、均衡供应。

二、园艺设施的发展历史

(一)原始阶段

2200多年前，秦始皇就密令：冬种瓜于郦山谷中温处，瓜实成。

西汉(前206—25)，《汉书》“循史传”中记载：“太官园种冬生葱韭菜茹，覆以屋庑，昼夜燃蕴火，待温气乃生，信臣以为此皆不时之物。”这种栽培蔬菜的方法，开创了设施蔬菜栽培的先河，说明我国在2000多年前已能利用设施栽培蔬菜。

唐朝(618—907)，在陕西西安附近利用天然温泉热源在早春栽培瓜类，农历二月即可采收。

元朝(1206—1368)，出现了风障畦栽培韭菜。

明朝(1368—1644),北京一带应用火室、炕洞(土温室)于冬季栽培喜温蔬菜,春节时便有黄瓜上市。这证明400多年前北京温室黄瓜已栽培成功。

以上说明我国设施蔬菜栽培有悠久历史,虽是靠风障、土温室、温泉水补热的简易设施,但已积累了丰富的生产经验,显示了我们祖先无穷的智慧和力量。

在国外,古罗马帝国第五位皇帝尼禄时期(54—68),有掘坑后覆盖园艺设施在云母片或滑石板片栽培黄瓜的记载,是用最简易的材料进行围护栽培,仅有挡风避寒功能,谈不上透光增温。到了17世纪,法国、英国、日本、德国等相继出现了简易的保护地蔬菜栽培。1894年美国人留柏尔斯发明了平板玻璃,1943年聚乙烯塑料薄膜用于农业生产获得成功后,设施蔬菜栽培进入了迅速发展时期。

(二)发展时期

第二次世界大战后,工业水平提高和科学技术进步以及玻璃和塑料薄膜大量用于蔬菜生产,极大地推动了世界各地设施蔬菜栽培发展,面积迅速扩大。以荷兰、日本为代表的国家,大力发展温室,起步早、发展快、面积大。日本于1953年引进农田塑料薄膜成功后迅速得到普及,以塑料薄膜温室和大棚为特征的日本设施蔬菜栽培发展速度很快,1965年其面积已达4992hm²,其结构也由竹木结构改换成钢管,温室构造大型化,设备功能较齐全。1949年美国建成了第一个现代化人工气候室,1953年日本建成了第一个人工气候室,1957年苏联建成了第一个大型人工气候室,世界范围内设施蔬菜栽培水平已发展到了高投入、高产出、高技术的阶段。

我国的设施蔬菜栽培在这一时期也有较大发展,主要应用风障、阳畦、温床、玻璃温室以及改良阳畦、北京改良温室、东北直窗温室、废气加温温室等。1956年引入塑料薄膜拱棚,20世纪60年代东北建成了占地1hm² 的大型塑料温室,吉林建成了占地667m² 的塑料大棚,70年代山西省建成晋阳型屋脊式连栋全钢结构塑料大棚,面积达500hm²。此时我国已形成了以塑料薄膜拱棚为主,与风障、阳畦、温室、地面覆盖相配套的设施蔬菜栽培体系。

(三)现代化时期

20世纪70年代后,大型钢架温室、大棚及连栋温室相继建成,而且配套室内加温、降温降湿、光照、灌水、CO_2 气肥、多层覆盖、无土栽培等设备,可实行人工控制。以计算机应用于温室为先导,设施蔬菜和花卉栽培实现了机械化、电子化、专业化。荷兰、日本、英国、德国、美国、以色列、韩国、俄罗斯、匈牙利、波兰等国家设施栽培面积较大,档次较高,代表着世界设施蔬菜栽培的发展方向。据不完全统计,目前世界各国塑料薄膜温室和大棚总面积约有1646840hm²。其分布与结构大体是:西欧各国由于常年天气凉爽,夏季短,而且气温不高,以建设连栋玻璃温室为主,透光好,保温性能也好,使用寿命长;南欧、亚洲及其他地区则以塑料薄膜温室和大棚占比较大。从设施内栽培作物来看,各国有所不同,如荷兰以花卉为主、蔬菜为辅;日本则80%是蔬菜,20%是花卉和果树。

我国从20世纪80年代开始,为了节约能源、调节市场,积极研究和推广了电热线快速育苗,装配式钢管塑料薄膜温室、大棚,立体栽培技术等。1985年辽宁省海城市采用塑料薄膜日光温室,冬季不加温栽培黄瓜获得成功,现在已由第一代节能日光温室发展到第六代。据不完全统计,2003年我国节能日光温室面积达60余万hm²,以辽宁、山东、河北、河南、陕西、山西、甘肃等省面积较大。节能日光温室低投入、高效益、节能、高产,是我国独创,具有中国特色,对解决我国冬春淡季鲜菜供应起到非常重要的作用,发展前景广阔。

三、园艺设施在园艺作物生产中的应用

园艺设施的种类很多，在不同的季节，根据不同的用途可以有目的地进行选择。例如，可根据当地的气候条件选择冬季用栽培设施的类型，可根据市场的需求来安排不同的设施生产方法，可根据资源条件和经济状况来选用相应的配套生产设备。总而言之，设施的应用应因地、因时而异，总的要求是降低生产成本，保证产品质量，提高产量和经济效益，减少对环境造成的污染，促进设施生产的可持续发展。以蔬菜设施生产为例，其应用主要体现在以下几个方面。

（一）利用设施培育壮苗

秋、冬及春季利用风障、阳畦、温床、塑料棚及温室等设施培育各种蔬菜幼苗，或保护耐寒性蔬菜的幼苗越冬，以便提早定植，获得早熟产品。夏季利用荫障、荫棚等培育秋菜幼苗。

（二）利用设施进行越冬栽培

利用风障、塑料棚等于越冬前栽培耐寒性蔬菜，在保护设备下越冬，早春提早收获。如风障根茬的菠菜、韭菜、小葱等，大棚越冬的菠菜、油菜、芫荽，中小棚的芹菜、韭菜等。

（三）利用设施进行早熟栽培

利用保护设施进行防寒保温，提早定植，以获得早熟的产品。

（四）利用设施进行延后栽培

夏季播种，秋季在保护设施内栽培果菜类、叶菜类等蔬菜，早霜出现后，仍可继续生长，以延长蔬菜的供应期。

（五）利用遮阳网、防虫网等进行炎夏栽培

在高温、多雨季节进行栽培要利用遮阳网、遮阴棚、防虫网及防雨棚等设施，进行遮阴、降温、防雨、防虫害。

（六）利用设施进行无土栽培

园艺设施是无土栽培所必需的条件，利用设施可以避免雨水对作物根际环境的干扰，减轻病虫的危害，提高产量和品质。

此外，园艺设施还被应用于休闲、观光农业以及园艺产品的展览、销售和家庭绿化等方面，应用领域越来越广。园艺设施在蔬菜、花卉、果树生产上的具体应用，必须考虑到当地的气候特点、园艺作物的种类和特性、生产效益等，只有在此基础上进行科学选择、合理管理，才能取得良好的生产效果。

PPT-1

任务二　熟悉园艺设施生产的现状与展望

一、国外园艺设施发展的现状与趋势

世界设施农业比较发达的国家有：北美的加拿大和美国；西欧的英国、法国、荷兰、意大利和西班牙；中东的以色列；亚洲的日本、韩国；大洋洲的澳大利亚等。其中西北欧国家以玻璃温室为主，而亚洲、南欧、北美以塑料温室为主。

（一）世界各国园艺设施发展情况

(1)荷兰。园艺设施是荷兰经济的重要支柱和特色，其设施园艺主要发展经济价值较高的鲜花和蔬菜，全国现有大型连栋玻璃温室 1.3 万 hm^2，其中蔬菜、花卉的生产约各占一半。温室全部采用计算机控制，实现了高度自动化。在园艺生产的领域内，除了温室公司外，还有泥炭公司、种子公司、种苗公司以及肥料、农药、农具等为生产服务配套的公司。高成本的投入，高效率的劳动，高质量、高产量的产出，高效益的收入，是荷兰温室园艺生产持续发展、水平不断提高的主要原因。目前，荷兰是世界第一大花卉出口国、世界第三大农产品出口国。

(2)日本。日本园艺设施水平居世界前列，蔬菜、花卉、水果是其设施园艺的主要产品。现有设施总面积达 5.4 万 hm^2，其中 95％是塑料温室，其温室配套设施和环境综合调控技术处于世界先进行列。

(3)以色列。以色列耕地面积小，而且一半的可耕地必须使用灌溉供水，因此大力发展设施园艺产业，尤其在节水灌溉方面，处于世界领先地位；现有温室超过 3000hm^2，多数是大型塑料薄膜连栋温室；设施生产中充分利用光热资源充足的优势和世界一流的灌溉、种植技术，主要生产花卉和高档蔬菜，产品大量出口欧洲各国，被称为“欧洲的厨房”。

(4)美国。美国温室面积目前约为 1.9 万 hm^2，主要种植花卉，达 1.3 万 hm^2。美国温室规模虽然不大，但设备先进，生产水平一流，多数为玻璃温室，少数为双层充气温室，近年来又在发展最先进的聚碳酸酯(PC)板材温室。另外，美国对设施栽培的尖端技术研究非常重视，已有成套的、全部机械化操作的全自动设施栽培技术。

(5)其他国家。法国、西班牙等国家，由于气候条件较好，夏季气温不太高，冬季气温也不太低，因此主要发展塑料温室。

（二）国外园艺设施发展特点

(1)种苗产业非常发达。近年来荷兰、日本、以色列、韩国等非常重视温室专用品种的选育，先后培育出大量适宜设施栽培的耐低温、高温、寡照、高湿，具有多种抗性、优质高产的种苗。如荷兰有 130 个种苗专营公司，有强大的种子资源优势，在脱毒、快繁等方面有很高的技术水平。荷兰是世界四大种子出口国之一，有 4900 个种子品种，1200hm^2 生产面积，出口 100 多个国家。日本、韩国、以色列的蔬菜种子在我国也有较大面积种植，均有良好的表现。

(2)单产水平高。设施园艺是资金、技术密集型的高产高效集约化栽培方式。荷兰温室番茄年产量达 40～50kg/m^2，温室黄瓜年产量为 60kg/m^2，商品率高达 90％，86％的产品销往世界各地。日本、以色列、韩国、西班牙等国单位面积优质蔬菜产出率也相当高，因而农户收入水平也高。如荷兰有420hm² 蔬菜温室，以生产番茄、黄瓜、甜椒为主，产值高达12亿～14亿美元。

(3)高水平的规模化、专业化生产。以荷兰为例，设施园艺产业实现高度专业化生产，通常每户的生产规模平均在0.9hm² 以上，但只栽培一种蔬菜，这对种植者积累经验、提高技术有益，能稳定提高产量与品质，同时也促进了专业设施、设备的开发利用，温室的机械化、自动化控制更易实施，劳动生产效率提高，生产成本降低。

(4)环境控制自动化和作业机械化。温室环境控制采用计算机智能化调控。调控装置采用不同功能的传感器，准确采集设施内室温、叶温、地温、湿度、土壤含水量、溶液浓度、二氧化碳浓度、风向、风速以及作物生长状况等参数，通过数字转换后传回计算机，并对数据进行统计分析和智能化处理，根据作物生长所需最佳条件，由计算机智能系统发出指令，使有关系统、装置及设备有规律运作，将室内温、光、水、肥、气等诸因素综合协调到最佳状态，确保一切生产活动科学、有序、规范、持续。计算机有记忆、查询及决策功能，为种植者24h全天候提供帮助。采用智能化温室自动控制系统可以达到节能、节水、节肥、节省农药，提高作物产量和品质的目的。

发达国家的温室作物栽培，已普遍实现了播种、育苗、定植、管理、收获、包装、运输等作业的机械化、自动化。例如，荷兰某公司的8000m² 盆花从播种、育苗到定植、管理等作业只需要3个工人，年产30万盆花，产值达180万美元。

(三)世界园艺设施的发展趋势

现在世界各国的设施园艺均发展很快，发达国家设施园艺生产在实现自动化的基础上正向着完全智能化、无人化的方向发展。根据调查研究资料及有关专家的分析，未来世界设施产业有以下几方面的发展趋势：

(1)温室大型化。目前世界园艺发达国家，每栋温室的面积基本上都在0.5hm² 以上。连栋温室得到普遍推广，温室高度在4.5m以上。温室空间增大，便于进行立体栽培和机械化作业。温室建筑面积增大，有利于节省建筑材料、降低成本、提高采光率和栽培效益。

(2)覆盖材料多样化。北欧国家使用玻璃较多，法国等南欧国家多用塑料，日本应用聚氯乙烯膜较多，美国多用聚乙烯膜双层覆盖。覆盖材料的保温、透光、遮阳、光谱选择性能渐趋完善。除常用材料外，现已开发了多种覆盖材料，如聚碳酸酯塑料板、聚碳酸酯中空板(PC板)等，以及各种类型的长寿膜、转光膜、无滴膜等多功能膜和遮阳网等。

(3)无土栽培发展迅速。目前，世界上已有100多个国家将无土栽培技术用于温室生产。在发达国家的设施园艺中，无土栽培占温室面积的比例较高，如荷兰超过70%，加拿大超过50%，比利时达50%，美、日、英、法等国的无土栽培面积分别达到250～400hm²。

(4)发展温室生物防治技术。发达国家重视在温室内减少农药使用量，大力发展生物防治技术。如荷兰的生物防治率已达到95%。对人体和环境有害的农药绝对禁用，对化肥施用、营养液循环处理等均有严格的标准和规范。

(5)广泛建立和应用喷灌、滴灌节水系统。以往发达国家灌溉是以土壤含水量或水位为依据进行喷灌管理，现在世界上正在研究以作物需水信息为依据的自动化灌溉系统。例如，以色列温室滴灌用水的最高水利用率为95%。

(6)向完全自动化和机械化发展。在现有设施环境自动化控制和机械化作业基础上，进一步完善环境调控水平和机械操作管理水平。

二、国内园艺设施发展的现状与趋势

(一)我国园艺设施发展现状

目前我国的设施园艺开始进入稳定发展时期,已由单纯重视数量、单产,转变为重视质量和效益,同时注重市场信息和科学生产。

(1)设施园艺规模逐年扩大,栽培面积居世界第一。第三次全国农业普查主要数据公报显示,2016年末,我国温室占地面积33.4万hm^2,其中东部地区为13.0万hm^2、中部地区为4.1万hm^2、西部地区为9.5万hm^2、东北地区为6.9万hm^2;大棚占地面积98.1万hm^2,其中东部地区为47.4万hm^2、中部地区为18.6万hm^2、西部地区为21.5万hm^2、东北地区为10.6万hm^2。目前我国园艺设施面积占世界园艺设施面积的90%以上,是世界上最大的设施园艺生产区域。

(2)实现了园艺产品周年供应,提高了人民生活水平。20世纪80年代,随着塑料棚的迅猛发展,实现了早春和晚秋蔬菜供应的基本好转;90年代,随着节能日光温室和遮阳网覆盖栽培的迅速推广,形成了周年系列化设施生产体系,破解了冬春和夏秋淡季生产和供应的难题,基本保障了蔬菜周年均衡供应。设施果树和设施花卉虽然规模相对较小,但品种丰富多彩,起到了改善市场供应、提高人民生活水平的积极作用。

(3)推进了科技创新,提高了设施园艺总体水平。日光温室蔬菜高效节能栽培技术的研发,创新了日光温室采光、保温设计原理,使我国的温室节能技术跃居世界领先地位。塑料棚蔬菜生产配套技术的集成创新,推广了一系列新品种、新技术,极大地提高了设施园艺的生产水平。新型设施园艺资材的研发,使我国的薄型耐候功能膜、遮阳网、防虫网、穴盘等研制与应用技术达到了国际先进水平。现代化温室的引进、消化和吸收,催生了我国温室制造业。上述创新成果的大面积推广应用,已成为我国设施园艺产业持续发展的重要支撑,全面提高了我国设施园艺的总体水平。

(4)提升了设施园艺产业地位,增加了农民收入。设施园艺是一项高投入、高产出的产业,生产效益比露地生产高3～5倍,投入产出比达到1∶4.45。2008年,全国设施园艺的产值为7079.75亿元,占园艺产业的51.31%,占种植业的25.25%,已成为农村区域经济发展的支柱产业。设施园艺产业的蓬勃发展,带动了塑料工业、建材工业、温室制造业、农资生产经营和物流业等相关行业的迅速发展。设施园艺提高了土地的利用率和产出率,安置了农闲期间的闲散劳动力,增加了农民收入。据测算,全国设施园艺产业可以直接解决2600多万人就业,并可带动相关产业发展,创造1500多万个就业岗位,为缓解城乡就业压力做出了重要贡献。目前,设施园艺已成为广大农民增收致富的主要途径,也是各地农业产业结构调整的首选发展项目之一。

(二)我国园艺设施呈现的特点

(1)产业作用大。设施蔬菜播种面积400万hm^2(6000万亩),占蔬菜播种面积的17%。产量近3亿吨,占蔬菜总产量的38%,产值9800亿元,占农业总产值的17.9%。就业人员7000万人,创人均增收993元。设施花卉面积11.6万hm^2(174万亩),占花卉种植面积的8.7%。设施果树6.7万hm^2(100万亩,不含草莓)。

(2)装备需求大。设施蔬菜和设施花卉的单产均不足荷兰等发达国家的15%,设施蔬菜集约化经营盈利水平低下,装备和装备集成不足是主要瓶颈之一(其二是劳动力,其三是投入品成本,其四是生产技术与经营管理水平)。体现着设施装备水平与经营效益之间的不正常的相关关系,甚至出现负相关。

按同口径计,2017年,全国设施园艺总面积为204万hm^2(农机部门统计),其中机耕设施面积为150万hm^2;达74%;机播设施面积为34万hm^2,达17%;机采运设施面积为18万hm^2,达9%;机械灌溉施肥设施面积为115万hm^2,达56%;机械环控设施面积为52万hm^2,达25%。按耕、播、收、灌溉、环控五环节综合测算,设施园艺机械化水平33.12%,比2016年提高1.34个百分点。江苏最高,达48%,海南最低,为17%。从机械化水平现状与产业需求对比看,装备升级需求很大。

(3)装备技术进步明显。生产作业机具、环境调控设备、水肥一体化设备、植保设备、设施生产配套集成技术等装备技术持续推出并且迅速投入应用。截至2016年3月,设施园艺领域的有效专利5060件中,装备设备类比重上升明显,节能、结构和机械、灌溉、控制四类是2013年以来增速最大的。标准体系日益完善,目前已颁布实施设施园艺相关标准221项,内容涉及温室设计建造,蔬菜、花卉、食用菌等栽培技术,温室资材,设施装备,节水灌溉等。其中温室工程相关现行标准47项(国家标准8项,农业行业标准29项,机械行业标准9项,物资行业标准1项)。

(4)新趋势影响大。信息化数字化、自动化智能化、规模化集约化、绿色化生态化、全程化全面化五个方面的趋势明显,对装备创新和应用升级推动大。以规模化集约化为例,2017年全国新建设单体5hm^2以上、装备完整的玻璃温室就达400hm^2,投资总额超过80亿元。

(5)装备行业发展速度快。当前全国拥有技术队伍的设施工程企业556家,拥有生产设备的温室材料和设备企业471家。全国性的设施园艺装备社团和联盟4个(中国农业机械化协会设施园艺分会、农机工业协会设施园艺装备分会、蔬菜协会机械化分会、设施园艺科技与产业创新联盟,不含学会),区域性的12个。其中中国农业机械化协会设施园艺分会(由农业农村部规划设计研究院设施农业研究所负责人担任主任委员)有会员220家,占规模以上(年收入2000万元以上)企业数量的70%,在团体标准、行业培训、信息交流、创新引导等方面发挥着越来越大的作用。

(三)我国园艺设施的发展趋势

针对我国设施栽培发展的大好形势,今后一段时间的发展重点应该是,大力发展以高效节能型日光温室为龙头的设施栽培,要制定各种类型的设施标准,建立低成本、低能耗的设施设备成套技术体系、高效设施栽培管理体系和设施生产产业化体系,从机械化、电气化、专业化着手,提高设施结构与设备档次,进一步发展为工厂化高效农业。要集成国内外农业高新技术,以市场为导向、科技为先导,大幅度提高单位面积产量与效益,走出一条适合我国国情的,并与世界先进农业生产方式接轨的农业新兴模式。

(1)开发新型温室结构,制定设施标准体系。我国今后设施结构发展要抓住两个重点:一是设施结构类型,以塑料棚为主;二是高效节能。虽然玻璃温室在西欧等国家较普遍,但是有两个原因不适合我国发展:一是气候条件不同,像荷兰、西班牙等西欧国家,属于海洋性温带阔叶林气候,夏季凉爽,气温多在25℃左右,超过30℃的天气极少,冬季温和,多雨雾,以建设玻璃温室为主。而我国北方地区大多数属于大陆性北温带地区,夏季高温干燥,冬季寒冷风大，所以，温室要具备夏季降温、冬季保温的性能，以建设塑料温室为主。玻璃温室在多台风地区和经济发达地区仍有很大发展空间。二是国情不同。西欧诸国属于发达国家，经济条件好，人们购买能力强，对产品要求质量越高越好，所以，设施栽培可以实现高投入、高产出、高效益的目的。而我国属于发展中国家，经济基础还不强大，人们生活水平较低，购买能力与观念还跟不上，所以，要考虑低成本、低消耗、高效益的问题。

(2)开发设施内环境控制技术与设备。21 世纪，农业的明显特征是高科技的工厂化高效农业。工厂化农业是指在相对可控环境条件下采用工业化生产，实现集约高效及可持续发展的现代化生产方式。针对我国设施可控水平低、机械不配套的现状，应尽快提高环境控制能力，促进改变靠天吃饭进程，缩小与发达国家的差距。因此，重点研究温室环境指标(包括温度、湿度、光照等)和自动化控制技术，对加温、降温、灌溉、通风、排湿、补光、二氧化碳施肥等环境调节技术实行优化组合，便于应用。对以上各种环境调节设备进行开发应用，要注重信息技术和专家系统的应用研究。

(3)新品种引进与配套栽培技术研究。优良的温室品种与成熟的管理技术是获得高产高效优质产品的根本保证，所以，要开展新品种及配套高产栽培技术的研究。要采用抗病、高产、优质的良种，立体栽培及营养液栽培新技术，植物生长调节技术，以生物措施为主的病虫害综合防治技术和产品产后处理技术，建立从品种选择、栽培管理到采收包装一整套完整的规范化的技术体系。

(4)开发与应用设施生产机械作业技术。主要是开发研制一系列温室小型农机具，并能够进行温室内耕翻、定植、铺膜、消毒、嫁接、作埂、开沟、施肥、打药、清洗、包装等机械作业，使人们从简单繁重的劳动作业中解放出来，走机械化道路。可以把引进和开发研制结合起来，吸收国外先进的小型农机具和园艺资料，开发适合我国的实用小型机械与农具。

(5)开展设施生产产业化体系及经营管理模式的研究。作为产业化体系应该包括设备设施与环境工程、种子工程、产后处理工程、蔬菜工厂化种植工艺工程等部分，是设计、制造、生产、销售一条龙，农科贸一体化系统。所以，要实行企业经营管理，走公司加农户道路，形成求实高效的运行管理体制。为顺利运转整体系统，还需要建立社会服务体系、人才培训体系、信息收集与分析体系等，这样庞大的系统需要人才、技术、资金、管理等方面的集成优势，统一协调，顺利发展，最后形成强大的产业集团，走向市场，走向世界。

(6)开展无公害蔬菜生产技术的研究。设施栽培中最容易发生的问题是连作障碍，是土壤连茬栽培后积累了大量盐类物质和病虫害。大量农药和有害物质积累严重污染蔬菜，人们食用后造成中毒，危害人们身体健康。另外，也由于连作障碍影响温室生产，限制了设施农业的发展。因此，防止连作障碍、减少农药化肥污染、生产无公害蔬菜将是今后设施栽培中重点研究内容之一。

PPT-2

(7)培养园艺设施管理的专门人才。我国设施农业与世界先进国家的差距，本质上是人才的差距。所以，政府应重视人才工程，大力培养专门人才，提高管理者和生产者素质，才能尽快赶上世界水平。

任务三　掌握正确的课程学习方法

本课程是一门应用性较强的课程，涉及许多相关基础知识，内容主要为设施的结构、类型、性能等，但最终均归结到如何根据设施本身的特性、作物的特点，科学合理地调控设施的环境条件，促进作物生长，提高产量和品质的根本目的上。因此，在了解设施特性的基础上，还要掌握作物的生物学特性和对环境条件的要求，了解本地的气候特点。此外，还要求学生掌握一定的规划设计、土壤学、植物保护学和力学等相关知识，只有在此基础上勤于摸索，才能真正选择好、应用好、维护好园艺设施，降低生产成本，提高经济效益。

因此，在学习过程中，一方面要掌握园艺设施的特性，另一方面要走出课堂、走进设施，在生产管理的过程中去学习、领会，用实践知识来巩固和印证课堂理论知识，加深理解。要通过实践来提高对本课程的学习兴趣，避免空洞的泛谈。要通过调查、研究来提高自身的应用能力，避免教条的本本主义。只有通过眼、耳、身的感受，用心领会，才能学好用好本课程的知识，为今后走上工作岗位奠定坚实的基础。

复习思考题

1. 什么是园艺设施？你接触过的园艺设施有哪些？
2. 园艺设施在园艺生产上有哪些作用？
3. 如何理解发展园艺设施的重要意义？

项目二　园艺设施的类型、结构及应用

项目描述

通过本项目的学习让学生掌握简易设施的结构及类型、塑料拱棚的结构及类型、温室的结构及类型，掌握各种设施在生产中的作用，掌握电热温床的铺设技术，掌握塑料拱棚的建造技术；掌握塑料拱棚、日光温室等设施结构的调查方法。

任务一　风障畦的结构及应用

一、风障畦的类型与结构

风障畦是一种简易的园艺设施。风障是在冬春季节与季风成垂直方向在栽培畦的北侧竖起的一排篱笆挡风屏障，风障与栽培畦配合使用即称为风障畦。

风障畦由风障和栽培畦组成。风障畦按照篱笆高度的不同可分为小风障畦和大风障畦两种，大风障畦可分为简易风障畦和完全风障畦。

(1)小风障畦。结构比较简单，风障高度为1～1.5m，风障间距较近，约2～4m。在春季每排风障只能保护相当于风障高度的2～3倍的栽培畦(见图2-1)。

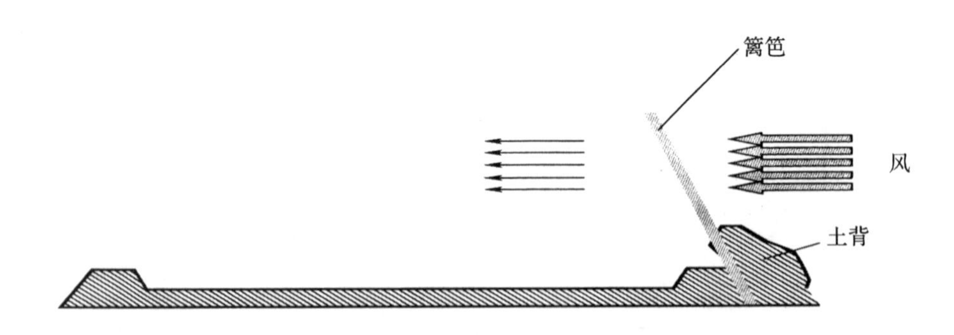

图2-1　小风障畦

(2)简易风障畦。用玉米秆、高粱秆、芦苇等材料设1.5～2m高的篱笆，密度较稀，风障之间距离在8～10m，栽培畦位于风障的南侧(见图2-2)。

(3)完全风障畦。由篱笆、披风和土背组成，用玉米秆、高粱秆、芦苇等材料设1.5～2m

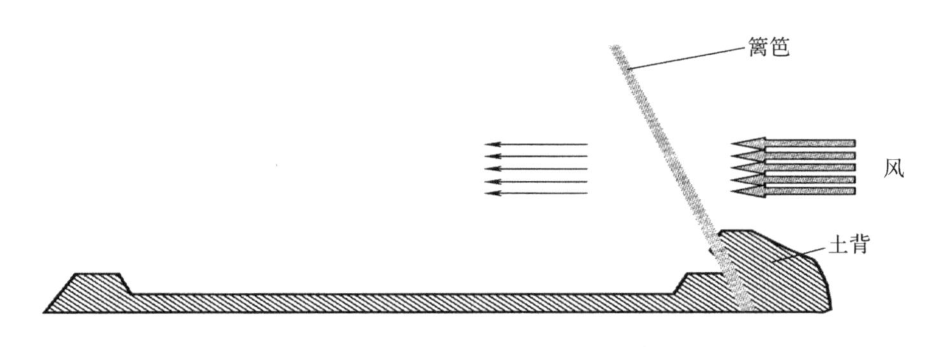

图 2-2　简易风障畦

高的篱笆，篱笆的北侧用稻草或者旧塑料薄膜等做披风，对栽培畦防风增温效果明显(见图 2-3)。

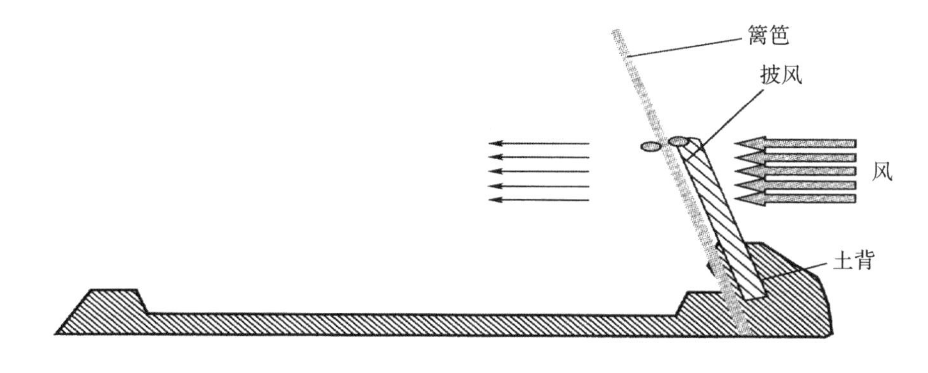

图 2-3　完全风障畦

二、风障畦的设置与应用

(一)风障畦的设置

(1)风障方位和角度。风障的设置在与当地的季候风向垂直时防风效果最好。除考虑风向外，也应注意障前的光照情况，要避免遮荫。华北地区冬、春季节以西北风为主，北风占50%，故风障方向以东西延长、正南北，或者偏东南 5°为好。风障与地面的角度，冬、春季节以保持 70°～75°为好；入夏以后为防止遮荫以 90°为好，即冬季角度小，增强受光、保温；夏季角度大，避免遮荫。简易风障多采用垂直设立。

(2)风障的距离。风障的距离应根据生产季节、蔬菜种类、栽培方式、风障的类型和材料的多少而定。一般完全风障主要在冬春季使用，每排风障之间的距离为 5～7m，或相当于风障高度的 3.5～4.5 倍，保护三四个栽培畦(即并一畦、并二畦至并四畦)。简易风障主要用于春季及初夏，每排之间距离为 8～14m，最大距离有 15～25m。小风障的距离为 1.5～3.3m。大、小风障可以配合使用。

(3)风障的长度和排数。长排风障比短排的防风效果好，可减少风障两头风的回流影响。在风障材料少时，加多排风障不如减少排数延长风障长度。设长排风障时，单排风障不如多排的防风、保温效果好。

（二）风障的性能

（1）防风。风障减弱风速、稳定气流的作用较明显。风障一般可减弱风速10%～50%。风速越大，防风效果越好。风障排数越多，风速越小；距离风障越远，风速越大，越能显示出风障的防风作用，这说明风障的设置以多排的风障群为好。

（2）增温。风障能提高气温和地温，在1～2月的严寒季节，露地地表温度可达－17℃时，风障畦内地表温度可达－11℃。风障增温效果以有风晴天最显著，阴天不显著；距风障越近，温度越高；但随着距离地面高度的增加，障内外温度差异不断减小，50cm以上的高度已无明显差异。障内外地温的差异比气温稍大，如距风障0.5m处地温高于露地2倍多，而在阴天时只比露地高0.6℃。风障前的温度来源于阳光辐射及障面反射，因此辐射的强度越大，畦温与地温越高；又由于障前局部气流稳定，并有防止水蒸气扩散的作用，因此可减少地面辐射热的损失。白天障前的气温与地温比露地要高。在夜间，由于风障畦没有覆盖物保温，土壤向外散热，障前冷空气下沉，形成垂直对流，使大量的辐射热损失而温度下降，但障内近地面的温度及地温仍比露地略高。

（3）减少冻土层深度。由于风障的防风、增温作用，障前冻土层深度比露地浅，距风障越远冻土层越深。风障后的冻土层，由于遮荫而比露地深，地温也比风障前低，甚至比露地还低。入春后当露地开始解冻7～12cm时，风障前3m内已完全解冻，比露地约提早20天，畦温比露地高6℃左右，因而可提早播种或定植。

（三）风障的应用

风障由于设施结构的特点，也存在着一些缺点。如白天虽能增温，并达到适温要求，但夜间由于没有保温设施，而经常处于冻结状态，因此生产上的局限性很大，季节性很强，效益较低。由于风障的热源是光热，因此在阴天多、日照率低的地区不适用，在高寒及高纬度地区应用时效果不明显；另外，在南风多或乱流风的地区也会影响使用效果。

风障畦多用在我国北方晴天多及风多的地方，主要用于蔬菜栽培，花卉栽培用得较少；秋、冬季用于耐寒蔬菜越冬栽培，如菠菜、韭菜、青蒜、小葱的风障根茬栽培等；与薄膜覆盖结合进行根茬菜早熟栽培；用于幼苗防寒越冬，如小葱、大葱等，或用于早春提早播种叶菜类及提早定植果菜类等；也可用于一些宿根花卉的越冬栽培；春小菜提早播种，如小萝卜、小白菜、茴香等，或提早定植叶菜及果菜类；也可与地膜覆盖结合进行早熟栽培，或为蔬菜种株防风采种等。

PPT-3

任务二　阳畦的结构及应用

一、阳畦的类型与结构

阳畦又称冷床，是在风障的基础上发展而来的，将风障畦的畦埂增高，成为畦框，在畦框上覆盖塑料薄膜，并在薄膜上加盖不透明覆盖物来增加采光和保温性能，这样的简易保护设施即为阳畦。它是利用太阳光能来保持畦温，性能优于风障，是园艺生产上育苗设施之一，还可以用于栽培各种蔬菜。按照阳畦的结构分为普通阳畦和改良阳畦。

（一）普通阳畦的类型与结构

普通阳畦又分为抢阳畦和槽子畦。

（1）抢阳畦。由风障、畦框、透明覆盖材料和保温覆盖物等4部分组成（见图2-4(a)）。风障向南倾斜，与南侧地面呈70°～80°夹角。风障的篱笆高度1.8～2.0m，用料是竹竿、玉米秆等，披风高1.5～1.7m，用料是稻草、谷草或者旧塑料薄膜等。畦框用土做成，北框比南框高而薄，上下呈楔形。北框高40～45cm，底宽25～30cm，顶宽15～20cm；南框高20～30cm，底宽30～35cm，顶宽30cm左右；侧框厚度与南框相同。阳畦宽1.5m左右，长10～15m，透明覆盖主要用塑料薄膜，保温覆盖用稻草帘等。

（2）槽子畦。结构与抢阳畦基本相同（见图2-4(b)）。只是它的南框较高，基本与北框相平，四框做成后近似槽形，故名槽子畦。槽子畦对光能利用率较低，主要是没有坡度，槽子畦南墙较高，南部空间较大，可栽植植株较高的蔬菜或者进行假植贮藏。槽子畦的风障直立，便于卷放草帘；北框高40～60cm，厚30～35cm；南框高40～55cm，厚30～33cm；透明覆盖物是塑料薄膜，保温覆盖物同抢阳畦。

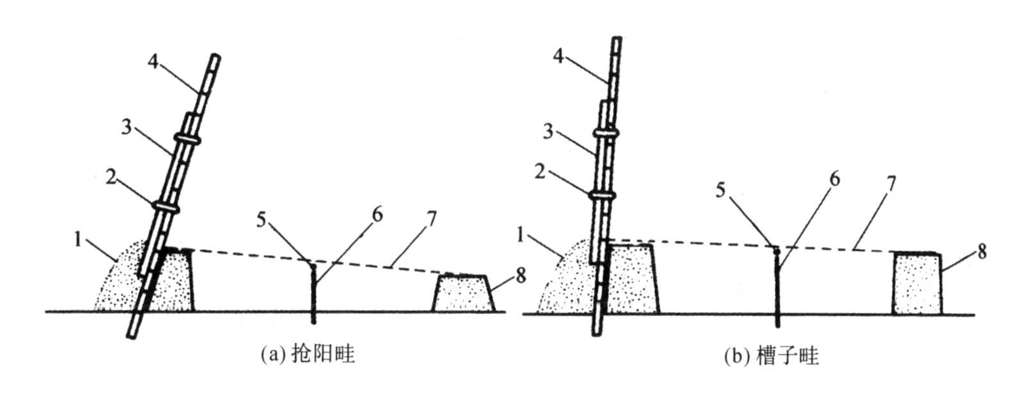

1-土背；2-横腰；3-披风；4-篱笆；5-拉丝；6-支柱；7-薄膜；8-畦框

图2-4　阳畦横断面

（二）改良阳畦的类型与结构

改良阳畦由土墙（后墙、山墙）、棚架、透明覆盖物和不透明覆盖物等构成。改良阳畦的规格和形式有多种，以下介绍两种主要类型。

（1）竹木结构。后墙和山墙均为泥墙，后墙高1.0～1.5m，底厚0.6～0.8m，上顶厚0.4～0.5m，山墙厚度与后墙相同，高度与拱架外形相符；拱杆用竹片或竹竿，拱杆间距0.6～0.8m，棚内最高1.4～1.6m，南北跨度3～4m，棚内根据拱杆强度，南北设置1～2排支柱，东西立柱间距2～3m，立柱上设置拉杆，将拱杆绑在拉杆上（见图2-5(a)）。

（2）钢竹混合结构。墙体与竹木结构相同，前拱架不同于竹木结构，区别是拱杆每间隔3m设一个三角钢筋拱架为加强梁，在加强梁上，东西纵向用8号铅丝拉4～5道拉丝，将竹拱杆固定在拉丝上，棚内不设立柱（见图2-5(b)）。

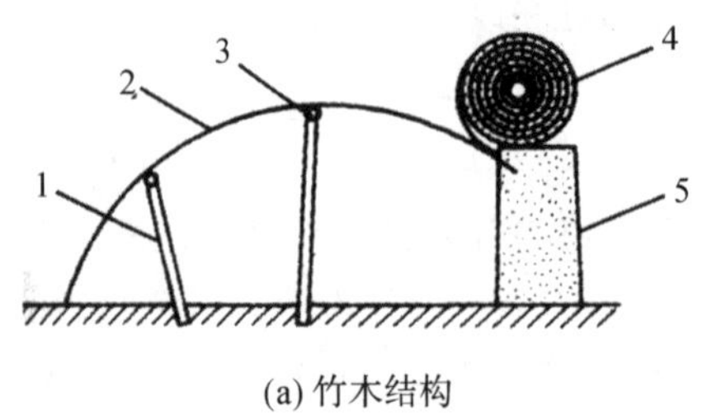

(a) 竹木结构

(b) 钢筋竹木结构

1-立柱；2-拱杆；3-拉杆；4-草苫；5-后墙

1-钢筋拱梁；2-拉丝；3-草苫；4-后墙

图 2-5　改良阳畦横断面

二、阳畦的设置与应用

（一）阳畦的设置

(1)场地选择。选择地势高燥、土质肥沃、排水良好的地块设置阳畦，要求东、南、西三方无高大遮阳物遮光，北侧有围墙、树木、高大建筑等挡风物为好。在阳畦的四周留有足够的空间，便于肥料、秧苗的运输等作业。在北方地区，地下水位低，可建成地下式来增强保温性；在南方地区，地下水位高，应建成地上式来提高阳畦的排水能力。

(2)田间布局。阳畦的方向以东西延长为好，畦数少时，应做成长排畦，不宜单畦排列，以免受回流风的影响。两排阳畦的距离以 5～7m 为宜，避免前排风障遮挡后排阳畦的阳光；在不设立风障时，两排的间距可缩小至 2m 左右。也可以在阳畦群的最北侧设立一排风障，既可以节省成本，也可以提高阳畦的保温能力。

（二）阳畦的性能

阳畦除了有风障效应外，由于增加了土框和覆盖物，白天可以大量吸收太阳光热，夜间可以减少辐射，提高保温性能，由于热源来自阳光，因而阳畦内温度受季节、天气的影响大。华北地区冬季阳畦内旬平均温度只有 8～12℃，并可能出现－8～4℃的低温，而春季气温回升时晴天可以比露地高 10～20℃，达到 30～40℃，保持畦内较高的畦温和土温。天气晴、阴、雨、雪会直接影响畦内温度的高低。阳畦的结构不同、畦框的厚度与覆盖物的种类对其性能都有很大的影响。此外，在同一阳畦内不同的部位由于接受阳光热量的不同，致使局部存在着很大的温差，一般北框和中部的温度较高，南框和西部的温度较低。

（三）阳畦的应用

普通阳畦主要用于蔬菜、花卉等作物育苗，还可用于蔬菜春提前、秋延后栽培及假植栽培。在华北及山东、河南、江苏等一些较温暖的地区还可用于耐寒叶菜，如芹菜、韭菜等的越冬栽培。

PPT-4

改良阳畦比普通阳畦的性能优越，用途广泛，效益高，主要用于耐寒性蔬菜(如葱蒜类、甘蓝类、芹菜、油菜、小萝卜等)的越冬栽培，还可以用于秋延后、春提早栽培喜温果菜，也可用于蔬菜、花卉、部分果蔬的育苗。华北地区可栽培草莓。

任务三 电热温床的结构与应用

电热温床是在阳畦、小拱棚、大棚及温室内的栽培床上安装电热线，利用电能来对土壤进行加温，故称电热温床。

一、电热温床的结构

完整的电热温床是由隔热层、散热层、床土和覆盖物四部分组成。隔热层是在苗床底部的一层厚度为10～15cm的秸秆或者碎草，主要作用是阻止热量向下层土壤中传递散失；散热层是一层厚度为5cm的细沙，内铺设电热线，沙层的主要作用是均衡热量，使上层土壤受热均匀；床土厚度一般12～15cm。穴盘育苗或营养钵育苗可以不铺设床土，而是直接将穴盘或育苗排列在散热层上；覆盖物有透明覆盖物和不透明覆盖物（见图2-6）。

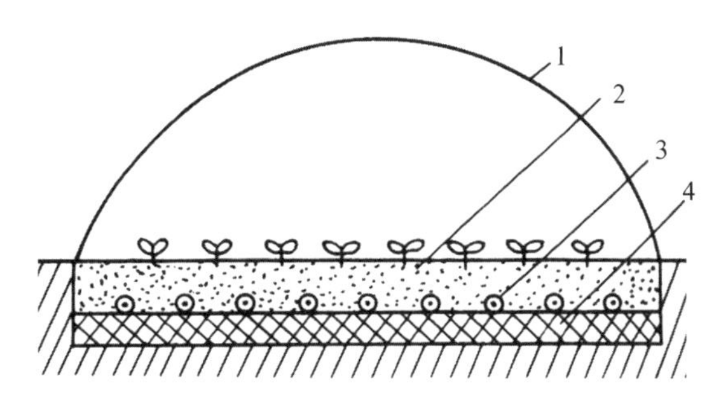

1-小棚　2-床土　3-电加温线　4-隔热层

图2-6 电热温床结构

二、电热线的加温原理与设备组成

（一）电热线的加温原理

电热线的加温原理是利用电流通过电阻较大的导体，将电能转变成热能而使床土温度升高，一般1kW功率的电热线，每小时可产生3600kJ的热量。因此，用电热线对土壤进行加温，具有升温快、温度均匀和便于调控的优点。

（二）电热线的设备组成

电热线的规格主要有空气加温线和地加温线，空气加温线可用于空气加温、土壤加温和水加温；地加温线只能用于土壤的加温，因此要严格加以区别。电热线的主要参数有电流、电压、功率、最高使用温度、长度等。

电热加温的设备主要有电热线、控温仪、继电器、电源开关、配电盘等。长三角地区使用较多的是上海农业机械化研究所生产的电热线系列，主要参数如表2-1所示。

表 2-1 上海农业机械化研究所生产的电热线的主要参数

型号	工作电压/V	电流/A	额定功率/W	长度/m	塑料外皮颜色
DV20406	220	2	400	60	棕
DV20608	220	3	600	80	蓝
DV20810	220	4	800	100	黄
DV21012	220	5	1000	120	绿

控温仪的型号有很多，选择时要考虑它的参数，应满足电热线较长时间加温的需要。不同型号控温仪的直接负载功率和连线数量不相同，应按照使用说明书进行配线和连线。控温仪的参数有电压、输出功率、控温精度、控温范围、控温方法和工作时间等。控温仪型号与技术参数如表 2-2 所示。

表 2-2 控温仪的型号与技术参数

型号	控温范围/℃	负载电流/A	负载功率/kW	供电形式
BKW-5	10～50	5×2	2	单相
KWD	10～50	10	2	单相
WKQ-1	10～50	5×2	2	单相
WK-1	0～50	5	1	单相
WK-2	0～50	5×2	2	单相
WK-10	0～50	15×3	10	三相四线制

三、电热温床的铺设过程

(一)准备工作

(1)确定电热温床的功率密度

电热温床的功率密度是指单位面积在规定时间内达到所需温度时的电热功率，单位为 W/m^2。一般育苗床的功率密度以 $80～120W/m^2$ 为宜，分苗床以 $50～100W/m^2$ 为宜。

(2)根据电热温床面积计算所需要的电热线的总功率

电热线总功率(P)＝电热温床面积×功率密度

(3)确定所需电热线的根数

电热线根数(n)＝总功率/单根电热线的额定功率

(4)确定电热线行数

电热线行数(d)＝(电热线长度－床宽)/床长

为了使电热线的两端位于温床的一端，方便线路连接，计算出的行数应取偶数。

(5)确定电热线的行间距

电热线的行间距(h)＝床宽/(布线行数－1)，由于床面的中央温度较高、两侧温度偏低，中央布线间距应适当增大一些，两侧布线间距应小一些，并且最外两道线要紧靠床边。

（二）布线及铺设方法

电热线铺设时，先在床底下设隔热层，其上铺电热线，电热线上下为护线层，其上铺营养土或放置育苗营养钵。隔热层厚 8～10cm，用料有麦糠、干锯末、麦秸等导热性差的物质，防湿且提高隔热效果，在隔热物上盖一层塑料薄膜。在隔热层上撒一些沙子或床土，经踏实平整后，再铺电热线。铺线前准备长 20～25cm 的小木棍，按设计的行间距，把小木棍插到苗床两头，地上露出 6～7cm，然后从温床的一边开始，来回把线挂在小木棍上，线要拉紧、平直，布线的行数为偶数，以便电热线的引线两头留在苗床的同一端作为接头接上电源和控温仪。最后在电热线上铺床土，床土厚 5～15cm（见图 2-7）。

（三）电源及控温仪的链接

控温仪按照说明接通电源，并把感温插头插在电热温床的适当位置。接线时，功率小于 2000W（10A 以下）时可采用单相接法；功率大于 2000W 时，可采用单相加接触器和控温仪的接法；功率电压较大时可采用 380V 电源，并选用与负载电压相同的交流接触器。

（四）注意事项

（1）电热线的电阻是额定的，使用时只能并联，不能串联，不能接长或者剪短，否则改变了电阻及电流，使温度升高或者电热线被烧断。

（2）电热线不能交叉、重叠、结扎，成盘或者成卷的电热线不得在空气中通电使用，以免积热烧结、短路或者断线。

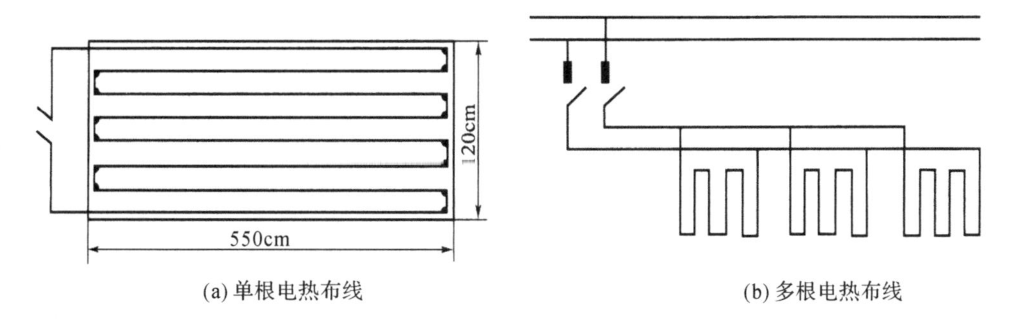

(a) 单根电热布线　　(b) 多根电热布线

图 2-7　电热线的布线方法

（3）布线时，不能硬拔、强拉；回收电热线时，禁止硬拉或者用铁器挖掘；线圈盘好后置于阴凉处保存，不要随意折叠放置，防止断线。

（4）在对苗床进行管理时，要切断电源。

四、电热温床的应用

电热温床主要用于冬春季节作物的育苗和扦插繁殖，以果菜类蔬菜育苗应用较多。由于电热温床具有增温性能好、温度可精确控制和管理方便等优点，现在生产上已广泛推广应用。

PPT-5

任务四　塑料中小拱棚的结构及应用

一、塑料中小拱棚的类型与结构

塑料拱棚是指不用砖、石、土做结构维护，只以竹、木、水泥或者钢材等做骨架，将塑料薄膜覆盖于骨架之上而形成一定的栽培空间，从而进行蔬菜、花卉等生产的设施。根据塑料拱棚的结构形式和占地面积，可将塑料拱棚分为塑料小拱棚、塑料中棚、塑料大棚、连栋大棚等。

（一）塑料小拱棚的类型与结构

小拱棚结构简单，取材方便，容易建造，成本低，保温降温效果好，适于短期园艺植物栽培及育苗。

(1)拱圆形小拱棚。这是生产上应用最多的类型，多应用于北方。其主要采用毛竹片、竹竿荆条或者直径 6～8mm 的钢筋或薄壁钢管等材料，做成宽 1～3m、高 1m 左右的弓形骨架，各骨架之间用竹竿或者 8＃铁丝将每个拱架连在一起，上面覆盖聚氯乙烯或者聚乙烯薄膜等，外面用压膜线等固定薄膜。东西延长小拱棚可在北侧加设风障，成为风障拱棚。

(2)半拱圆形小拱棚。棚架为拱圆形小拱棚的一般北面为 1m 左右的土墙或者砖墙，南面为半拱圆形的棚面。棚的高度为 1.1～1.3m，跨度为 2.0～2.5m，一般无立柱，跨度大时中间可设 1～2 排立柱，以支撑棚面及负荷草苫。防风口设在棚的南面腰部，采用扒缝放风，棚的方向以东西延长为宜，有利于采光。由于这种小拱棚一侧是直立的，使得棚内的空间较大，利于秧苗的生长。

(3)双斜面小拱棚。棚面呈屋脊形或者三角形，适用于风少多雨的南方，因为双斜面不易积水，一般棚宽 2m、棚高 1.5m，可以平地覆盖，也可以做成畦框后再覆盖。棚向东西延长或者南北延长均可，一般中央设置一排立柱，柱顶端拉紧一道 8＃铁丝，两边覆盖薄膜。小拱棚的类型如图 2-8 所示。

（二）塑料中棚的类型与结构

中棚的面积和空间比小棚大，是小棚和大棚的中间类型。中棚由于跨度较小，高度也不是很高，加盖防寒覆盖物可以大大提高防寒保温能力。常用的中棚多为拱圆形结构。

拱圆形中棚跨度一般为 3～6m，在跨度 6m 时，以高度 2.0～2.3m、肩高 1.1～1.5m 为宜；在跨度 4.5m 时，以高度 1.7～1.8m、肩高 1.0m 为宜；在跨度 3.0m 时，以高度 1.5m、肩高 0.8m 为宜；长度可根据需要及地块长度确定。另外，可根据中棚跨度的大小和拱架材料的强度，来确定是否需要设立柱。用竹木或者钢筋做骨架时，需设立柱；用钢管作拱架则不需要设立柱。

(1)竹片结构。棚架是由双层 5cm 竹片用铁丝上下绑在一起制作而成的。拱架间距为 1.1m。中棚纵向设 3 道横拉，主横拉位置在拱架中间的下方，用 1 寸钢管或者木杆设置，主横拉与拱架之间距离 20cm 立吊柱支撑。2 道副横拉各设在主横拉两侧部分的 1/2 处，两端固定在立好的水泥柱上，副横拉距离拱架 18cm，立吊柱支撑。拱架的两个边架以及拱架每

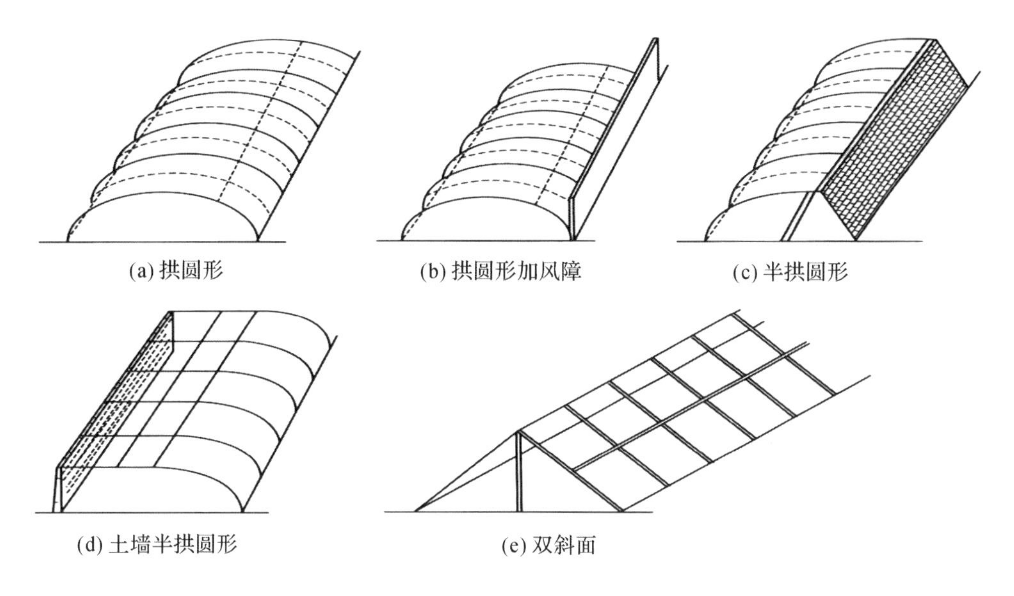

图 2-8 小拱棚的类型

隔一定距离在近地面处设立柱 1 根,立柱上顶端在横拉下,下端入土 40cm。立柱用木柱或者水泥柱,水泥柱横截面为 10cm×10cm。

(2)钢架结构。拱架主要分成主架和副架。跨度 6m,主架用钢管做上弦、直径 12mm 钢筋作下弦制成桁架,副架用钢管做成。主架 1 根,副架 2 根,相间排列。拱架间距 1.1m。钢架结构设置 3 道横拉。横拉用 12mm 钢筋连接。钢架中间的横拉距离主架上弦和副架约为 20cm,拱架两侧的 2 道横拉距离拱架 18cm。钢架结构不设立柱。

(3)混合结构。拱架分成主架与副架。主架为钢架,其用料及制作与钢架结构的主架相同,副架用双层竹片绑紧做成。主架 1 根,副架 2 根,相间排列。拱架间距1.1m。混合结构设置 3 道横拉。横拉用直径 12mm 钢筋做成,横拉设在拱架中间及其两侧部分 1/2 处,在钢架主架下弦焊接,竹片副架设小木棍连接。其他均与钢架结构相同。

二、塑料中小拱棚的性能与应用

(一)塑料中小拱棚的性能

(1)温度。小拱棚的热源为阳光,所以棚内的气温随着外界的变化而改变,并受薄膜特性、拱棚类型以及是否有外覆盖的影响。由于小拱棚的空间小,缓冲力弱,在没有外覆盖的条件下,温度条件较大棚剧烈。晴天时增温效果显著,阴、雨、雪天增温效果差。一般情况下,早春小拱棚的增温能力只有 3~6℃。但外界气温升高,光照充足时,棚内增温显著,最大增温能力可达 15℃,棚内容易造成高温危害。在阴天、夜间没有光照或者外界气温低时,棚内最低温度仅比露地高 1~3℃,如遇到寒潮极易产生霜冻。冬春用于育苗栽培或者生产的小拱棚,要加盖草苫等防寒物来保温,可以比不加草苫的拱棚提高温度 2℃以上,比露地气温提高 4~8℃。

(2)光照。小拱棚内的光照情况与薄膜的种类、新旧、水滴的有无、清洁程度以及棚型结构等有较大关系。拱圆形小拱棚内光照比较均匀,但当作物长到一定高度时,不同部位作物的受光量具有明显的差异。一般上层的光强比下层高，水平方向上，南面大于北面，相差大约6%～7%。

(3)湿度。小棚内湿度较高，一般棚内相对湿度白天通风时保持在40%～60%；夜间密闭时可达到100%。主要是塑料薄膜的气密性较强，因此在密闭的情况下，地面蒸发和作物蒸腾所散失的水汽不能逸出棚外，造成棚内湿度高。湿度过高，有利于植物病害的发生，因此在管理上应注意设法降低小棚内空气相对湿度，如加强通风、采用膜下滴灌等管理手段，来保持适宜作物生长而不利于病害发生的湿度。

(二)塑料中小拱棚的应用

(1)早春育苗。在高寒地区，露地栽培的蔬菜、花卉，可以用温室播种，用小棚做移苗床，进行早春育苗，使用时需要加盖草苫。在较温暖地区，可以直接用来播种育苗。也可以利用小拱棚进行果树、花卉的扦插育苗。

(2)春季提早、秋季延后或者越冬栽培耐寒蔬菜。小棚主要用于蔬菜生产，由于小拱棚可以加盖草苫防寒，因此，早春可以更好地提前栽培，晚秋可以更好地延后栽培，耐寒蔬菜可以利用小棚越冬。种植的蔬菜主要以耐寒的叶菜类为主，如芹菜、小白菜、菠菜等。

(3)春提早定植。在露地扣小棚后，不加防寒覆盖物，可以使定植期提早15～20天，待露地温度适宜后，可以将小棚去掉，达到了露地提早定植的目的。主要栽培作物有甘蓝、花椰菜、甜瓜、草莓等。

(4)多层覆盖。在温室、大棚内可以再扣小棚，通过增加覆盖来提早定植时间，然后在大棚中使用，可以减少散热，增强保温能力。在早春大棚栽培中，增加一层小棚可以比单层大棚提早15～20天定植。

PPT-6

任务五　塑料大棚的结构及应用

塑料大棚是一种简易实用的保护地栽培设施，由于建造容易、使用方便、投资少，随着塑料工业的发展，被世界各国普遍采用。塑料大棚能充分利用太阳能，有一定的保温作用，并通过卷膜能在一定范围调节棚内的温度和湿度。因此，塑料大棚在我国北方地区主要是用于春提前、秋延后的保温栽培，一般春季可提前30～35天，秋季能延后20～25天。在我国南方地区，塑料大棚冬春季节用于蔬菜、花卉的保温和越冬栽培外，还可以更换遮阳网用于夏秋季节的遮荫降温和防雨、防风、防冰雹等的设施栽培。

一、塑料大棚的结构与类型

(一)塑料大棚的结构组成

塑料大棚的结构可大体分为骨架和棚膜，骨架由立柱、拱杆、拉杆(纵梁)、压杆(压膜线)等部件组成，俗称“三杆一柱”(图2-9)。此外，为便于出入，应在棚的一端或两端设立棚门。

(1)立柱。立柱是大棚的主要支柱，承受棚架、棚膜的重量以及雨、雪、风的负荷。立柱要垂直，或倾向于引力，可采用竹竿、木柱、钢筋水泥混凝土柱等，使用的立柱不必太粗，但立柱的基部应设柱脚石，以防大棚下沉或被拔起。立柱埋植的深度要在40～50cm。

(2)拱杆。拱杆是塑料薄膜大棚的骨架,决定大棚的形状和空间组成,还起支撑棚膜的作用。拱杆横向固定在立柱上,两端插入地下,呈自然拱形,间距为0.8～1.2m。拱杆由竹片、竹竿或钢材、钢管等材料焊接而成。

(3)拉杆。拉杆纵向连接拱杆和立柱,固定压杆,使大棚骨架成为一个整体,提高了稳定性和抗负荷能力。通常用较粗的竹竿、木杆或钢材作为拉杆,距立柱顶端30～40cm,紧密固定在立柱上,拉杆长度和棚体长度一致。

(4)压杆。位于棚膜之上两根拱架中间,起压平、压实、绷紧棚膜的作用。压杆两端用铁丝与地锚相连,固定后埋入大棚两侧的土壤中。压杆可用细竹竿为材料,也可用8＃铁丝、尼龙绳或塑料压膜线为材料。

(5)棚膜。这是覆盖在棚架上的塑料薄膜。棚膜可采用0.1～0.12mm厚的PVC膜或PE膜以及0.08～0.1mm的EVA膜,这些专用于覆盖塑料薄膜大棚的棚膜,其耐候性及其他性能均与非棚膜有一定差别。除了普通PVC膜和PE膜外,目前生产上多使用无滴膜、长寿膜、耐低温防老化膜等多功能膜作为覆盖材料。

(6)门窗。大棚两端各设供出入用的大门,门的大小要考虑作业方便,太小不利于进出;太大不利于保温。塑料薄膜大棚顶部可设出气天窗,两侧设进气侧窗,也就是通风口。

(7)天沟。连栋大棚应在两栋大棚连接处设立天沟,主要用于排除雨、雪、水。天沟多用水泥或薄铁皮制成落水槽。

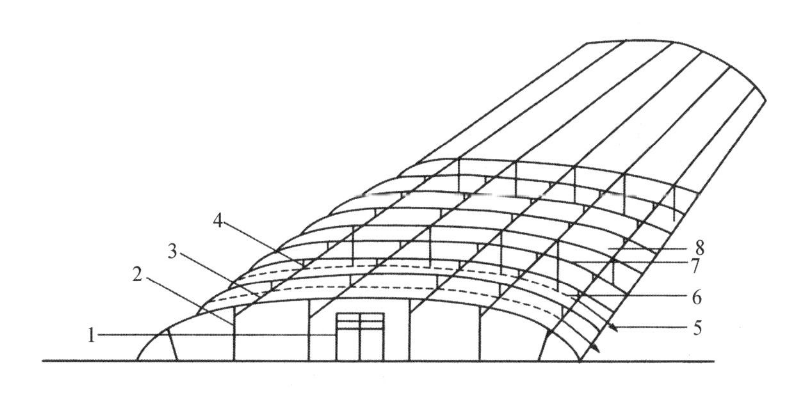

1-棚门;2-立柱;3-拉杆;4-吊杆;5-地锚;6-压杆;7-拱杆;8-棚膜

图2-9　塑料大棚的骨架

(二)常见塑料大棚的结构类型

1. 单栋大棚

单栋大棚以竹木、混凝土构件、钢材及薄壁钢管等材料组装或焊接而成。一般棚高2～3m,宽8～15m,长30～60m,占地面积667m^2左右。棚向以南北延长者居多,其特点是采光性好,但保温性较差,各地建造形式多种多样,有拱圆形或屋脊形两种,以拱圆形为多。根据骨架材料的不同,单栋大棚主要有以下几种:

(1)竹木结构大棚。这种结构的大棚各地区不尽相同,但其主要参数和棚形基本一致。主要以竹木材料作支撑结构的塑料大棚,拱杆用竹竿或毛竹片,屋面纵向拉杆和室内柱用竹竿或圆木,跨度6～12m,长度30～60m,脊高1.8～2.5m。按棚宽(跨度)方向每2m设一立柱,立柱粗6～8cm,顶端形成拱形,拱架间距1m,并用纵拉杆连接。其优点是取材方便,造价较低，且容易建造；缺点是棚内立柱多，遮光严重，作业不方便，不便于在大棚内挂天幕保温，立柱基部易朽，抗风雪能力较差等。为减少棚内立柱，建造了"悬梁吊柱"形式竹木结构大棚(见图 2-10)，即在拉杆上设置小吊柱，用小吊柱代替部分立柱。小吊柱用 20cm 长、4cm 粗的木杆，两端钻孔，穿过铁丝，下端拧在拉杆上，上端支撑拱杆，一般可使立柱减少 2/3，大大减少立柱形成的阴影，有利于光照，同时也便于作业。

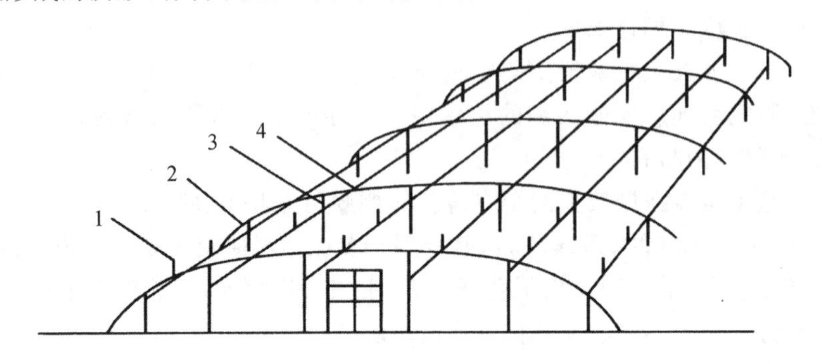

1-小支柱；2-拱杆；3-立柱；4-拉杆

图 2-10　悬梁吊柱竹木拱架大棚

(2)钢架结构大棚。这种大棚的骨架是用钢筋或钢管焊接做成品，其特点是坚固耐用，中间无柱或只有少量支柱，空间大，透光好，便于作物生长和人工作业，但一次性投入较大。大棚南北向延长，棚内无立柱，跨度 8～10m，中高 2.5～3m。骨架用水泥预制件或钢管及钢筋焊接而成，宽 20～25cm。骨架的上弦用 16mm 的钢筋或 25mm 的钢管，下弦用 10mm 的钢筋，斜拉用 6mm 的钢筋。骨架间距 1m。下弦处用 5 道 12mm 的钢筋作纵向拉杆，拉杆上用 14mm 的钢筋焊接两个斜向小支柱，支撑在骨架上，以防骨架扭曲。现在已在生产上广泛推广应用(见图 2-11)。

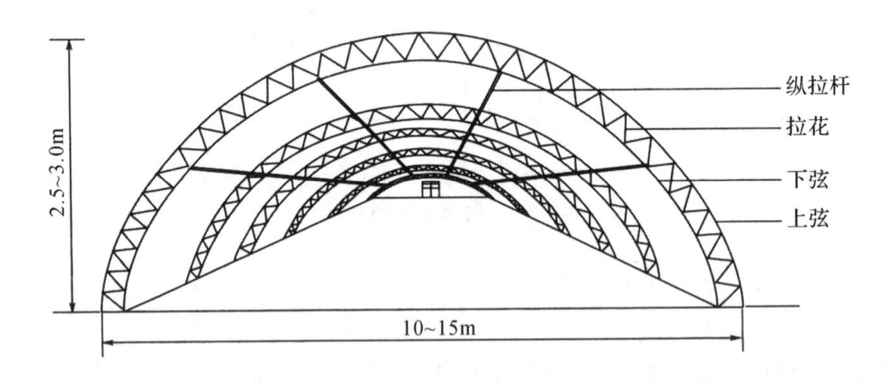

图 2-11　钢筋桁架大棚示意

(3)混合结构大棚。棚形与竹木结构大棚相同，使用的材料有竹木、钢材、水泥构件等多种。这种结构的大棚是每隔 3m 左右设一平面钢筋拱架，用钢筋或钢管作为纵向拉杆，每隔约 2m 一道，将拱架连接在一起。在纵向拉杆上每隔 1～1.2m 焊一短的立柱，在短立柱顶上架设竹拱杆，与钢拱架相间排列。其他如棚膜、压杆及门窗等均与竹木结构大棚或钢筋结构大棚相同。其特点是用钢量少，棚内无柱，既可降低建造成本，又可改善作业条件，避免支柱的遮光，同时又较竹木大棚坚固、耐久、抗风雪能力强，在生产上应用较多。

(4)镀锌钢管装配式大棚。由工厂按照标准规格生产的组装式大棚，材料多采用热浸镀锌的薄壁钢管。一般跨度 6～10m，高度 2.5～3.0m，长 20～60m，拱架间距 50～60cm。所有部件用承插、螺钉、卡槽或弹簧卡具连接。用镀锌卡槽和钢丝弹簧压固棚膜，用手摇式卷膜机卷膜通风，保温幕保温，遮阳网遮阳和降温。这种大棚造价较高，但具有质量轻、强度好、耐锈蚀、易于安装拆卸、中间无立柱、采光好、作业方便等特点，同时其结构规范、标准，可大批量生产，所以在经济条件允许的地区，可大面积推广应用(见图 2-12)。

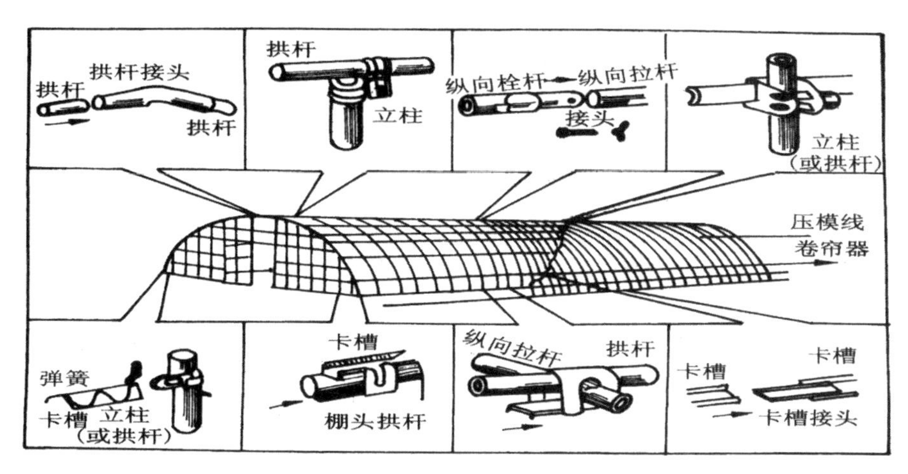

图 2-12　镀锌钢管装配式大棚

镀锌钢管装配式大棚骨架是工厂化生产的定型产品，其中使用较多的有 GP 系列、PGP 系列和 P 系列，其技术参数如表 2-3 所示。

表 2-3　GP 系列、PGP 系列以及 P 系列大棚主要技术参数

型号	宽度/m	高度/m	长度/m	肩高/m	拱间距/m	拱架管径、管壁/mm
GP-C2.525	2.5	2.0	10.6	1.0	0.65	$\phi25\times1.2$
GP-C425	4.0	2.1	20.0	1.2	0.65	$\phi25\times1.2$
GP-C525	5.0	2.2	32.5	1.0	0.65	$\phi25\times1.2$
GP-C625	6.0	2.5	30.0	1.2	0.65	$\phi25\times1.2$
GP-C7.525	7.5	2.6	44.4	1.0	0.60	$\phi25\times1.2$
GP-C825	8.0	2.8	42.0	1.3	0.55	$\phi25\times1.2$
GP-C1025	10.0	3.0	51.0	0.8	0.50	$\phi25\times1.2$
PGP-C5.0-1	5.0	2.1	30.0	1.2	0.50	$\phi20\times1.2$
PGP-C5.5-1	5.5	2.5	30～60	1.5	0.50	$\phi20\times1.2$
PGP-C6.5-1	6.5	2.5	30～50	1.3	0.50	$\phi25\times1.2$
PGP-C7.0-1	7.0	2.7	50.0	1.4	0.50	$\phi25\times1.2$
PGP-C8.0-1	8.0	2.8	42.0	1.3	0.50	$\phi25\times1.2$
P222C	2.0	2.0	4.5	1.6	0.65	$\phi22\times1.2$
P422C	4.0	2.1	20.0	1.4	0.65	$\phi22\times1.2$
P622C	6.0	2.5	30.0	1.4	0.50	$\phi22\times1.2$

2. 连栋大棚

连栋大棚由两栋或两栋以上的拱圆形或屋脊形单栋大棚连接而成。其特点是棚体大，覆盖面积大，土地利用率高，棚温高而稳定，但往往因通风条件不良而有高温多湿的危害，且栋与栋之间连接处易漏水。

二、塑料大棚的性能

(一)温度特点

大棚内的热源是太阳辐射，由于覆盖大棚的塑料薄膜具有易透过短波辐射而不易透过长波辐射的特性，大棚内土壤吸收大量的短波辐射，而发出的长波辐射却被棚膜反射回来，因此棚内所接收的净辐射量要比棚外高，再加上大棚是一个相对密闭的系统，大棚内的空气很少与大棚外的空气发生热交换，因此，晴天大棚内温度迅速上升。由于大棚的保温作用，夜间温度也高于大棚外。当然，这种增温作用在不同的季节是不同的，受天气影响也很大。

(1)温度的日变化。大棚内的温度日变化幅度较大。通常日出前棚温降低到1天中的最低值，日出后棚温迅速升高。晴天在大棚密闭不通风情况下，一般到10:00前，平均每小时上升5～8℃，13:00～14:00棚温升高到最大值，之后开始下降，平均每小时下降5℃左右。夜间温度下降速度变缓，平均每小时下降1℃左右。一般12月到翌年2月昼夜温差为10～15℃，3～9月的昼夜温差为20℃左右或者更高。晴天大棚内的昼夜温差比较大，阴天小。

(2)温度季节性变化。我国北方地区，大棚内存在明显的四季变化。例如北京地区，大棚内的温度变化可分为4个阶段，第一阶段11月中旬至翌年2月中旬，为低温期，月平均温度在5℃以下，大棚内夜间经常出现0℃以下低温，所以喜温蔬菜发生冻害，耐寒蔬菜也难生长。第二阶段2月下旬至4月上旬，为温度回升期，温度逐渐回升，此时月平均温度在10℃上下，耐寒蔬菜可以生长，在本期后段则生长迅速，但前期仍有0℃低温，因此果菜类蔬菜多在中期(3月中旬至4月初)开始定植，但此时生长仍较慢。第三阶段4月中旬至9月中旬，为生育适温期，此时大棚内月平均温度在20℃以上，是喜温的果、菜、花的生育适期，但要注意7月份可能出现的高温危害。第四阶段9月下旬至11月上旬，为逐渐降温期，温度逐渐下降，此时月平均温度在10℃上下，喜温的园艺作物可以延后栽培，但此阶段后期最低温度常达到0℃以下，因此应注意避免发生冻害。以上所分的四个阶段及每一阶段的状况，不同地区及不同结构的大棚均有差异，要因地制宜地安排生产。

(3)地温变化特点。大棚内的地温虽然也存在着明显的日变化和季节变化，但与气温相比，地温比较稳定，而且地温的变化滞后于气温。从地温的日变化看，晴天上午太阳出来后，地表温度迅速升高，14时左右达到最高值;15时后温度开始下降。随着土层深度的增加，日最高地温出现的时间逐渐延后，一般距地表5cm深处的日最高地温出现在15时左右，距地表10cm深处的日最高地温出现在17时左右，距地表20cm深处的日最高地温出现在18时左右，距地表20cm以下的深层土壤温度日变化很小。阴天大棚内地温的日变化较小，且日最高温度出现的时间较早。从地温的分布看，大棚周边的地温低于中部的地温，而且地表的温度变化是四周大于地中的温度变化。从大棚内地温的季节变化看，在4月中、下旬的增温效果最好，可比露地高3～8℃，最高达10℃以上;夏、秋季因有作物遮光，大棚内外地温基本相等或大棚内温度稍低于露地 1～3℃。秋、冬季节则大棚内地温略高于露地 2～3℃。10 月份土壤增温效果虽降低，但仍可维持 10～20℃的地温。11 月上旬大棚内浅层地温一般维持在 3～5℃。由于外界气温降低，棚内气温及地温均已降至植株不能生长的低温界限。当棚温出现低温霜冻时，地温仍可维持在 2～3℃。

（二）光照特点

大棚内的光照强度与薄膜的透光率、太阳高度角、天气状况、大棚方位及大棚结构等有关，同时大棚内的光照也存在着季节变化和光照不均现象。

(1)光照的季节变化。由于不同季节的太阳高度角不同，因此大棚内的光照强度和透光率也不同。一般南北延长的大棚内，其光照强度由冬到春再到夏的变化是不断增强，透光率也不断提高；而随着季节由夏到秋再到冬，其大棚内光照不断减弱，透光率也逐渐降低。

(2)大棚方位和结构对光照的影响。大棚方位不同，太阳直射光线的入射角也不同，因此透光率也不同。一般东西延长的大棚比南北延长的大棚的透光率要略高，但南北延长的大棚与东西延长的大棚相比，在光照分布方面南北延长的大棚要均匀。大棚的结构不同，其骨架材料的截面积不同，因此形成阴影的遮光程度也不同，一般大棚骨架的遮阴率可达 5％～8％。从大棚内光照来考虑，应尽量采用坚固而截面积小的材料做骨架，以尽可能减少遮光。

(3)透明覆盖材料对大棚光照的影响。不同的透明覆盖材料其透光率不同，而且由于不同透明覆盖材料的耐老化性、无滴性、防尘性等不同，使用后的透光率也有很大差异。目前生产上应用的聚氯乙烯、聚乙烯、醋酸乙烯等薄膜，无水滴并清洁时的可见光透光率均在 90％左右，但使用后透光率就会大大降低，尤其是聚氯乙烯薄膜，由于防尘性差，下降得较为严重。

(4)大棚内的光照分布。大棚内光照存在着垂直变化和水平变化。从垂直方向看，越接近地面，光照强度越弱，越接近棚膜，光照强度越强。从水平方向上看，南北延长的大棚从同一高度观测，大棚两侧靠近侧壁处的光照较强，大棚中部光照较弱，上午东侧光照较强，西侧光照较弱，午后则相反。

（三）湿度特点

一般大棚内空气的绝对湿度和相对湿度均显著高于露地，这是塑料薄膜大棚的重要特性。通常大棚内的温度是随着外界气温的变化而相应变化的；而相对湿度则是随着大棚内温度的降低而升高、升高而降低。空气湿度也存在着季节变化和日变化，早晨日出前大棚内的相对湿度往往高达 100％，随着日出后大棚内温度的升高，空气相对湿度逐渐下降，12:00～13:00 为 1 天内空气相对湿度最低的时刻，在密闭的大棚内达 70％～80％。在通风条件下，可降到 50％～60％；午后随着气温逐渐降低，空气相对湿度逐渐增加，午夜后又可达到 100％。大棚内的绝对湿度则是随着午前温度的逐渐升高、大棚内蒸发和作物蒸腾的增大而逐渐增加，在密闭条件下，中午达到最大值，而后逐渐降低，早晨降至最低。

从大棚湿度的季节变化看，一年中大棚内空气湿度以早春和晚秋最高，夏季由于温度高和通风换气，空气相对湿度较低。阴雨天大棚内的相对湿度高于晴天。一般来说，大棚属于高湿的环境，作物容易发生各种病害，生产上应采取放风排湿、升温降湿、抑制蒸发和蒸腾的管理方法。例如，地膜覆盖、控制灌水、滴灌、渗灌、使用抑制蒸腾剂，以及采用透气性好的保温幕等措施，降低大棚内的空气相对湿度。

(四)气体特点

大棚是半封闭系统,因此,其内部的空气组成与外界有许多不同,其中最突出的不同点有两个:一是作物光合作用的重要原料 CO_2,其浓度的变化规律与棚外不同;二是有害气体(NH_3、NO_2、C_2H_4 等)产生的可能性要多于棚外。

(1)CO_2。通常大气中 CO_2 的平均浓度大约为 330μL/L,而白天植物光合作用吸收量为 4~5g/(m^2·h),因此,在无风或风力较小的情况下,作物群体内部的 CO_2 浓度常常低于平均浓度。特别是在半封闭的大棚内,如果不进行通风换气或增施 CO_2,就会使作物处于饥饿状态,严重地影响光合作用,从而影响作物的生长发育。大棚内 CO_2 的浓度分布也不均匀,白天气体交换率低使得光照强的部位 CO_2 浓度低。

(2)有害气体。由于大棚是半封闭系统,因此,如果施肥不当或使用的农用塑料制品不合格,就会积累有毒有害气体。大棚中常见的有毒有害气体主要有 NH_3、NO_2、C_2H_4 等,在这些有毒有害气体中,NH_3、NO_2 气体产生的主要原因是一次性施用大量的有机肥、铵态氮肥或尿素,尤其是土壤表面施用大量的未腐熟有机肥或尿素。C_2H_4、Cl_2 主要是从不合格的农用塑料制品中挥发出来的。实际上,在露地条件下,有机肥和铵态氮肥施用过量,NH_3、NO_2 气体也同样产生,但由于露地是非密闭的空间,NH_3、NO_2 可以很快在大气中流动,不致达到为害作物的浓度。

三、塑料大棚的设计

(一)大棚方位的确定

大棚多为南北延长,也有东西延长的。东西延长大棚采光量大,增温快,并且保温性也比较好,春季提早栽培的温光条件优于南北延长的大棚,但容易遭受风害,大棚较宽时,南北两侧的光照差异也比较大。南北延长的大棚,早春升温稍慢,早熟性差一些,但大棚的防风性能好,大棚内地面的光照分布较为均匀,有利于保持整个大棚内的蔬菜整齐生长。大棚应尽量避免斜向建造,以便于运输和灌溉。

(二)大棚的规格尺寸

(1)面积。单栋大棚的面积以 333.3~666.7m^2 为宜,不超过 1000m^2。

(2)跨度。塑料大棚的跨度多为 8~15m。跨度太大通风换气不良,还会增加设计和建棚的难度。大棚内两侧土壤与棚外只隔一层薄膜,热量从地中横向传导,使两侧各有宽 1m 左右的低温带。大棚跨度越小,低温面积比例越大。所以,北方冻土层较厚的地区,棚的边缘受外界影响大,大棚跨度较大;南方因为温度不是很低,所以大棚跨度较小,棚面弧度较大,这样有利于排水。

(3)长度。大棚长度以 30~60m 为宜。太长会造成运输管理不便。大棚的长宽比与稳定性关系密切。大棚的面积相同,周边越长(即薄膜埋入土中的长度越大),则稳定性越好。通常认为长宽比等于或大于 5 比较适宜。

(4)高度。大棚高度以 2.2~3.0m 为宜,最好不要超过 3m。大棚越高,承受的风荷载越大,越易损坏。

(5)高跨比。大棚高跨比即大棚的矢高与跨度的比值(f/l),落地拱和柱支拱的高跨比计算方法如图 2-13 所示。高跨比的大小影响拱架强度。相同的跨度,高度增加则棚面弧度

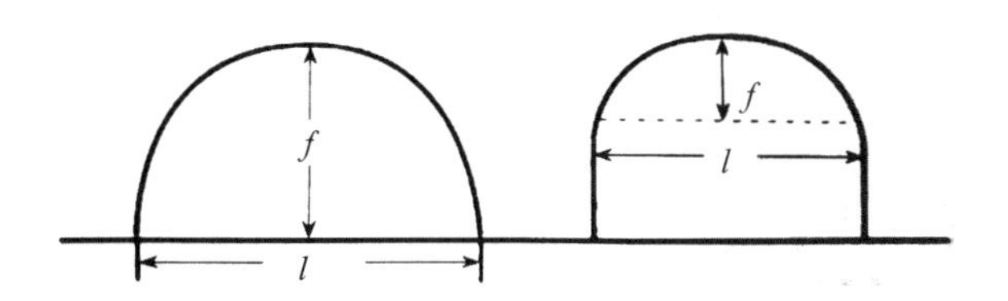

图 2-13　大棚高跨比的计算方法

大，高度降低则棚面平坦。大棚的高跨比以 0.25～0.3 为宜。低于 0.25 则棚面平坦，薄膜绷不紧，压不牢，易被风吹坏；同时，积雪也不能下滑，降雨易在棚顶形成“水兜”，易压坏薄膜，造成超载塌棚。超过 0.3，棚体高大，需建材较多，造价相对提高。

(6)拱架间距。两排拱架间距越小，棚膜越易压紧，抗风能力越强。但间距过小，会造成竹木大棚内立柱过多，增加了遮阳面积，不利于作业；钢架大棚浪费钢材。骨架间距过宽，会降低抗风雪能力。薄膜有一定的延展性，一般为 10%左右，拉得过紧或过松，都会缩短棚膜的使用期，因此要有适当的间距。一般以 1～1.2m 为宜，竹木结构以 1m 为宜，钢架结构以 1.2m为宜。这样的间距不仅有利于保证拱架强度，也有利于在大棚内做成 1～1.2m 宽的畦，充分利用土地。管架大棚由于没有下弦，强度小，所以拱架间距多为 50～60cm。

(三)棚型设计

(1)流线型棚型设计。大棚的棚型以流线型落地拱为好，压膜线容易压紧，抗风能力强。但是棚面不应呈半圆形，因为半圆形弧度过大，抗风能力反而下降，特别是钢拱架无柱大棚，其稳固性既取决于材质，也与棚面弧度有关。棚面构型越接近合理轴线，抗压能力越强(见图 2-14)。所以设计钢架无柱大棚时，可参照合理的轴线公式：

$$Y=4fx(l-x)/l^2$$

其中，Y 表示弧线点高；f 表示矢高；l 表示跨度；x 表示水平距离。

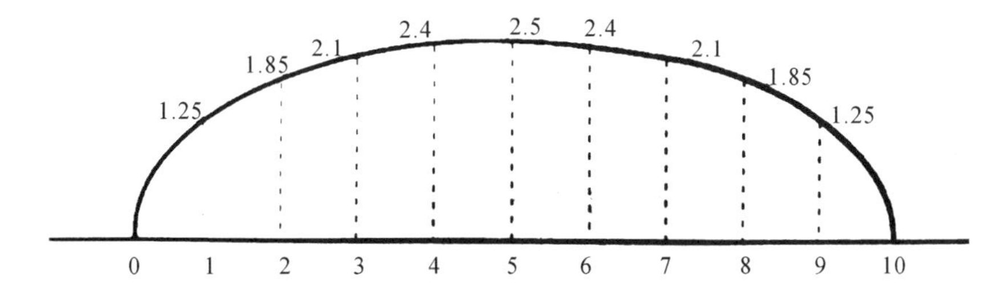

图 2-14　调整后的流线型大棚棚型示意

(2)三圆复合拱型棚型设计。该棚型是由一个大圆弧和两侧各一个半径相等的小圆弧连接而成的。与流线型棚型相比，它给棚两侧创造了更为宽敞的作业空间。这种棚型稳定性好，造价低，空间利用率高，骨架材料最好使用钢管。

由于这种棚型应用较广，所以简要介绍其放大样的步骤和方法。如图 2-15 所示为按照跨度 10m、矢高 2.5m 做出的棚面基础弧线。其步骤如下：

①先画一线段作为基线，根据跨度在基线上截出 AB 线段。

②取中点 C，通过 C 作 AB 的垂线，根据设计的高度在这条垂线上截取 CD 线段。

③以 C 为圆心，AC 为半径作弧，圆弧与 CD 的延长线相较于 E 点。

④通过 A、D、B 作两条辅助线 AD、BD；以 D 为圆心，DE 为半径画圆弧，圆弧分别与 AD、BD 相交于 F、G。

⑤从 AF 和 BG 的中点分别作垂线，垂线和 CD 的延长线相交于 O_1，与 CA、BC 分别相交于 O_2、O_3。

⑥以 O_1 为圆心，O_1D 为半径作弧线，分别与 O_1O_2、O_1O_3 的延长线相交于 H、I，获得了大棚上段的基础弧线。

⑦分别以 O_2、O_3 为圆心，O_2A、O_3B 为半径作弧，弧线分别终止于 H、I，又分别获得了下段的基础弧线，如此形成的 AHDIB 即为大棚棚面的基础弧线。

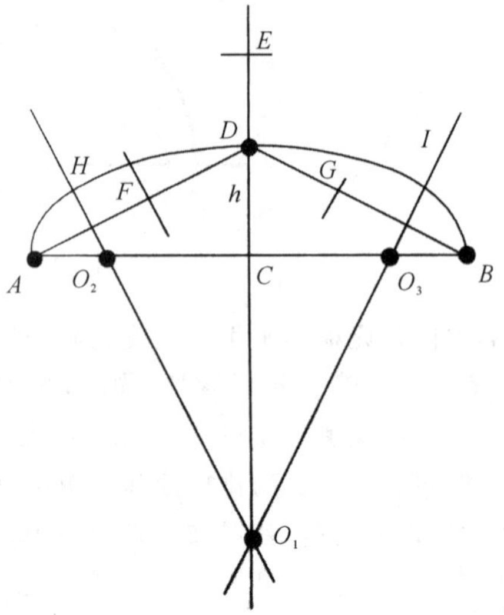

图 2-15　三圆复合拱形大棚棚型设计示意

四、塑料大棚的建造

（一）建造场地的选择

场地的好坏对大棚的结构性能、环境调控、经营管理等影响很大。因此，在建造前要慎重选择场地，主要应考虑以下几个方面：

（1）避风向阳。要求场地的北面及西北面有适当高度的挡风物，以利于低温期设施的保温，但挡风物也不宜过高，否则高温期设施周围通风会不畅，影响降温效果。

（2）光照充足。要求场地的东、西、南三面无高大的建筑物或树木等遮光。

（3）地下水位低。地下水位高处的土壤湿度大，土壤容易发生盐渍化，不宜选择。

（4）病菌、虫卵含量少。一般老菜园地中的病菌和虫卵数量比较多，不适合建造温室大棚等，应选良田。

（5）土壤的理化性状有利于蔬菜生产。要求土壤的保肥保水能力强、通透性好、酸碱度中性。

（6）地势平坦。要求地面平整，以减少设施内局部间的环境差异。

（7）地势高燥。要求所选地块的排水性良好，雨季不积水。

（8）方便运输。要求场地靠近主要的交通线路，使产品能及时运出。建造场地也不宜离公路（尤其是土路）太近，以减少汽车尾气、尘土等对设施和蔬菜的污染。

（9）符合标准。建造场地的土壤、空气、水等条件应符合无公害蔬菜生产的标准要求。

（二）设施的布局

设施数量较多时，应集中建造，进行规模生产。另外，设施类型间要合理搭配，特别是栽培设施与育苗设施间要配套设置。

（1）设施搭配。设施间合理搭配，能够充分利用各类设施的栽培特点，进行多种蔬菜、果树、花卉生产，丰富市场，并降低生产费用。几种设施搭配时，一般温室放在最北面，向南依次为塑料大拱棚、阳畦、风障畦、小拱棚等。育苗设施应尽量靠近栽培设施或栽培田。

（2）排列方式。设施排列方式主要有“对称式”和“交错式”两种。

“对称式”排列的设施群内通风性较好，高温期有利于通风降温，但低温期的保温效果较差，需加围障、腰障等。

“交错式”排列的设施群内无通风的通道，挡风、保温性能好，低温期有利于保温和早熟，但高温期的通风降温效果不佳。

(3)设施间距。温室、塑料大拱棚等高大设施的南北间距应不少于设施最大高度的2倍，以2.5～3倍为宜，风障畦以及阳畦的南北间距应大于它们高的2倍。小拱棚高度低，遮光少，一般不对间距作严格要求，以方便管理为准。

(4)运输与灌溉。设施群内应设有交通运输通道以及排、灌渠道。交通运输通道分为主道和干道，主道与公路相连，宽5m以上，两边挖有排水沟。干道与主道相连，宽2～3m。灌溉渠道分为主渠道和支道。主渠道与水源相连接，支道通往设施内。排水管道一般单设。排水能力设计应以当地常年最大降雨强度为依据，要求能及时将雨水排走，确保设施内不发生积水。

(三)塑料大棚的建造过程

(1)确定大棚位置，进行平面放样。选择好安装大棚的地块和大致安装位置，按照图2-16的要求，先确定1、2点，再确定3、4点，在四个点各插入一根小木桩标记。

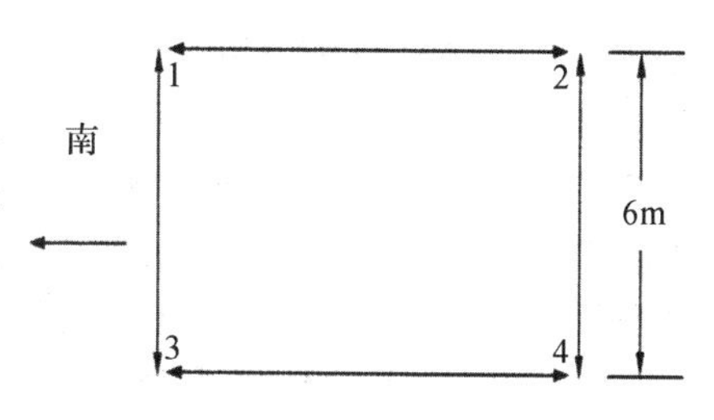

图2-16　平面示意图

(2)校准水平。将大棚的四个角校准到同一水平面上。可按如下方法：第一，在四个角中选择土面高度适中的一角作为校准的基准点(见图2-17(a))。第二，在基准点上方悬挂一根长3m的垂线，在基准点与另一角之间，距离基准点4m处插入一标记桩(见图2-17(b))。第三，从垂线的上端向标记桩拉一根长5m的斜线，与标记桩相交，在桩的相交处作一标记(见图2-17(c))。第四，从基准点向另一角拉一根细绳，将拉紧的细绳准确地对准基准点的木桩上端与标记桩上的标记，将另一角的木桩校准到与细绳相平，这样就使该角校准到基准点同一水平面上了(见图2-17(d))。按照同样的方法，可将其他两角校准到基准点的水平面上(见图2-17(e))。

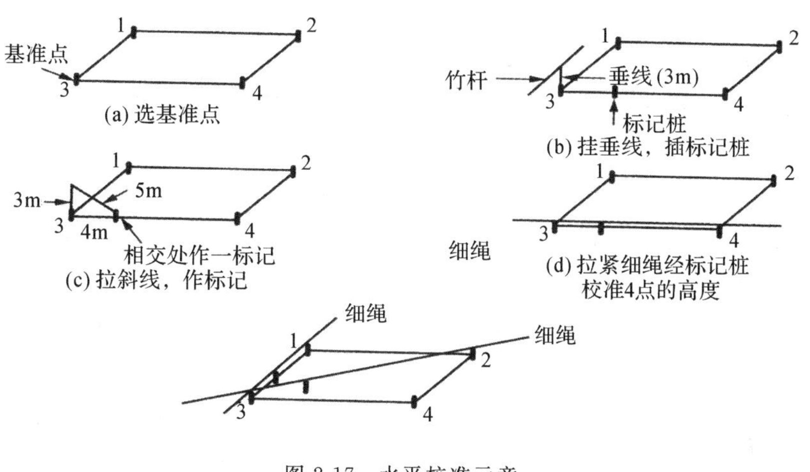

图2-17　水平校准示意

上述方法校准比较麻烦，可采用一种粗放的方法：在同一侧（南北向）的两个小木桩之间拉一根基线，在基准线上方约 30cm 处再拉一根水准线。一块土地尽管基本上是平整的，但某几处可能一头高一头低，或两头低中间高，所以这两根线的作用是使各根拱管插在同一条线上，且保持其顶端高度一致。

（3）安装拱管。拱管的安装应分五步进行。第一步，在安装拱管的两侧基准线处，根据设计要求做好插入拱管位置的标记，各标记间的距离应一致，并确保两侧的插入孔对齐。第二步，根据拱管的设计入土深度，在每根拱管的下方用红色油漆标出记号，使该记号至拱管基部的距离等于插入土中的深度与水准线距地面的距离之和；或者，该记号处正好处于水准线处，每根拱管的记号处距拱管顶端的距离相等。第三步，用钢钎在插入拱管处打出所需深度的插孔，该插孔必须垂直。第四步，将拱管插入孔内，使拱管安装记号对准水准线，确保其高度一致。第五步，将左右对称的两对拱管用拱管接头连接。

（4）安装棚头。棚头的安装首先应确保棚头两根拱管垂直；其次应将棚头的端立柱按规定的距离插入土中，端立柱的上端刚好与拱管的高度吻合；最后将端立柱上端的接头与拱管连接。

（5）安装纵向拉杆和卡槽。纵向拉杆的长度一般为 5m，安装时将纵向拉杆的接头前后连接，或用拉杆接管连接，无论是中梁（大棚顶部的纵向拉杆）还是侧梁均应保持直线。卡槽的安装位置一般在距离地面约 100cm 处，卡槽与卡槽用卡槽连接片连接，卡槽与拱管之间用专用的紧固件固定；卡槽的连接口应尽量与纵向拉杆的接口错开；卡槽应保持直线状态。棚头、纵向拉杆及卡槽安装后，应力求大棚平齐，不能有明显的高低差。

五、塑料大棚的应用

塑料大棚主要用于喜温蔬菜、半耐寒蔬菜的春提前和秋延后栽培，以及果树的促成栽培，可以使春季果菜类蔬菜早熟栽培提前 20～40 天，秋季延后栽培 25 天左右；或者春季露地栽培育苗，秋季进行耐寒性蔬菜栽培。在花卉上，可以作花卉的越冬设施。在北方可以代替日光温室大面积播种草花、落叶花卉，以及秋延后栽培菊花等花卉。在南方则可以用来生产切花，或者供亚热带花卉越冬使用。

PPT-7

任务六　日光温室的结构及应用

温室是各类园艺设施中结构最复杂、设备最完善的一种，可以通过人为地调节、控制环境条件来适应作物生长发育的需要，达到周年生产的目的。因此，各国都很重视温室的建造与发展。20 世纪 80 年代以来，我国园艺设施发展迅速，特别是塑料薄膜日光温室，在改善结构与性能、降低成本、提高效益、周年生产等方面有了非常大的发展，我国已经成为世界上温室面积最大的国家。

一、日光温室的结构

日光温室是一种我国特有的保护地类型，指以透明覆盖材料为南坡面，东、西、北单面为维护墙体，靠最大幅度采光升温和最小限度的散热，来达到充分利用太阳能、降低不利环境危害的园艺设施。多数日光温室的透明覆盖材料为塑料薄膜且是单屋面温室，有着保温好、投资低、节约能源的优点，非常适合我国农业经济特点，因此在我国发展十分迅速。

（一）日光温室的基本结构

日光温室主要由墙体、后屋面、前屋面以及保温覆盖材料等几部分组成，如图 2-18 所示。

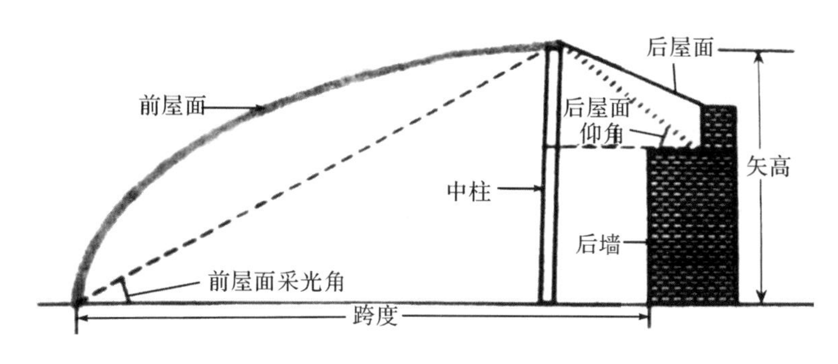

图 2-18　日光温室结构

（1）墙体。日光温室通常采用坐北朝南，东西延长，由东、西、北三面筑墙构成温室的墙体。温室东、西两侧的墙体称作山墙，北面连接山墙起主要支撑作用的墙体称为后墙。

（2）后屋面。普通温室的后屋面主要由竹木、秸秆、草泥以及防潮薄膜等组成。砖石结构的后屋面多由钢筋水泥预制柱或钢架、泡沫板、水泥板和保温材料等构成。

（3）前屋面。前屋面由屋架和透明覆盖物组成。

①屋架。屋架分为半拱圆形和斜面形两种基本形状。竹竿、钢管及硬质塑料管、圆钢等建材多加工成半拱圆形屋架，角钢、槽钢等建材则多加工成斜面形屋架。

②透明覆盖物。使用材料主要有塑料薄膜、玻璃和聚酯板材等。其中塑料薄膜因质量轻、成本低、易于操作，并且种类较多、选择余地较大等，而成为目前主要的透明覆盖材料。玻璃的使用寿命长，保温性能较好，但费用较高，并且自身重量大，对温室的骨架材料要求较高，目前使用相对较少。聚酯板材的比重轻、保温好、透光率高、使用寿命长，一般可连续用 10 年以上，在国际上已成发展趋势。

（4）立柱。普通温室内一般有 3～4 排立柱。立柱主要为水泥预制柱，横截面规格为（10～15）cm×（10～15）cm，一般深埋 40～50cm。钢架结构温室以及管材结构温室内一般不设立柱。

（5）保温覆盖物。主要作用是在低温期保持室内的温度，材料主要用草苫、纸被、无纺布、宽幅薄膜以及保温被等。其中草苫的成本最低，保温性好，是目前使用最多的保温覆盖材料。纸被多用牛皮纸缝合而成。保温被虽然保温性能好，且便于操作和管理，但其成本较高，有待于进一步推广。

2. 日光温室结构的主要参数

（1）跨度。跨度是指自温室北墙内侧到南侧透明屋面前底脚之间的距离，一般为 6～8m。若生产喜温的园艺作物，北纬 40°以北地区跨度以 6～7m 为宜，北纬 40°以南地区可以适当加宽。

(2)高度。高度是指日光温室屋脊至地面的垂直高度。日光温室高度直接影响前屋面的角度和温室空间的大小。对于跨度相等的温室，降低高度会减小前屋面的角度和温室的空间，不利于采光和蔬菜生长发育；增加高度会增加前屋面的角度和温室的空间，有利于温室采光和作物生长发育。一般认为6～7m跨度的日光温室，在北纬40°以北地区，若生产喜温作物，高度以2.8～3.0m为宜；北纬40°以南地区，高度以3.0～3.2m为宜。若跨度大于7m，高度也应相应增加。

(3)长度。温室的长度应根据地形和所规划的地块面积、便于管理和降低造价等条件来决定，一般以50～80m为好。

(4)前、后屋面的角度。前屋面的角度是指温室前屋面的底部与地平面的夹角，前屋面角的大小决定太阳光照到温室透光面的入射角，而入射角又决定太阳光进入温室的透光率。入射角越大，透光率就越小，一般为20°～30°。后屋面的角度是指温室后屋面与后墙顶部水平线的夹角。后屋面角以大于当地冬至正午时刻太阳高度角5°～8°为宜。例如，冬至太阳高度角为26.5°，后屋面仰角应为31.5°～34.5°。

(5)厚度。厚度是指墙体(山墙和后墙)的厚度和后屋面的厚度。厚度越大，保温性能越好，一般以0.8～1m为宜；北纬40°左右的地区，以1～1.5m为宜。

(6)前后坡宽度比。用前后坡的投影比衡量，长后坡式为2∶1，短后坡式为(4～5)∶1。

(7)防寒沟。防寒沟是指在温室外沿挖深、宽各40cm的浅沟，在沟内填满麦秸、碎草、牛粪等进行保温。

(8)通风口。通风口分上、下两排，上排设在屋脊处，下排设在距地面1m处。

二、日光温室的建筑材料

(一)骨架材料

园艺设施与一般建筑的最大区别在于采光要求，其目的是最大限度地满足植物对光的要求。因此，温室骨架材料应具有一定的机械强度、遮阳面积小、耐潮防腐蚀等特点，同时要考虑价格。

(1)木材。木材具有取材广泛，加工方便，可通过榫、钉、绑等方法连接等优点，主要用于塑料大棚的支柱、纵向拉杆、小吊柱，以及日光温室的立柱、柁木、檩木、拱杆及门窗等。用作骨架材料的木材，要求纹理直、木结少、有一定强度、不腐朽、虫眼少、耐用性好、着钉力强，可以使用杉、落叶松、柳树等的原条(已去除皮、根及树梢，但尚未按一定尺寸加工成材的木材)和原木(已去除皮、根及树梢，并已按一定尺寸加工成规定直径和长度的木材)。木材作棚室骨架的缺点是遮阳大、跨度小、不耐腐，且目前材料较为紧缺，已逐渐被钢材或钢筋混凝土所代替，除林区等特殊地区外，木结构的温室、塑料棚已越来越少。

(2)钢材。钢材的强度、刚度、塑性和韧性都强于其他材料，可焊接或用螺栓、卡具等连接。常用钢材包括钢筋、薄壁镀锌钢管、型钢等材料。钢筋取材方便，制作简单，但用来焊接温室骨架，耗钢量大，焊接点多，费工费电，且易生锈；薄壁镀锌钢管采用双面热浸镀锌处理，可以防锈，使用年限较长，缺点是造价高；温室的柱、檩、椽等结构构件常用型钢(如工字钢、槽钢、角钢、带钢等)，其优点是承重能力强，缺点是自重大，采光、保温性能差，且较易锈蚀。常用钢筋、钢管的规格如表2-4和表2-5所示。

表 2-4 钢筋的直径、横截面面积和理论质量

直径 /mm	横截面面积 /mm²	理论质量 /(kg/m)	直径 /mm	横截面面积 /mm²	理论质量 /(kg/m)
5	19.63	0.154	12	113.1	0.888
6	28.27	0.222	14	153.9	1.210
7	33.18	0.261	16	201.1	1.580
8	50.27	0.395	18	254.5	2.000
10	78.54	0.617	20	314.2	2.470

表 2-5 钢管的外径、壁厚及理论质量

外径 /mm	壁厚 /mm	理论质量 /(kg/m)	外径 /mm	壁厚 /mm	理论质量 /(kg/m)
20	1.2	0.556	30	1.2	0.851
	1.5	0.684		1.5	1.050
	2.0	0.888		2.0	1.380
25	1.2	0.703	32	1.2	0.910
	1.5	0.869		1.5	1.130
	2.0	1.130		2.0	1.480

(4)钢筋混凝土材料。其包括普通的由钢筋、沙子、石子、水泥制作的预制柱及钢筋—玻璃纤维增强混凝土骨架材料。此类骨架材料的优点是强度大、抗腐蚀性好、造价低，缺点是自重大、遮光率大，运输、安装较费时费力。

(二)墙体材料及填充材料

(1)土墙。土墙经济实用，且保温性能优于砖墙和石墙，故在日光温室建造中广泛应用。建造日光温室的土墙体以就地取土为主，有的用土掺草泥垛墙，有的构筑“干打垒”土墙。为提高土墙强度，增强耐水性和减少干缩裂缝，可加入适量填料，如加入10%～15%的石灰能提高强度和耐水性；掺入碎稻草或麦秸可减少干缩裂缝；掺入适量的沙子、石屑、炉渣等，既可增加强度，又能减少干裂。

(2)石墙。天然石料有很高的强度，用石料砌墙完全可以满足承重要求。尤其是整齐的条石，砌出的墙体强度更大。石墙的缺点是自重大，砌筑费工，而且导热快。因此，温室采用石墙，外面必须培上足够的防寒土，以达到保温蓄热效果。

(3)砖墙。砖墙的优点是耐压力强、砌筑容易，缺点是建造成本高，保温性能略低于土墙。

①普通黏土砖。我国标准黏土砖的规格是240mm×115mm×53mm，其砌体每立方米需512块。

②多孔混凝土砌块。其是由胶结材料(水泥、石灰、石膏等)、水和加气剂及泡沫混合剂混合制成的墙体材料。由于其多孔、质轻、具有一定强度，耐热性及耐腐蚀性较好，是一种常用保温材料。常用的多孔混凝土砌块有加气混凝土砌块和泡沫混凝土砌块两种。

(4)舒乐舍板。这是一种新型墙体材料，一般由50mm厚的整块阻燃自熄性聚苯乙烯泡沫作为板芯，两侧配以$\phi(2.0\pm0.05)$mm冷拔钢丝焊接制作的网片，中间斜向45°双向插

入 2.0mm 钢丝，连接两侧网片、采用先进的自动焊接技术焊接而成的钢丝网架聚苯乙烯夹芯板。舒乐舍板现场施工方便，仅需根据设计连接拼装成墙体，然后在板两侧涂抹 30mm 厚的水泥砂浆即成。舒乐舍板墙体具有保温、隔热、抗渗透、质量轻、运输方便、施工简单、施工快等特点。110mm 舒乐舍板相当于 660mm 厚的砖墙。

(5)填充材料。异质复合结构墙体的填充材料多用聚苯板、炉渣、珍珠岩、锯末等。竹木结构温室后屋面填充材料包括玉米秸、稻草、麦秸、茅草等秸秆类材料，配合使用的还有碎草、稻壳、高粱壳等轻质保温材料，钢架结构温室后屋面多用聚苯板和炉渣作填充。温室常用墙体材料及填充材料的热工参考指标如表 2-6 所示。

表 2-6　温室常用墙体材料及填充材料的热工参考指标

材料名称	容重/(kg/m³)	导热率/[kcal/(m²·h·℃)]	蓄热系数/[kcal/(m²·h·℃)]
夯实草泥或黏土墙	2000	0.80	9.10
草泥	1000	0.30	4.40
土胚墙	1600	0.60	7.90
整齐的石砌体	2680	2.75	20.60
钢筋混凝土	2400	1.30	14.00
重砂浆黏土砖砌体	1800	0.70	8.30
轻砂浆黏土砖砌体	1700	0.65	7.75
空心砖	1200	0.45	5.56
锯末	250	0.08	1.75
稻草	320	0.08	1.55
空气(20℃)	1.2	0.02	0.04

三、日光温室的主要类型

(一)传统日光温室

(1)长后坡矮后墙日光温室。这是一种早期的日光温室，后墙较矮，只有 1m 左右，后坡面较长，可达 2m 以上，保温效果较好，栽培面积小，现较少使用(见图 2-19)。

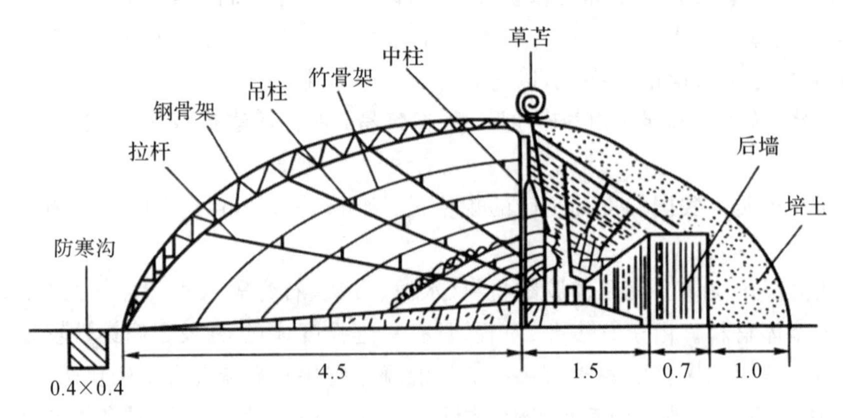

图 2-19　长后坡矮后墙日光温室(单位：m)

(2)短后坡高后墙日光温室。这种温室跨度 5～7m，后坡面长 1～1.5m，后墙高 1.5～1.7m，作业方便，光照充足，保温性能较好(见图 2-20)。

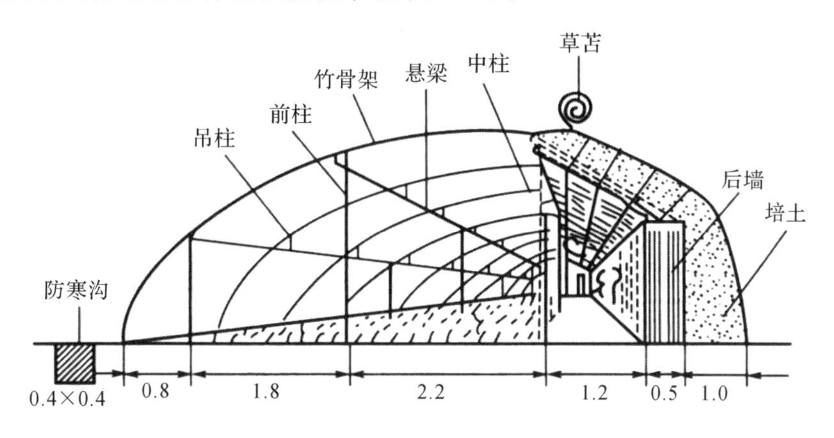

图 2-20　短后坡高后墙日光温室(单位：m)

(3)琴弦式日光温室。这是辽宁中部最早应用的一种温室结构，跨度 7m，后墙高 1.8～2m，后坡面长 1.2～1.5m，每隔 3m 设一道钢管桁架，在桁架上按 40cm 间距横拉 8 号铅丝固定于东西山墙。在铅丝上每隔 60cm 设一道细竹竿做骨架，上面盖薄膜，在薄膜上面压细竹竿，并与骨架细竹竿一起用铁丝固定。该温室采光好，空间大，作业方便(见图 2-21)。

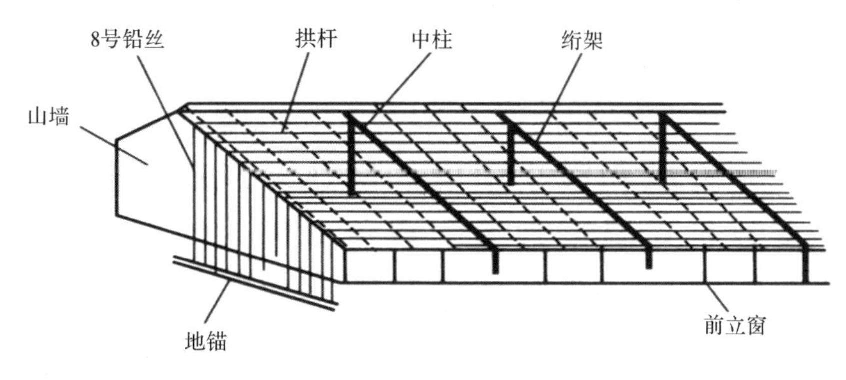

图 2-21　琴弦式日光温室

(4)钢竹混合结构日光温室。这种温室利用了以上几种温室的优点，跨度 6m 左右，每 3m 设置一道钢拱杆，矢高 2.3m 左右，前面无支柱，设有加强桁架，结构坚固，光照充足，便于内保温。

(5)全钢架无支柱日光温室。这种温室跨度 6～8m，矢高 3m 左右，后墙为空心砖墙，内填充保温材料，钢筋骨架，有三道花梁横向拉接，拱架间距 80～100cm。温室结构坚固耐用，采光好，通风方便，有利于内保温和室内作业(见图 2-22)。

(6)南方日光温室。南方日光温室长度 50m，跨度 8m，南面肩高 1.7m，北面顶高 3.85m。东西北三面是由支柱、聚氨基泡沫板、多功能薄膜为主要材料构成可以拆卸的保温墙，南面由钢管弯曲而成的屋架、支柱及覆盖在屋架上的多功能薄膜、保温被和卷帘机组成。为了加强温室的通风降温性能，在南、北屋面和北保温墙上都设计安装了通风窗(见图 2-23)。

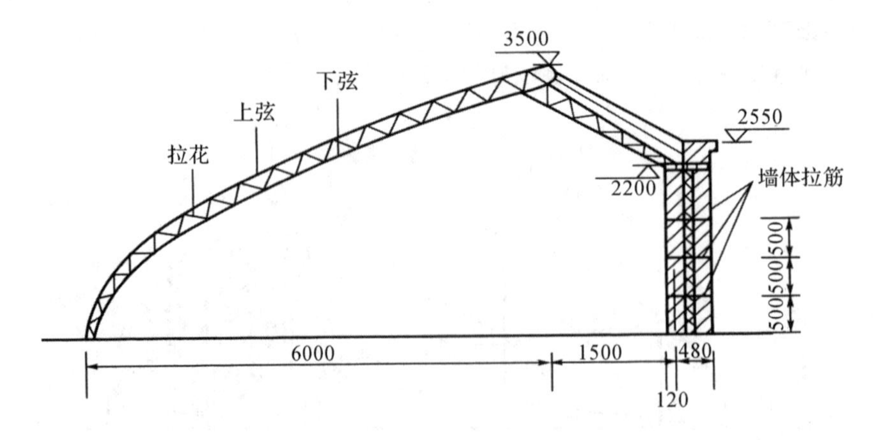

图 2-22　全钢架无支柱日光温室(单位:cm)

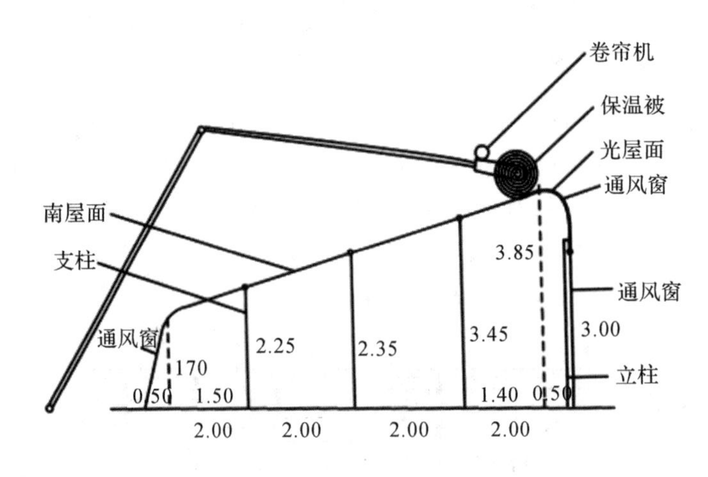

图 2-23　南方日光温室(单位:m)

(二)新型日光温室

(1)“四位一体”生态型温室。这种温室以土地为基础,以太阳能为动力,以沼气为纽带,将日光温室、猪舍、沼气池、蔬菜全封闭地连在一起,即在温室内建造猪舍,猪舍下面建沼气池,猪粪和垃圾进入沼气池,产生的沼气供农户生产生活所需,沼液和沼渣作为上好的无公害肥料在温室内蔬菜上施用,温室内蔬菜的下脚料供猪食用,形成一个小的良性循环生态系统。沼气池采用砖、水泥砌筑或混凝土浇筑而成,温室可根据实际情况建造竹木结构或钢砖结构温室。猪舍与蔬菜田之间由带换气孔的山墙隔开。如图 2-24 所示。

(2)阴阳型日光温室。阴阳型日光温室是在传统日光温室的北侧,借用(或共用)后墙,增加一个同长度但采光面朝北的一面坡温室,两者共同形成阴阳型日光温室(见图 2-25)。采光面向阳的温室称为阳棚,采光面背阳的温室称为阴棚。这种形式的温室,其阴棚正好利用了传统日光温室保证前后间距的空地,使日光温室的土地利用率得到总体提高,而且在阴棚外覆盖保温材料也可以使阴棚内的温度较室外温度有很大提高。这使得一方面阴棚内可以生产适宜的作物;另一方面对阳棚的后墙起到了隔热和阻挡风雪侵害的作用,阴棚内的高温实际上减少了阳棚后墙的传热温差,有利于提高阳棚的温度或在保证阳棚一定温度要求的前提下,可以从建筑上减少阳棚后墙的厚度,从而降低温室建设的工程造价。

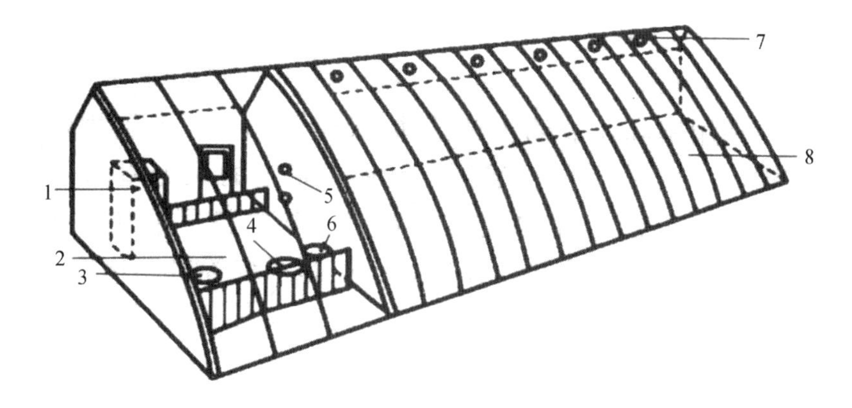

1-厕所；2-猪圈；3-进料口；4-沼气池；5-通风口；6-出料口；7-沼气灯；8.蔬菜田

图 2-24 “四位一体”生态型温室结构

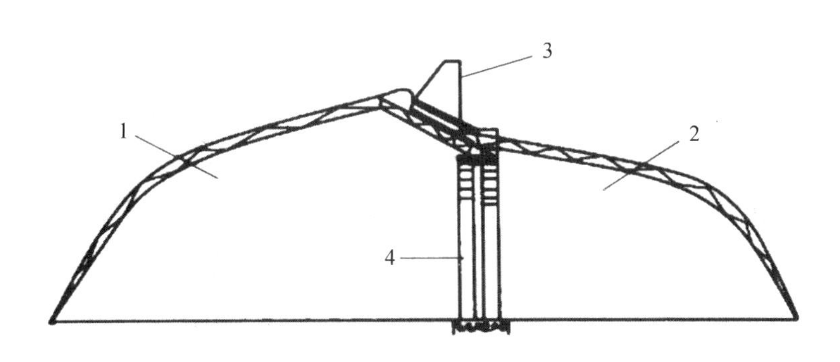

1-阳棚；2-阴棚；3-共用卷帘机；4-共用后墙

图 2-25 阴阳型日光温室侧剖面

(3)新型内保温组装式温室。这种温室脊高 3.8m，跨度 11m，长 60m，保温效果介于温室和桥棚之间。这种温室采用内保温模式，利用新型高分子复合材料加工成腔囊保温被，质量轻，保温效果好。保温被与薄膜之间设一定距离，保温被沿着龙骨弧度上下运行。温室采用 V 形龙骨，压膜线压在 V 形槽口内。薄膜与龙骨紧密吻合，温室表面薄膜平整，有利于采光和薄膜清洗。温室骨架及内部设施均为组装式，建造快捷，拆卸方便。其优点是无建筑污染、土地利用率高、节省能源、抗灾能力强、建造使用方便、造价较低，有利于工业化生产和产业化操作。

(4)双连栋温室。其为黑龙江农业机械工程科学研究院研制的一种新型温室。温室主体结构尺寸：南北跨度为 13.0m，东西长 80m，温室总面积 1056m^2，屋顶高 5.5m，后墙高 4.2m，后墙厚 0.5m，山墙最高点处高 5.6m，雨槽高 3.6m，柱间深 4m，前屋面采光角36°55′，整个温室内部视野开阔、操作空间大，结构如图 2-26 所示。这种温室的优点是采光、保温性能好，土地利用率高，节约土建成本 30%～40%，有利于规模化生产。温室围护墙体采用复合墙体结构，后坡采用聚苯保温彩钢板，温室的采光屋面采用厚 10mm 的双层聚碳酸酯中空板覆盖，温室外部覆盖保温被。温室内部配备了通风系统、湿帘—风机系统、帘幕系统、加温系统、施肥灌溉系统和计算机分布控制系统等自动化生产设备，是一种具有特色的智能温室。

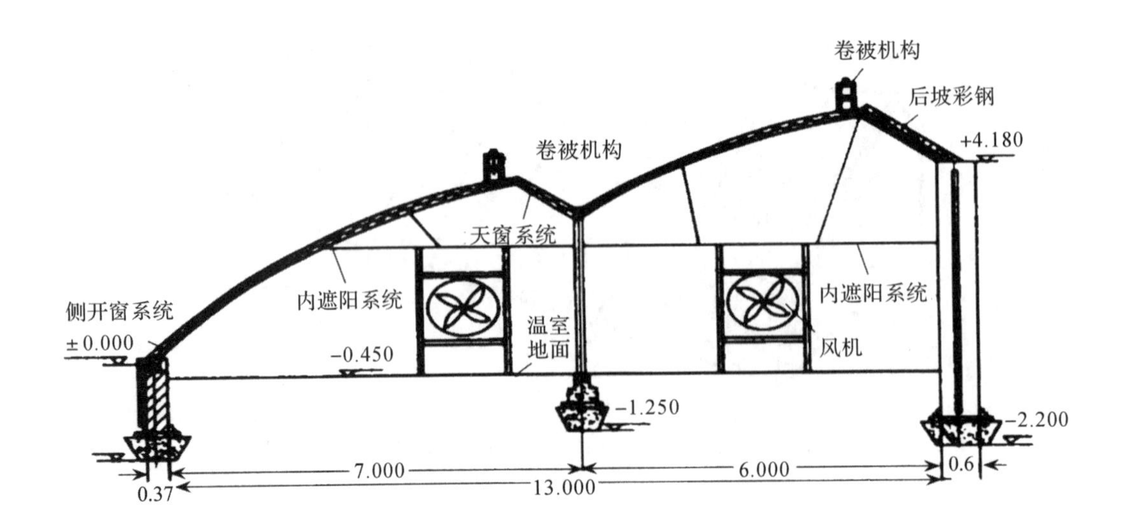

图 2-26 双连栋温室结构(单位:m)

四、日光温室的性能

(一)光照特点

日光温室的光照状况,与季节、时间、天气情况以及温室的方位、结构、建材、透明覆盖物、管理技术等密切相关。不同类型结构虽然采光量不同,但温室内的光照分布、光强变化的规律和特点是基本一致的。和露地光照相比,温室可概括为光强减少,光量分布不均匀,日照时数少。

1. 光照强度

(1)可见光透过率低。通常新的塑料薄膜(聚乙烯或聚氯乙烯)在直射光的入射角为0°时,可见光透过率可达85%~90%。但在实际应用中常常因为保护地的结构、屋面角度以及覆盖材料的灰尘和水滴污染与老化等,可见光的透过率都很低,一般在60%左右。其中光线在棚膜上反射造成15%~30%的损失是由温室结构固定产生的;塑料薄膜及塑料薄膜造成的污染可造成5%~35%的损失,塑料薄膜透光率是随着使用时间增加而减少的,所以塑料薄膜一般的使用寿命不超过10个月。

(2)紫外线透过率少。各种覆盖材料的紫外线透过率都较低,但由于不同覆盖材料的内部添加剂不同,因此,紫外线的透过率也有所不同。普通平板玻璃不能透过300nm以下的紫外线,但在350~380nm的区域内可透过80%~90%。聚乙烯薄膜的紫外线的透过率最高,在270~380nm的区域内可透过80%~90%。而聚氯乙烯薄膜由于内部添加了大量的紫外线吸收剂,因此,紫外线透过率介于玻璃和聚乙烯薄膜之间。

(3)红外线长波辐射多。各种覆盖材料对红外线长波辐射的透过率均较少,正因如此,白天太阳的短波辐射进入保护地内,保护地内的土壤及作物吸收之后,又以长波的形式向外辐射,这种长波很少能透过覆盖材料。因此,就使保护地内的长波辐射增多。这也是保护地内具有保温作用的原因之一。通常,各种覆盖材料红外线长波辐射的透过率为:聚乙烯>聚氯乙烯>玻璃。

2. 光照分布

温室内光照存在明显的水平和垂直分布差异。一般水平方向上，日光温室的北侧光强较弱，南部较强；垂直方向上，温室上部屋面处光照较强，下部靠近地面处较弱。另外，建材遮荫处光照较弱，非遮荫处光照较强。

3. 寒冷季节光照时数少

在寒冷季节，日光温室多采用外保温覆盖，这种覆盖保温多在日出数小时后揭苫，日落前数小时覆盖。因此减少了保护地的光照时数。

(一)温度特点

温室的保温性能和建造材料、覆盖材料的选择密切相关，在各种环境条件下日光温室的气温总是高于室外气温，严冬季节的旬平均温度比室外高 15～18℃。日光温室通常是不加温的，但并不排除一些地方临时加温的做法，无辅助加温的日光温室的温度具有以下特点：

(1)气温日变化特征。日光温室内最高温度与最低温度出现的时间与露地相近，即最低温度出现在日出前，最高温度出现在午后。由于日光温室容积小，与外界空气热量交换微弱，所以白天增温快，最高温度比露地高得多。夜间虽有覆盖物保温，室内温度下降缓慢，但由于土壤、作物贮存的热量继续以长波形式向地面辐射，并可通过设施的覆盖物向设施外散热，因此整体变化趋势和外界相近。日光温室气温变化在晴天时明显，如对 12 月和 1 月的观察表明：最低温度出现在 8:30 左右，揭苫后，气温略有下降而后迅速上升，11:00 前上升最快，在不进行放风的条件下，每小时可上升 6～10℃；12:00 后仍有上升趋势，但逐渐放缓；13:00 达高峰值。此后开始缓慢下降，15:00 后下降速度加快，直至 16:00～17:00 盖苫前。盖苫后，气温略有回升，此后室温呈缓慢下降趋势，直至次日揭苫前到达最低值。

(2)气温分布特点。日光温室存在垂直方向和水平方向的温度分布不均匀，通常因栽种作物、墙体遮光和热量传导作用，造成日光温室上部温度高于下部温度，温室中心部位温度高于东西山墙附近温度；夜间靠近前屋面附近温度较低。但总体上温室各部分温度相差不大。

五、日光温室的设计与应用

(一)规格设计

(1)顶高。节能型日光温室的顶高要求不少于 3m，以 3.5～4.5m 为宜，以确保温室内有足够的栽培和容热空间，并保持适宜的前屋面采光角度。普通日光温室以 2.5m 左右为宜。加温温室不宜过高，以 2～2.5m 为宜，温室过高，空间过大，加温时升温缓慢，不利于提高温度，同时也增加加温开支。

(2)内部跨度。节能型日光温室的内跨以 8～10m 为宜，加温温室以 6～8m 为宜。

(3)长度。适宜的温室长度为 60～70m，一般要求不短于 40m，不超过 80m。

(二)前屋面设计

1. 倾角设计

(1)冬季栽培用温室的前屋面倾角。

①单斜面温室。前屋面倾角按公式 $\alpha=\varphi-\delta$ 进行计算，其中，φ 为当地的地理纬度；δ 为赤维，是太阳直射点的纬度，随季节而异，与温室设计关系最密切的为冬至时节的赤维(δ

$=-23°27'$)；α 为前屋面的最大倾角。

由于太阳入射角在 0°～45°范围内时，温室的透光量变化不大，为避免温室的顶高过大，使顶高与跨度保持一合理的比例，实际的 α 值通常按理论 α 值－40°～45°确定。

②多折式温室。前屋面的底角一般按公式 $\alpha=\varphi-\delta$ 计算出的 α 值确定或稍大一些；中部主要采光面的倾角按理论 α 值－40°～45°确定；顶部倾角要求不小于 10°，以 15°左右为宜，否则顶面坡度太小，容易积水，卷放草苫也不方便。

③拱圆型温室。最好设计成中部坡度较大的圆面型、抛物面型以及圆抛物面组合型屋面。不论选用何种性状，温室山墙顶点与前点连线的地面交角应符合表 2-7 中的参考角度值。

表 2-7　温室前屋面与地面的参考交角值

地理纬度(φ)	屋面交角	地理纬度(φ)	屋面交角
30°	23.5°	39°	29.0°
34°	24.0°	40°	29.5°
35°	25.0°	41°	30.0°
36°	26.0°	42°	31.0°
37°	27.0°	43°	32.0°
38°	28.0°		

④连栋温室。连栋温室的屋面倾角按国际标准($\delta=26°50'$)确定即可。

(2)春季栽培用温室的前屋面倾角。温室的前屋面倾角可较冬季用温室的小一些，最大倾角可用立春的赤维值($\delta=-16°20'$)进行计算，并参考冬季用温室的角度分布要求来确定各部位的角度大小。

2. 屋前边设计

塑料薄膜温室应尽量设计成弧形屋边，以便覆膜后使棚膜绷紧，减少风害。塑料板材温室则设计成直立形屋边。

弧形屋边的制作方法：竹竿骨架温室一般是在粗竹竿的前端绑接一厚竹片，竹片弯成弧形，下端插入地里；钢架温室的拱架前端一般直接加工成弧形。

(三)后屋面设计

1. 后屋面的结构

(1)永久性温室的屋架要用木材或钢材、钢筋水泥预制柱等作支架，用水泥预制板铺底。

(2)临时性温室的屋架可采取粗木、水泥板结构形式，粗木作支架，水泥板铺底。一些地方为降低建造成本，采用粗木作支架，在支架上纵向拉粗铁丝，在粗铁丝上直接铺盖秸秆、压土。该做法虽然降低了建造费用，但后屋面不稳固，也容易因秸秆腐烂或铁丝生锈拉断后，导致屋顶局部塌陷，缩短使用寿命(一般为 3 年左右)，增加维修费用，不宜提倡。

2. 后屋面的宽度

后屋面的适宜地面垂直投影宽度为 0.8～2.0m。冬季严寒地区(最低温度－20℃以下)以及加温温室应适当宽一些，日光温室以及冬季不甚严寒的地区(最低温度－20℃以上)可适当窄一些，以减少后屋面的遮阴。

3. 后屋面的厚度

后屋面保温层的适宜厚度为20～40cm。屋顶过厚，屋架的负荷大，容易塌陷。为减轻屋顶重量，水泥屋顶的夹层应填充质地较轻的珍珠岩、蛭石或聚苯板等。泥、草屋顶的秸秆层厚度20～30cm，封顶的草泥层要薄，一般不超过10cm。

4. 防雨设计

水泥屋顶温室底部铺水泥板并用水泥弥缝隔湿，顶部用一定厚度的水泥封顶；简易温室的后屋顶底部铺盖完好的加厚塑料薄膜隔湿，秸秆上（包括前端）再覆盖完好的加厚塑料薄膜防止雨（雪）水渗入，并在薄膜上压土保护薄膜。

5. 后屋面的倾斜角度

为避免冬季后屋面对后墙遮阴，造成光照死角，冬季用温室的后屋面倾角要等于或稍大于当地冬至时的太阳高度角。

（四）墙体设计

（1）砖墙。砖墙应设计成“夹心墙”，内填充轻质保温材料，不要填充吸湿后体积容易发生膨大的保温材料（包括泥土），以免体积膨大后，从内部“鼓破”墙体，发生倒塌。砖墙底部要用石头砌一道50cm左右高的隔潮墙，以保持砖体干燥，延长墙体寿命

（2）泥、土墙。要设计成梯形墙，并且墙体厚度要适当厚一些，以增强保温性以及抗倒塌能力，一般要求不少于1.5m，冬季严寒地区以及多雨水地区的厚度不少于2m。墙的底部要用石头或砖砌一道50cm左右高的隔潮墙，以保持墙体干燥，延长墙体寿命。墙顶要覆盖薄膜防雨水渗入，薄膜上压土保护。墙的外沿要安装瓦片或铺水泥板作屋檐挡雨，防止雨水冲刷墙面。

（五）方位设计

冬季及早春上午多雾、严寒地区，应按偏西5°的方位建造温室，以多接受下午的光照，提高夜温。冬季及早春下午多雾、光照不良的地区，应选偏东5°的方位建造温室，以增加上午的采光量。其他情况下，选择正南北方位即可。

（六）通风口设计

（1）通风口的种类。目前，日光温室的通风口主要为扒缝式结构，自动化程度较高的钢架结构温室多采用自动开关的窗式结构，还有部分温室采用手动或电动卷膜式通风口。

（2）通风口的面积比例。由于温室的主要栽培季节为冬季，通风量较少，为增强温室的严密性，通风口的面积比例不宜过大。一般，冬季用温室的通风口面积占前屋面表面积的5%～10%即可满足需要，春秋季扩大到10%～15%即可。

（3）通风口的位置设计。温室高度大，并且三面有墙，室内的通风均匀性比较差，因此合理安排通风口位置十分重要。

小型温室一般设置上部通风口和下部通风口即可。大型温室除了设有上、下部通风口外，在后墙的中上部还应设有背部通风口，以在高温期协助上、下部通风口放风，增大通风量。

上部通风口设于温室的顶部，下部通风口设于温室的前部离地面1～1.5m高处，背部通风口设于后墙上距离地面1.5m以上高处。有的温室不专设下部通风口，而是将前边棚膜从地里扒出，卷起后代替通风口，该法容易形成“扫地风”，伤害蔬菜，不宜提倡。

(七)其他设计

冬季严寒地区,应设计成半地下式温室,室内地面低于室外 0.8m 左右,以增强温室自身的保温能力。

(八)日光温室的应用

PPT-8

温室是比较完善的保护设施,分布范围很广,从江苏省北部至黑龙江省南部均有各种类型的日光温室,可以基本不受自然气候条件影响,进行园艺作物反季节栽培。日光温室的主要作用是在北纬 33°~43°进行冬春果菜类园艺作物栽培,还可用于寒冷季节的育苗设施;花卉生产上应用于鲜切花、盆花、一年生草花的栽培;果树生产上应用于浆果类、核果类作物反季节栽培。

任务七　现代温室的结构与应用

现代温室通常简称为连栋温室或者俗称智能温室,是设施园艺中的高级类型,主要指设施内的环境能实现计算机自动控制,基本上不受自然条件下灾害性天气和不良环境条件的影响,能全天候周年进行作物生产的大型温室。该类温室用玻璃或者硬质塑料板材和塑料薄膜进行覆盖,由计算机监测和智能化管理系统,根据作物生长发育的要求调节环境因子。

一、现代化温室的主要类型

(一)芬落型玻璃温室

芬落型玻璃温室是我国引进玻璃温室的主要形式,是荷兰研究开发而后流行全世界的一种多脊连栋小屋面玻璃温室(见图 2-27)。温室单间跨度一般为 3.2m 的倍数,开间距 3m、4m 或者 4.5m,檐高 3.5~5.0m,每跨由 2 个或 3 个(双屋面的)小屋面直接制成在桁架上,小屋面跨度为 3.3m,矢高 0.8m。玻璃屋面角为 25°。根据桁架的支撑能力,可组合 6.4m、9.6m、12.8m 的多脊连栋型大跨度温室。覆盖材料采用 4mm 厚的设施专用玻璃,透光率大于 92%。开窗设置以屋脊为分界线,左右交错开窗,每窗长度 1.5m,一个开间设置两扇窗,中间 1m 不设窗,屋面开窗面积占比(通风比)19%。

芬落型玻璃温室的主要特点为:

(1)透光率高。由于其独特的承重结构设计减少了屋面骨架的断面尺寸,省去了屋面檩条及连接部件,减少了遮光,又由于使用了高透光率专用玻璃,使透光率大幅度提高。

(2)密封性好。由于采用了专用铝合金及配套的橡胶条和注塑件,温室密封性大大提高,有利于节省能源。

(3)屋面排水效率高。由于每一跨度内有 2~6 个排水沟,与相同跨度的其他类型温室相比,每个天沟汇水面积减少了 50%~83%。

(4)使用灵活且构件通用性强。这一特性为温室工程的安装、维修和改进提供了极大方便。芬落型玻璃温室在我国,尤其是我国南方应用的最大不足是通风面积过小。由于其没有侧窗通风,且顶通风比仅为 8.5%或 10.5%,在我国南方地区往往通风量不足,夏季热蓄

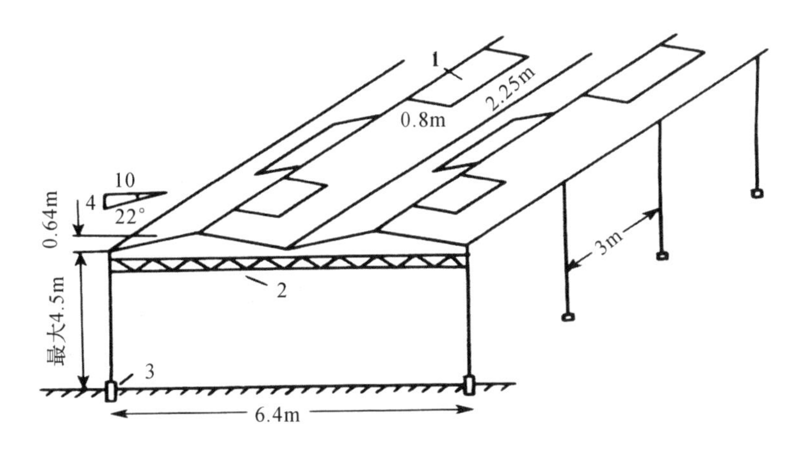

图 2-27　芬落型玻璃温室

积严重，降温困难。近年来，我国针对亚热带地区气候特点对其结构参数加以改进、优化，加大了温室高度，并加强顶侧通风，设置外遮阳和湿帘—风机降温系统，增强抗台风能力，提高了在亚热带地区的使用效果。

（二）里歇尔温室

里歇尔温室是法国瑞奇温室公司开发的一种流行的塑料薄膜温室，在我国引进温室中所占比重最大（见图 2-28）。一般单栋跨度为 6.4m、8m，檐高 3.0～4.0m，开间距 3.0～4.0m，其特点是固定于屋脊部的天窗能实现半边屋面开启通风换气，也可以设置侧窗卷膜通风。该温室的通风效果较好，且采用双层充气覆盖，可节能 30%～40%，构件比玻璃温室少，空间大，遮阳面少，根据不同地区风力强度大小和积雪厚度，可选择相应类型结构。但双层充气膜在南方冬季多阴雨的天气情况下，透光性受到影响。我国研发的华北型现代化温室与里歇尔温室有许多相似之处，其骨架由热浸镀锌钢管及型钢构成，透明覆盖材料为双层充气塑料薄膜。

图 2-28　里歇尔温室

（三）卷膜式全开放型塑料温室

卷膜式全开放型塑料温室是一种拱圆型连栋塑料温室，这种温室除山墙外，顶侧屋面均可通过手动或者电动卷膜机将覆盖薄膜由下向上卷起，达到通风透气的效果（见图 2-29），可将侧墙和 1/2 屋面或全屋面的覆盖薄膜全部卷起成为与露地相似的状态，以利于夏季高温季节栽培作物。由于通风口全部覆盖防虫网而防虫效果好，国产塑料温室多采用这种形式。其特点是成本低，夏

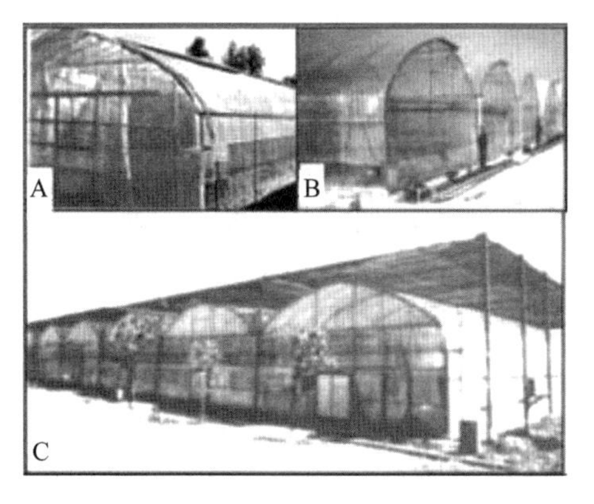

图 2-29　卷膜全开放型塑料温室

季接受雨水淋湿可防止土壤盐类积聚，简易，节能，利于夏季通风降温。

（四）屋顶全开启型温室

屋顶全开启型温室最早是由意大利 Serre Italia 公司研制的一种全开放玻璃温室，近年来在亚热带地区逐渐兴起（见图 2-30）。其特点是以天沟檐部为支点，可以从屋脊部打开天窗，开启度可达到垂直程度，即整个屋面的开启度可从完全封闭直到全部开放状态。侧窗则用上下推拉方式开启，全开放后达 1.5m 宽。全开时可使室内外温度保持一致，也便于夏季接受雨水淋洗，防止土壤盐类积聚。其基本结构与芬落型相似。

图 2-30　屋顶全开启型温室

二、现代化温室的配套系统

现代温室除主体骨架外，还可根据情况配置各种配套设备以满足不同要求。

（一）通风系统

温室的通风主要以自然通风为主。在特别炎热的地区（室外温度经常超过 33℃），自然通风难以满足降温要求时，也可采用强制通风。

（1）自然通风。塑料温室的自然通风主要有侧墙通风口通风、屋面通风口通风以及两者结合的通风。塑料温室由于覆盖材料为柔性卷材，所以温室的侧窗通风口一般采用手动或机动卷膜开窗。温室的屋面通风有固定通风窗通风、活动通风窗通风等。自然通风的通风量与风速、风向、通风窗位置、通风窗面积及温室内外温度差有关。玻璃温室大部分时间依靠自然通风调节温室内环境，但夏季高温时，通常要采用强制通风的方式（见图 2-31）。

图 2-31　自然通风系统

（2）强制通风。强制通风是采用风机将电能或者其他机械能转化为风能，强迫空气流动来进行温室换气并达到降温效果。强制通风的理论降温极限为室内空气温度等于室外空气温度。因为此时的温室内外温差为零，通风量为无穷大，在实际应用中是不可能的。由于机械设备和植物生理的原因，一般温室的通风强度为每分钟换气 0.75～1.5 次，能够控制温室内外的温差为 5℃（见图 2-32）。

图 2-32　强制通风系统

（二）加热系统

加热系统与通风系统结合，可为温室内作物生长创造适宜的温度和湿度条件。目前冬季加热多采用集中供热、分区控制方式，主要有热水管道加热和热风加热两种系统。

（1）热水管道加热系统。其由锅炉、锅炉房、调节组、连接附件以及传感器、进水及回水主管、温室内的散热管道等组成。热水管道加热系统的工作过程为：用锅炉将水加热，然后用水泵加压，热水通过供热管道供给在温室内均匀安装的、与温室采暖热负荷相适应的散热管道，热水通过散热管道来加热温室内的空气，提高温室的温度，冷却了的热水回到锅炉上再加热后重复上一个循环。热水管道加热系统在我国通常采用燃煤加热，其优点是室温均匀，停止加热后室温下降速度慢，水平式加热管道还可兼作温室高架作业车的运行轨道；缺点是室温升高慢，设备材料多，一次性投资大，安装维修费时费工。

（2）热风加热系统。其是利用热风炉通过风机把热风送入温室各部分加热的方式。该系统由热风炉、送气管道、附件及传感器等组成。热风加温系统的工作过程为：由热源提供的热量加热空气换热器，用风机强迫温室内的部分空气流过空气换热器，空气被加热后进入温室进行流动，其他空气又流经空气换热器，这样不断循环加热了整个温室。热风加热系统的热源可以是燃油、燃气、燃煤装置或电加热器，也可以是热水或蒸汽。热源不同，热风加温的安装形式也不一样。蒸汽、电热或热水式加温系统的空气换热器安装在温室内，与风机配合直接提供热风。燃油、燃气式的加热装置安装在温室内，燃烧后的烟气排放到室外大气中；如果烟气中不含有害成分，可直接排放至温室内。燃煤热风炉一般体积较大，使用中也比较脏，大多安装在温室外面。为了使热风在温室内均匀分布，由通风机将热空气送入通风管。通风管由开孔的聚乙烯薄膜或布制成，沿温室长度布置。通风管重量轻，布置灵活且易于安装。热风加热系统的特点是室温升高快，但停止加热后降温也快。热风加热系统还有节省设备资材、安装维修方便、占地面积少、一次性投资小等优点，适于面积小、加温周期短的温室选用。

此外，温室的加温还可以利用工厂余热、太阳能集热加温器、地下热交换等技术。

（三）幕帘系统

幕帘系统包括帘幕系统和传动系统，帘幕按照安装位置的不同可以分为内遮阳保温幕和外遮阳保温幕两种。

1. 外遮阳幕

外遮阳幕是在温室骨架外安装遮荫骨架，将遮阳网安装在骨架上，能有效地折射、阻挡部分阳光，起到遮阳降温作用(见图 2-33)。

外遮阳网采用黑色透气型编织外用幕，遮阳率 70%(保质期 4 年，寿命 8 年)，夏季能阻挡多余阳光进入温室，使温室内阴凉，保护作物免遭强光灼伤，为作物生长创造适宜条件。外遮阳幕可控制室内湿度及保持适当的热水平，将阳光漫射进入种植区域，保持最佳的作物生长环境。同时，黑色幕布还可遮挡过量的阳光以确保更好的土壤和空气温度、湿度环境，节水、省力、节能。

图 2-33　外遮阳幕

遮阳网可以用拉幕机构或卷膜机构带动，自由开闭。驱动装置可以手动或电动。使用者可以根据需要进行手动控制、电动控制，或与计算机控制系统连接实现计算机全自动控制。遮阳网室外安装的优点是：降温效果好，直接将太阳能阻隔在温室外。缺点是：室外遮荫骨架需要耗费一定的钢材；风、雨、冰雹等灾害天气时有出现，对遮阳网的强度要求高；各种驱动设备在露天使用，要求设备对环境的适应能力较强，机械性能优良。

2. 内遮阳保温幕

内遮阳网安装于温室内屋架下弦，除具有遮阳的功能外，还有夜间隔热保温、减少温室内水分蒸发的功能(见图 2-34)。

图 2-34　内遮阳保温幕

内遮阳系统是在温室骨架上拉接一些金属或塑料的网线作为支撑系统，将遮阳网安装在支撑系统上，整个系统简单轻巧，不用另外制作金属骨架。内遮阳网因为使用频繁，一般采用电动控制，或电动加手动控制，在临时停电时可以手动启闭。

内遮阳系统在降温理论上比外遮阳系统复杂。外遮阳是太阳照射在室外的遮阳网上，被网吸收或反射，都是发生在温室外，这部分能量没有进入温室，不会对温室的温度产生影响。而室内遮阳是在阳光进入温室后进行遮挡，这时遮阳网要反射一部分阳光，因为反射光波长不变，则这部分能量又回到室外；另外一部分太阳辐射被遮阳网吸收，升高遮阳网本身的温度，然后再传给温室内的空气，升高温室的温度。这样内遮阳虽然能够降低温室地面的温度，但与同样遮光率的外遮阳相比，仍然有一部分太阳辐射进入温室，升高温室的温度。内遮阳的效果主要取决于遮阳网反射阳光的能力，不同材料制成的遮阳网使用效果差别很大。

内遮阳系统一般还与室内保温幕帘系统共同设置。夏天使用遮阳网，降低室温，到秋天将遮阳网换成保温幕，夜间使用，可以节约能耗 20%以上。

幕帘传动系统有钢索轴拉幕和齿轮齿条拉幕系统两种。前者传动速度快，成本低；后者传动平稳，可靠性高，但造价略高，两种都可自动控制或手动控制。

（四）降温系统

温室降温一般可采用通风降温、湿帘风机降温、高压喷雾降温等方式。

1. 湿帘风机降温

湿帘风机降温系统由湿帘、风扇、供水系统和附件组成（见图 2-35）。湿帘降温的过程是在其核心——湿帘内完成的。特制的波纹状纤维纸能确保水均匀地淋湿整个湿帘墙，当安装在湿帘对面端墙的风扇启动后，温室内热空气被强制抽出，形成负压区，温室外干热空气因负压穿透湿帘介质进入温室。此时，介质上的水会吸收空气中的热量进而蒸发成水蒸气，从而达到降温的目的。湿帘在降温的同时还可在一定程度上提高温室内的湿度。此系统与遮阳系统配合使用，可以达到更佳的降温效果。

图 2-35　湿帘风机降温系统

湿帘降温装置的效率取决于湿帘的性能。湿帘必须保证有大的温表面积与流过的空气接触，以便空气和水有充分的接触时间，使空气达到近似饱和。此外，还要求湿帘能够抗腐烂和能够保持其原有的形状与纤维方向。

湿帘的材料主要要求有吸附水的能力，通风透气性能好，具备多孔性和耐用性。材料的吸水性能使水分布均匀，透气性使空气流动阻力小，而材料的多孔性则可提供更多的表面积。目前湿帘采用的材料有聚氯乙烯、浸泡防腐剂的纸、包有水泥层的甘蔗渣等。国产湿帘大部分是由压制成蜂窝结构的纸制成的，聚氯乙烯湿帘目前正在研制中。国外有用其他材料制成的湿帘，但在国内应用很少。

2. 高压喷雾降温

高压喷雾降温系统由高压泵、喷雾嘴、过滤器、电控部分和管路组成。其工作原理是将普通水经过喷雾系统自身配备的微米级过滤器过滤后进入高压泵，经加压后的水通过管路到达喷雾嘴，以微米级雾滴形式喷入温室，并迅速蒸发，大量吸收空气中的热量，然后通过通风系统将潮湿的空气排出温室，从而达到降温的目的。高压喷雾降温系统在降温的同时，也具有一定的加湿作用；若在系统中安装 1 台药物泵，将杀虫杀菌剂与水在雾化管道混合后通过喷嘴以雾状形式喷入温室，还可以起到灭菌杀虫的作用。

（五）补光系统

光照是作物光合作用的能源，在光质不全、光强不足、光照时间不够的情况下，光合作用会显著减弱，产品产量和质量均会受到严重影响。光照时数的长短还可以调节作物的花期，特别适用于观赏植物。由于高纬度的冬季，早晨、傍晚光照不足，甚至无光照，在阴雨、雪天光照很弱，因此补光十分必要。补光系统所采用的光源灯具要求有防潮设计、使用寿命长、发光率高，如生物效应灯及农用钠灯等，悬挂的位置应与植物行向垂直(见图 2-36)。

图 2-36 补光系统

(六)温室的栽培系统

温室多用于育苗或栽培，常用的栽培设备主要有种子加工设备、基质混料和填料机、播种机、育苗床、穴盘、生长箱、移苗设备等。种子加工设备主要用于种子清洁、烘干、分级、包衣等加工处理。基质混料和填料机多用于无土栽培基质及农药、化肥等多种原料的混合和填充。播种机分为手动播种机和电动播种机。育苗床一般分为固定式育苗床和移动式育苗床(见图 2-37)。穴盘则根据温室种植者自己的需要选择不同的规格。种植者可根据所移植作物的品种、种苗所处生长期及穴盘规格选用相应的移苗设备和生长箱。

图 2-37 移动式苗床

(七)计算机环境测量和控制系统

设施栽培的关键技术是环境调控技术。人们利用温室创造作物育苗生育的适宜条件，主要包括室内光照、温度、湿度的自动调节，水温及灌水量的自动调节，CO_2 施肥的调节以及通风降湿等方面的调节与控制方法，可以由计算机环境测控系统(见图 2-38)来完成。

图 2-38　计算机环境测控系统

温度主要由加热系统、通风系统、遮阳系统、喷淋/喷雾系统来调控。在夏季或春季当室外气温较高致使温室内温度过高时，首先通过控温仪控制通风系统打开迎风/背风天窗通风（自然通风），使温室内的温度降低到控温仪设定的上限温度值以下；如果自然通风还未能达到要求，控温仪就启动遮阳系统降温；如果仍未能达到要求，控温仪就启动湿帘风机降温系统或喷雾降温系统以达到目的。当温室内温度低于控温仪设定的下限温度值时，控温仪就按降温开启系统相反的程序使温室内温度升高到下限温度值以上。在冬季（或春秋季）由于温室外温度比较低，需要对温室加热时，温度传感器将测定的温度输入控温仪，控温仪控制打开供暖调节阀；当加热到控温仪设定的上限温度值时，控温仪就关闭供暖调节阀，这样使温室的温度保持在设定的范围之内。湿度主要由加热系统、通风系统、降湿系统、喷淋/喷雾系统调控。CO_2 浓度主要由通风系统、CO_2 施用系统调控，施用系统主要包括 CO_2 气体分析仪、二氧化碳发生器、电磁阀、鼓风机和管道等。光照主要由帘幕系统、人工照明调控。灌溉和施肥主要由灌溉和施肥系统调控，通常包括水源、贮水及供给设施、水处理设施、灌溉和施肥设施、田间网络、灌水器（如滴头）等。其按控制原理可分为开关控制和比例（或比例加积分）控制两种类型。不管哪种类型都存在测量目标值和实际值之间的偏差，国际上许多机构正开发更加现代化的控制方法，如最优控制和适应式控制等。

三、现代化温室的性能

（一）温度特点

现代化温室具有热效率高的加温系统，在最寒冷的冬春季节，不论晴好天气还是阴雪天气都能保持作物正常生长发育所需的温度，12 月至翌年 1 月，夜间最低温度不低于 15℃。上海孙桥现代农业联合发展有限公司荷兰温室，气温甚至达到 18℃，地温均能达到作物要求的适温范围和持续时间。炎夏时，采用外遮阳系统和湿帘风机降温系统，保证温室内温度达到作物对温度的要求。

采用热水管道加温或热风加温，加热管道可按作物生长区域合理布局，除固定的管道外，还有可移动可升降的加温管道，因此温度分布均匀，作物生长整齐一致。这种加温方式清洁、安全，没有烟尘或有害气体，不仅对作物生长有利，也保证了生产管理人员的健康。因此，现代化温室可以完全摆脱自然气候的影响，一年四季全天候进行作物生产，高产、优质、高效。

（二）光照特点

现代化温室全部由塑料薄膜、玻璃或者塑料板材透明覆盖物构成，全面采光，透光率高，光照时间长，而且光照分布比较均匀。所以这种全光型的大型温室，即便日照时间最短的冬季，仍然能正常生产喜温瓜果、蔬菜和鲜花，且能获得很高的产量。

（三）湿度特点

连栋温室空间大，作物生长势强，代谢旺盛，作物叶面积指数高，通过蒸腾作用释放出大量水汽进入温室空间，在密闭情况下，水蒸气经常达到饱和。现代化温室有完善的加温系统，加温可以有效降低空气湿度，比日光温室因高湿环境给作物生长带来的负面影响小。夏季炎热高温，现代化温室内有湿帘风机降温系统，使温室内温度降低，而且还能保持适宜的空气湿度，为作物创造良好的生态环境。

（四）气体特点

现代化温室的二氧化碳浓度明显低于露地，不能满足作物的需要，白天光合作用强时发生二氧化碳亏缺。据测定，引进的荷兰温室中，白天10：00～16：00二氧化碳浓度仅有0.024%，不同种植区有所区别，但总的趋势一致，所以需进行二氧化碳气体施肥。

5. 土壤特点

现代化温室为解决温室土壤的连作障碍、土壤酸化、土传病害等一系列问题，越来越普遍地采用无土栽培技术，尤其是花卉生产。果菜类蔬菜和鲜切花生产多用基质栽培，水培主要生产叶菜，以生菜面积最大。无土栽培克服了土壤栽培的许多弊端，同时通过计算机自动控制，可以为不同作物、不同生育阶段以及不同天气状况下，准确地提供作物所需的营养元素，为作物根系创造了良好的土壤营养及水分环境。

四、现代化温室的应用

现代化温室在社会上得到广泛应用，主要体现在有以下几个方面：

(1)生产上。用于园艺作物育苗，蔬菜、花卉、果树生产，畜禽、水产养殖。蔬菜以早春、秋冬、越冬茬口为主，可栽培2～3茬，也可每年多茬栽培或每年越夏一大茬栽培。高档花卉周年生产，以节日供应为主。果树主要为春早熟生产。

(2)试验方面。温室能人工调节，专门用于科研、教育气候条件等。

(3)商业零售方面。温室可提供作物生长的适宜环境，建有大量的交通通道和展览销售台架，用于花卉等展览、批发、零售。

(4)餐厅、观赏旅游方面。温室室内布置各种花卉、盆景、园林造景或立体种植形式，供公众就餐时观赏，使就餐人员仿佛置身于大自然的环境中，给人以回归自然的感觉。同时温室内种植花卉、观赏作物，可用于展示世界各地的植物长势、结果等情况，供游人欣赏。

PPT-9

(5)病虫害检疫隔离方面。温室用于暂养从境外引进的作物，专门对作物进行病虫害检疫，预防国外病害在国内蔓延造成危害。

复习思考题

1. 简易设施包括哪几种类型？
2. 使用电热温床时应注意什么？
3. 试述塑料大棚的结构及建设方法。
4. 塑料大棚在生产上有哪些应用？
5. 试述小拱棚的性能及搭建步骤。
6. 什么是日光温室？温室应如何分类？
7. 日光温室的光照有何特点？
8. 现代连栋温室的配套系统有哪些？

项目三　设施覆盖材料的种类、性能及应用

项目描述

本项目主要学习各种园艺设施覆盖材料的种类、性能及应用。通过学习了解农用塑料薄膜、地膜、硬质塑料板材、遮阳网、防虫网、保温被、草苫等覆盖材料的特点，能够正确选用农用塑料薄膜、地膜等覆盖材料进行农业生产，能够正确使用及维护农用塑料薄膜、地膜、遮阳网、防虫网等覆盖材料。

任务一　农用塑料薄膜的种类、性能及应用

设施覆盖材料种类多样，性能特征各异，在设施农业生产中有很重要的地位。随着塑料薄膜、遮阳网、防虫网等现代覆盖材料在设施上的广泛应用，功能化覆盖材料的开发与研究趋向于系统化和专业化。伴随现代科学技术的日益发达，各种新型的科技含量高的覆盖材料不断出现，对于防灾、减灾，挖掘农业的内在潜力，建设持续高产、优质、高效农业，促进农业增产，保障产品安全都有巨大的推动作用。因此，了解和认识设施覆盖材料的种类、性能及用途，对于科学应用覆盖材料具有重要的现实意义。

评价现代设施覆盖材料的优劣主要有保温性、采光性、流滴性、使用寿命、强度和低成本等六大标准，其中保温性为首要指标，关系到温室、大棚温光效应和生产效益。

一、农用塑料薄膜的种类

塑料薄膜是设施生产上主要的透明覆盖材料，要求选择无毒、无味、无滴性好、透光率高、抗拉、使用寿命长、保温性能好的薄膜。目前市场上使用的塑料棚膜种类繁多、性能各异，但就其基础母料而言，主要是聚氯乙烯（PVC）、聚乙烯（PE）、乙烯—醋酸乙烯（EVA）三大类。

（一）聚氯乙烯（PVC）薄膜

聚氯乙烯薄膜是以聚氯乙烯树脂为主原料，添加增塑剂、稳定剂经压延成膜。这种膜较厚，一般厚度为 0.1～0.15mm，其特点是新膜透光率较高，能较好地阻隔远红外线，夜间保温性比聚乙烯膜好，耐高温日晒、耐老化，柔软易造型、薄膜撕裂后易粘补，防雾滴效果较好。

聚氯乙烯薄膜的缺点：一是随着使用时间延长，薄膜中的增塑剂会缓慢析出，使得聚氯乙烯薄膜的透光率下降迅速，并由于静电作用而较易吸附灰尘；二是耐低温性能较差，低温

脆化温度为$-50℃$，硬化温度为$-30℃$，不宜应用在高寒地区；三是密度大，聚氯乙烯薄膜密度为$1.3g/cm^3$，相同厚度、相同重量的覆盖面积约为聚乙烯膜的2/3～3/4，因此提高了成本。

聚氯乙烯薄膜根据其添加辅料的不同，还可以分为以下几种：

(1)聚氯乙烯长寿无滴膜。该膜是在聚氯乙烯树脂中，添加一定比例的增塑剂，受阻胺光稳定剂或紫外线吸收剂等防老化助剂和聚多元醇酯类或胺类等复合型防雾滴助剂压延而成。其有效使用期由普通聚氯乙烯膜的4～6个月提高到8～10个月。添加的防雾滴助剂能增加薄膜的临界湿润能力，使薄膜表面有水分凝结时不形成露珠附着于薄膜表面，从而形成一层均匀的水膜，由于重力作用，水膜顺倾斜膜面流入土壤，因此增大了透光率。由于没有水滴落到植株上，可减少病害发生。由于聚氯乙烯分子具有极性，防雾滴助剂也具有极性，因此分子间形成弱的结合键，使薄膜中的防雾滴助剂不易迁徙至表面乃至脱落，保持防雾滴性能。由于在成膜过程中加入大量的增塑剂，可使防雾滴助剂分散均匀，所以聚氯乙烯长寿无滴膜流滴的均匀性好且持久，流滴持效期可达4～6个月。这种薄膜厚度为0.12mm左右，在日光温室果菜类越冬生产上应用比较广泛。

(2)聚氯乙烯长寿无滴防尘膜。该膜是在聚氯乙烯长寿无滴膜的基础上，增加一道表面涂敷防尘工艺，使薄膜外表面附着一层均匀的有机涂料。该层涂料的主要作用是防止增塑剂、防雾滴剂向外表面析出。由于阻止了增塑剂向外表面析出，使薄膜表面的静电性减弱，从而起到防尘、提高透光率的作用。由于阻止了防雾滴助剂向外表面析出，因而延长了薄膜的无滴持效期。另外，在表面敷料中还加入了抗氧化剂，从而进一步提高了薄膜的防老化性能。

(二)聚乙烯(PE)薄膜

聚乙烯薄膜是由低密度聚乙烯(LDPE)树脂或线型低密度聚乙烯(LLDPE)树脂吹塑而成的。其优点是：耐酸、耐碱、耐盐，喷上化肥后不易变性；透光性好，无增塑剂释放，新膜透光率在80%左右；耐低温性强；质地轻(密度为$0.92g/cm^3$)、柔软、易造型；无毒。缺点是：耐候性差，使用周期4～5个月，保温性差，不易黏结。普遍应用于长江中下游地区覆盖塑料大棚，厚度为0.05～0.08mm；而厚度为0.03～0.05mm的普通聚乙烯薄膜，则广泛应用于覆盖中、小拱棚。

聚乙烯薄膜根据其添加辅料的不同，还可以分为以下几种：

(1)聚乙烯长寿膜。以聚乙烯为基础树脂，加入一定比例的紫外线吸收剂、防老化剂和抗氧化剂后吹塑而成。厚度0.08～0.12mm，使用期12～18个月，可用于栽培2～4茬作物，不仅可延长使用期，降低成本，节省能源，而且使产量、产值大幅增加，与普通聚乙烯膜相比较为经济。

(2)聚乙烯长寿无滴膜。以聚乙烯为基础树脂，加入防老化剂和防雾滴助剂后吹塑而成，不仅延长使用寿命，而且因薄膜具有流滴性而提高了透光率。防雾滴效果可保持2～4个月，耐老化寿命达12～18个月。

(3)聚乙烯多功能复合膜。以聚乙烯为基础树脂，加入耐老化剂(最外层)、保温剂(中层)、流滴剂(内层)等多种功能性助剂，通过三层共挤加工工艺生产的多功能复合膜，同时具有无滴、保温、耐候等多种功能。该膜覆盖的棚室内散射光比例占棚室内总光量的50%，使得棚室内光照均匀，减轻了骨架材料的遮荫影响；有的可阻隔紫外光，抑制菌核病子囊盘和灰霉菌分生孢子的形成，在东北、华北和西北地区广泛应用于覆盖棚室，使用期可达12～18个月。

(三)乙烯—醋酸乙烯(EVA)多功能复合膜

乙烯—醋酸乙烯(EVA)多功能复合膜是以乙烯—醋酸乙烯共聚物为主原料，添加紫外线吸收剂、保温剂和防雾滴助剂等制造而成的多层复合薄膜。其外表层一般以LLDPE、LDPE或EVA树脂为主，添加耐候、防尘等助剂，使其具有较强的耐候性，并可阻止防雾滴助剂等的渗出，在中层和内层以不同EVA含量的EVA为主并添加保温和防雾滴助剂以提高其保温性能和防雾滴性能。因此，乙烯—醋酸乙烯复合膜具有质轻、使用寿命长(3～5年)、透明度高、防雾滴助剂渗出率低等特点。EVA膜的红外线区域的透过率介于PVC膜和PE膜之间，故保温性显著高于PE膜，夜间的温度一般要比普通PE膜高出2～3℃，对光合有效辐射的透过率也高于PVC膜和PE膜。因此，EVA多功能复合膜既克服了PE膜无滴持效期短和保温性差的缺点，也克服了PVC膜密度大、幅窄、易吸尘和耐候性差的缺点，适用于高寒地区，具有很好的应用前景。

二、农用塑料薄膜的性能比较

(一)主要性能比较

下面就PVC膜、PE膜、EVA膜的性能做简要比较。

(1)透光性。透明覆盖材料的透光特性通常表现为：在紫外线区，PE膜的透过率高于PVC膜，EVA膜最小；在可见光区域PVC膜和EVA膜高于PE膜；而在中远红外区域(热辐射部分)PVC膜的透过率远低于PE膜和EVA膜(见表3-1)，这表明PVC膜对光合有效辐射的透过率高，增温性强，保温性好。PVC膜的初始透光性能优于PE膜和EVA膜，但PVC膜使用一段时间以后，薄膜中的增塑剂会慢慢析出，使其透明度迅速降低，加上PVC膜表面的静电性较强，容易吸附尘土，因此PVC膜的透光率衰减得很快。而PE膜和EVA膜由于抗静电性能好，吸尘少，无增塑剂析出，所以透光率下降较慢。据测定，新PVC膜使用半年后，透光率由80%下降到50%，使用一年后下降到30%以下，失去使用价值；新PE膜使用半年后，透光率由75%下降到65%，使用一年后仍在50%以上；新EVA膜连续使用18个月后，棚内透光率仍高达77%。

表3-1 三种塑料薄膜在不同光波区的透光率 单位：%

薄膜种类	PVC膜(厚0.10mm)	PE膜(厚0.10mm)	EVA膜(厚0.10mm)
紫外线(≤300nm)	20	55～60	76～80
可见光(450～650nm)	86～88	71～80	85～86
近红外线(1500nm)	93～94	88～91	90～91
中红外线(5000nm)	72	85	85
远红外线(9000nm)	40	84	70

(2)保温性。PVC膜在长波热辐射区域的透光率比PE膜低得多，从而可以有效抑制棚室内的热量以热辐射的方式向棚室外散逸，由此可知PVC膜的保温性能优于PE膜；而EVA膜的阻隔率介于两者之间，保温性能也比PE膜好，同时EVA多功能复合膜的中层和内层添加了保温剂，其红外阻隔率还要高，有的可超过70%，在夜间表现出良好的保温性。

(3)强度和耐候性。由表3-2可知,从总体上看,PVC膜的强度优于PE膜,又由于PE膜对紫外线的吸收率较高,容易引起聚合物的光氧化,从而加速老化(自然破裂),普通PE膜的连续使用寿命仅3～6个月,普通PVC膜则可连续使用6个月以上,所以PVC膜的耐老化性能也优于PE膜。EVA多功能复合膜添加耐候、防尘等助剂,使其机械性能良好,耐候性强,能防止防雾滴助剂析出,强度优于PE膜,总体强度指标不如PVC膜。由于EVA膜树脂本身阻隔紫外线的能力较强,加之在成膜过程中又在其外表面添加了防老化助剂,所以其耐候性也较强,经实际扣棚13个月和18个月后伸长率均高于50%,使用期一般可达18～24个月。

表3-2　三种薄膜的强度指标

强度指标	PVC膜	PE膜	EVA膜
拉伸强度/MPa	19～23	<17	18～19
伸长率/%	250～290	493～550	517～673
直角撕裂/(N/cm)	810～877	312～615	301～432
冲击强度/(N/cm^2)	14.5	7.0	10.5

(4)其他性能。EVA树脂有弱的极性,因而与添加的防雾滴助剂有较好的相容性,能有效阻止防雾滴助剂向表面迁移析出,延长无滴持效期;PE膜表面与水分子亲和性较差,表面易附着水滴。PE膜耐寒性强,其催化温度为－70℃,PVC膜催化温度较高,为－50℃,而在温度为20～30℃时则表现出明显的热胀性,所以往往表现出昼松夜紧,在高温强光下薄膜容易松弛,易受风害。此外,PVC膜可以黏合,铺张、修补都比较容易,但燃烧时有毒性气体放出,在使用时应注意。

PPT-10
视频-10

任务二　地膜的种类、性能及应用

地膜通常是指厚度为0.005～0.015mm、专门用来覆盖地面、保护作物根系的一种农用薄膜的总称。地膜覆盖是当前农业生产中比较简单有效的增产措施之一。

一、地膜的种类及功能

(一)普通地膜

普通地膜是指无色透明的聚乙烯薄膜,其透光率高,土壤增温效果好。

(1)高压低密度聚乙烯(LDPE)地膜:是以低密度聚乙烯树脂(LDPE)为基础树脂吹制的地膜,为无色透明,厚度(0.014±0.002)mm,宽度40～200cm,透明度好,增温保墒性能强,适用于各生态区、各种作物,不仅可覆盖各种垄形地面,也可用于各种小沟和低矮小拱棚。

(2)低压高密度聚乙烯(HDPE)地膜:用HDPE树脂经挤压吹塑成型的,用于蔬菜、棉花、玉米、小麦等作物。这种地膜强度高,光滑,但柔软性差,不易黏着土壤,不适于沙土地覆盖,增温保水效果与LDPE地膜基本相同,但透明性及耐候性稍差。

(3)线性低密度聚乙烯(LLDPE)地膜:是用 LLDPE 树脂经挤压吹塑成型的,适用于蔬菜、棉花等作物。其特点除了具有 LDPE 地膜的特性外,机械性能良好,伸长率提高 50%以上,耐冲击强度、穿刺强度、撕裂强度均较高,耐候性、透明性均较好,易粘连。

(4)高压聚乙烯和线性聚乙烯共混地膜:将两种树脂按一定的比例共混吹塑制成,以使高压聚乙烯和线性聚乙烯地膜的某些优良性能互补,性能介于两者之间。

(5)高压聚乙烯和高密度聚乙烯共混地膜:将两种树脂按一定的比例共混吹塑制成,以使高压聚乙烯和高密度聚乙烯地膜的某些优良性能互补,性能介于两者之间。

(6)线性聚乙烯和高密度聚乙烯共混地膜:将两种树脂按一定的比例共混吹塑制成,以使线性聚乙烯和高密度聚乙烯共混地膜的某些优良性能互补,性能介于两者之间。

(二)有色地膜

有色地膜是在聚乙烯树脂中加入有色物质制成的。

(1)黑色地膜:是在聚乙烯树脂中加入 2%～3%的炭黑制成的。厚度范围 0.015～0.025mm,透光率仅 10%,地膜覆盖下的杂草因光弱而黄化死亡。黑色地膜本身吸收大量热量,而又很少向土壤中传递,表面温度可达 50～60℃,因此耐久性差,聚乙烯融化现象、破碎现象严重。为此,除了增加薄膜厚度外,可改用线性聚乙烯做原料,并加入适量的安定剂。

(2)银灰色地膜:生产中将银灰粉的薄层粘连在聚乙烯的两面制成夹层膜,或在聚乙烯树脂中加入 2%～3%的铝粉制成。这种地膜具有隔热和反光作用,能提高植株株丛内的光照强度,具有驱避蚜虫的作用,但增温效果差,因此银灰色地膜适宜于夏季高温季节使用。

(3)黑白两面膜:一面为乳白色,另一面为黑色的复合地膜。覆膜时乳白色的一面向上,黑色的一面向下,具有保墒、阻止透光、增加反射、降低地温和除草的功能,多用于夏季高温季节,生产成本较高。

(4)银黑两面膜:一面为银灰色,另一面为黑色的复合地膜。覆膜时银灰色的一面向上,黑色的一面向下,具有反光、降低地温、驱避蚜虫、减轻病毒病危害和抑制作物徒长的功能,生产成本较高。

(5)绿色地膜:是在聚乙烯树脂中加入绿色原料制成的。厚度范围 0.015～0.025mm,覆盖后能阻止对光合作用有促进作用的蓝、红光的通过,使不利于光合作用的绿色光线增加,降低膜下植物的光合作用,抑制杂草生长。但绿膜增温效果差,加之绿色颜料昂贵,尚未进入生产应用阶段,仅在草莓、瓜类等经济价值较高的作物上试用。

(6)乳白地膜:热辐射率达 80%～90%,接近透明地膜,透光率只有 40%,对于杂草有一定的抑制作用。它主要用于平铺覆盖,可较好解决透明地膜覆盖草害严重的问题。

(三)功能性地膜

(1)除草地膜:在聚乙烯树脂中加入适量除草剂吹塑而成的地膜,厚度一般为 0.015mm,有化学除草地膜和物理除草地膜两种类型。化学除草地膜是在地膜中添加活性高、持效期长、水溶性好的化学除草剂,可以长时间贮存。除草剂在地膜覆盖 3～10 天后随凝聚在膜上的水滴释放到土壤表面,进行芽前除草,达到除草的目的。其适用于玉米、棉花等作物及多种蔬菜;杀草广谱,可有效防止马唐、稗草、狗尾草、早熟禾和马齿苋、灰菜、苋菜等多种杂草。物理除草地膜是通过地膜的颜色,达到杀灭杂草的作用。物理除草地膜无药害,适于种植全期除草,可使作物根系发达,有利于改善作物品质。

(2)无滴地膜:除具有普通地膜的增温、保墒、防病虫害作用外,还比普通地膜提高透光率10%左右。因含有保温剂,该薄膜的红外线透过率较低,可提高薄膜保温性能,促进作物苗期苗壮生长。该膜适用于瓜果和其他作物育苗覆盖,流滴持效期在20天左右。

(3)有孔膜:是在地膜加工成型后,根据作物对株行距的要求,在膜上打上大小、形状不同的孔,铺膜后不用再打孔,即可播种或定植,既省工,又标准。当前,打孔的形式有切孔膜,即在膜上按一定幅度作断续条状切口,将适宜撒播或条播的作物,如胡萝卜、白菜等播种后,幼苗可自然地从切口处生长,不会发生烤苗现象,但增温、保墒效果差。另一种是适宜点播用的有孔膜,播种孔的直径为3.5～4.5cm。还有专供移栽定植大苗用的,孔径为10～15cm。其他形式的地膜,生产厂可根据用户需要加工。

(4)浮膜:是一种直接覆盖在蔬菜群体上的专用地膜,厚0.02mm,宽度1.5～2m,膜上均匀分布着大量小孔,有利于膜内外水、气、热的交换,实现自然调节。这样既可防御低温、霜冻,又可避免高温烧苗及高湿引起的病害。浮膜用法简单,只要将其直接宽松地搭在畦内作物上,四周用土压牢即可。这种覆盖方式盛行于欧美,我国早春菠菜、芹菜、茼蒿、水萝卜、苋菜、细香葱等蔬菜生产中已使用。

(5)水枕膜:是为了充分利用太阳能而使用的一种贮热薄膜,即在半径为30cm的聚乙烯圆筒形膜袋内装入水,铺在棚室行间地面上。白天吸热,晚上散热,可以稳定和提高棚室的温度。其有黑白两种颜色,常用的为黑色,很有发展前途。

(6)生物全降解液体地膜:是以农作物秸秆为原料,由木质素、胶原蛋白、表面活性剂、土壤保水剂等天然高分子物质经特殊加工形成的高分子材料。使用时可将除草剂混入其中,兑入2～3倍的水,直接喷洒在农田表面,即可在表层形成能看得见的黑色的膜,能100%降解,这层膜可起到保持土壤水分的作用,使5～15cm土层温度上升1～6℃。

二、地膜覆盖的作用

(一)提高温度

露地栽培由于地面裸露,表土吸收的太阳辐射能有90%左右随土壤水分汽化蒸发,其余的分别以传导和对流等方式交换到空气中,只有很少一部分贮存到土壤中,所以春季地温回升缓慢。地膜覆盖减少了地面的蒸发、对流和散热,土温显著提高,一般地,用透明地膜覆盖,能使0～20cm厚的土壤日平均地温提高3～6℃,晴天增温明显,阴天增温不明显;作物生育前期增温明显,后期增温效果不明显。

(二)改善光照条件

覆盖透明地膜,由于地膜和其内表面水滴的反射作用,可使近地面的反射和散射光强度增加50%～70%,晴天更为明显,气温也相应提高1～3℃。光照条件的改善,有利于促进光合作用,加速园艺作物的生长发育,促进早熟和高产。

(三)保水提墒

覆盖地膜,一方面,促进深层土壤毛细管水分向上运动;另一方面,由于地膜在土壤和空气间构成一个密闭的冷暖界面,使汽化了的土壤水分在地膜下表面凝结成水滴再被土壤吸收。土壤水分在膜下形成循环,大大减少了地面蒸发,使深层土壤水分在上层积累,所以产生了明显的保水提墒作用。另外,在雨季或遇到暴雨时,地膜覆盖还具有利于排水、防止涝灾的作用(见表3-3)。

表 3-3　干旱和降雨对地膜下土壤湿度的影响

处理方式	干旱		降雨			
	0～5cm土层湿度	5～10cm土层湿度	雨后 1 小时		雨后 2 小时	
覆盖地膜	12.3%	19.2%	13.4%	18.3%	25.5%	29.7%
不覆盖地膜	4.15%	8.7%	39.8%	37.9%	27.2%	32.1%
湿度差值	+8.15%	+10.5%	−26.4%	−19.6%	−1.7%	−24.5%

（四）防止肥土流失

覆盖地膜能有效地防止由于地表径流和地下径流造成的肥土流失，并能使土壤反硝化细菌造成的铵态氮挥发损失量减少 90%左右，从而提高土壤中肥料的利用率。

（五）抑制盐碱害

盐碱性的土壤往往因地表蒸发，使土壤中的盐分随水分上升，并滞留在地表和浅层中，严重影响各种作物的生长。地膜覆盖，不仅抑制了地面蒸发，阻止了土壤深层盐分的上升，而且还在土壤水分内循环的作用下产生淋溶，使土壤耕作层的含盐量得到有效控制，可使耕作层含盐量降低 53%～89%。因此，地膜覆盖是盐碱地园艺作物高产稳产的良好技术措施。

（六）优化土壤理化性状

地膜覆盖能防止土壤因雨水冲刷而板结，使土壤容重减轻，空隙度增加，固相、气相、液相比例适宜，水、肥、气、热协调；能保持膜下的土壤疏松、透气，土壤微生物活动旺盛，加速土壤有机物的分解，提高肥料的利用率，有利于园艺作物根系生长发育，增强根系的吸收能力（见表 3 4）。

表 3-4　地膜覆盖对土壤养分的影响

养分	辣椒		番茄		茄子	
	覆膜	露地	覆膜	露地	覆膜	露地
全氮/%	0.129	0.128	0.165	0.155	0.177	0.111
硝态氮/%	87.5	62.7	91.5	82.8	59.5	58.3
铵态氮/%	36.7	29.0	34.9	33.9	32.1	26.4
有效磷/%	45.9	32.3	51.3	42.4	32.0	29.7

三、地膜覆盖技术

（一）园地准备

园地准备包括精细整地、增施底肥、保证底墒、化学除草四项工作。

(1)精细整地：可以使土壤疏松、细碎，畦面平整，无砖头、瓦块，无大的土块，使地膜紧贴畦面，防止透气、漏风，充分发挥保温和保水作用。

(2)增施底肥：地膜覆盖的地块，因温湿度适宜，土壤中有机肥分解快且不易追肥，所以结合整地需增施充分腐熟的有机肥，防止出现生育后期脱肥的现象。

(3)保证底墒:是覆盖条件下夺取全苗、苗齐、苗状的重要措施。底墒足时可以在较长时间内不必灌水,底墒不足时可以先灌水后覆盖地膜。底墒足时整地后立即盖膜,防止土壤水分蒸发。

(4)化学除草:覆盖地膜差或者地膜出现破损时,会造成杂草丛生,争夺土壤中养分的情况,并且覆盖地膜后田间除草困难,因此,应选用除草剂。

(二)盖膜方式

(1)采用先盖膜后播种或者定植的方式:可同时完成做畦、喷除草剂、铺膜、压膜四项作用。膜要铺紧、边要压实。

(2)采用先播种后覆盖方式:盖膜后要经常检查幼苗出土情况,发现幼苗出土时,及时破膜使幼苗露出地膜外,防止烤苗。

(3)采用先定植后覆盖方式:边覆盖边掏苗,膜全部铺完后用土把定植孔压严,否则覆盖效果会降低。

(三)田间管理

为充分发挥盖膜的功能,应尽可能防止地膜破裂,遇到有裂口或者压膜不严之处应及时用土压实。为了补充土壤中养分,生育期间结合灌水进行追肥。地膜覆盖后不需要中耕,但要经常检查,拔出根际杂草,膜下有杂草滋生时,可以用土压草,以防草害。采收结束后,及时清除残膜,防止土壤被碎膜污染。

(四)地膜用量的计算

地膜用量的计算可采取如下公式:

$$M=Q\cdot B\cdot S$$

式中:M 为地膜用量,单位为 kg;Q 为每亩地膜质量,单位为 kg;B 为地膜覆盖率;S 为种植土地面积,单位为亩。

地膜厚度与每亩地膜质量对照见表 3-5。

表 3-5 地膜厚度与每亩地膜质量对照

地膜厚度/mm	单位质量/(g/cm²)	每亩地膜质量/kg	地膜厚度/mm	单位质量/(g/cm²)	每亩地膜质量/kg
0.009	0.83	5.80	0.015	1.38	9.66
0.010	0.92	6.44	0.020	1.84	12.88
0.012	1.10	7.70			

四、地膜覆盖的方式及应用

(一)平畦覆盖

平畦覆盖面宽 80～100cm,畦埂宽 20cm,高 8～10cm,特点是可直接在畦面上浇水,并能通过畦埂蒸发,使土壤盐分向畦埂上运动,有利于盐碱地园艺作物的保苗及生育,但增温效果不明显,适于浅根性作物栽培。其可先铺地膜后种植,也可先栽菜后盖地膜(见图 3-1)。

图 3-1 平畦覆盖

（二）高畦覆盖

高畦的畦背宽 60～80cm，略呈龟背形，畦底宽 100～110cm，覆盖 80～100cm 幅宽的地膜。依据土质、地势、灌溉、气候等条件确定畦高，一般在 10～20cm，沙性土及干旱的区域，地势高燥，灌溉条件较差，畦面宜低些；黏土及多雨湿润区域，灌溉条件较好，畦面宜高些（见图 3-2）。高畦地膜覆盖应用最多的是茄果类、瓜类、豆类、甘蓝、草莓等园艺作物的早熟栽培，要求施足基肥，深翻细耙，按规格做畦后，稍加拍打畦面，使畦面平整。其可先覆盖地膜后定植，也可先定植后再盖地膜。

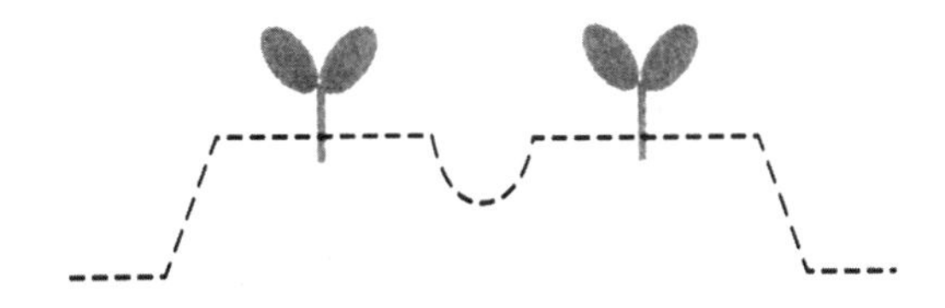

图 3-2 高畦覆盖

（三）高畦小拱棚覆盖

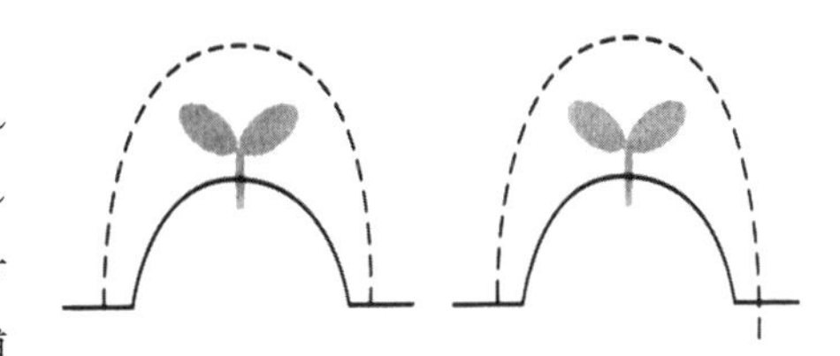

图 3-3 高畦小拱棚覆盖

高畦小拱棚覆盖的畦高 10～20cm，畦宽 100～110cm，畦背宽 60cm，用小竹竿或竹片插成高 30～50cm、宽 70cm 左右的小拱棚，覆盖地膜。这种方式可以天膜、地膜同时覆盖，也可以先盖天膜后铺地膜，或先铺地膜后盖天膜。芋艿和马铃薯地膜栽培，一般先用地膜覆盖地面，随着幼芽的生长，可将地膜用小竹竿或竹片撑起成小拱棚覆盖，一方面可以防止幼苗日灼，另一方面可以继续发挥地膜的保温作用；也可破膜直接将幼芽引出膜外，使地膜继续覆盖地面（见图 3-3）。这种覆盖方式，早熟增产效果明显，但投资较多，而且不宜在春季风大地区或风口地带使用，以免遭受风灾。

（四）高垄覆盖

地块经施肥整后起垄，垄宽 50～60cm，垄高 20～25cm，垄面上覆盖地膜。高垄地膜覆盖的增温效果优于高畦和平畦地膜覆盖，适于园艺作物的早熟栽培（见图 3-4）。

（五）高垄沟栽覆盖

施基肥深翻后，按行距 60～70cm 做成高垄，垄高 20～25cm，垄背宽 35～45cm，在垄背中央开定植沟，定植沟上口宽 20cm 左右，底宽 15cm，沟深 15～20cm。幼苗在沟内生长，待幼苗长至膜面时，戳孔放风，晚霜过后，将地膜掀起，填平定植沟，破膜放苗，将天膜落为地膜，所谓“先盖天后盖地”。这种覆盖方式，可提早定植园艺作物 10 天左右，但较费工，气温高时易烤苗，要求精心管理(见图 3-5)。

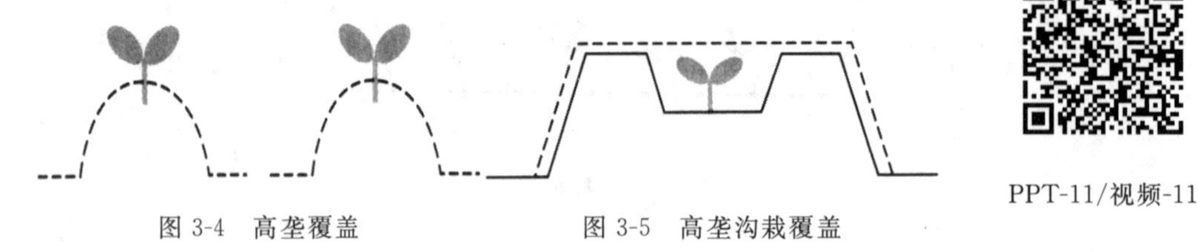

PPT-11/视频-11

图 3-4　高垄覆盖　　　　图 3-5　高垄沟栽覆盖

任务三　新型多功能农膜的种类、性能及应用

随着科学技术的发展，透明覆盖材料的种类越来越多。除了目前普遍使用的长寿无滴膜以外，还开发了转光膜、有色膜等新型覆盖材料。有些材料目前还处于研发阶段，尚未达到大规模应用水平。

一、PO 系特殊农膜的特性与缺点

PO 系特殊农膜为多层复合高效功能膜，是以 PE、EVA 优良树脂为基础原料，加入保温强化剂、防雾剂、光稳定剂、抗老化剂、爽滑剂等系列高质量适宜助剂，通过三层共挤工艺路线生产的多层复合功能膜，对 PE 及 EVA 树脂的缺点进行了改良，使其性能互补强化，达到 PVC 膜性能的水平，使用寿命 3～5 年。

(一)PO 系农膜的主要特性

PO 系特殊农膜有较高的保温性和耐候性；具有透光性，能达到 PVC 初始透光率水平，紫外光透过率高；由于对红外线透过率改性，可达到 PVC 膜的保温效果；质轻，不沾尘，作业性好；抗风和雪压，有破洞不易扩大；不要压膜线，只在肩部用卡槽压膜固定即可，省力，且能提高透光性，低温下农膜硬化程度低；燃烧不生成有害气体，安全性好。

(二)PO 系农膜的缺点

PO 系农膜延伸性小，不耐磨，形变后复原性差。为防雾滴，覆盖后需喷布流滴剂。其主要用于覆盖大棚、中小拱棚、温室以及作为棚室内的保温幕等。日本米可多化工株式会社开发推广的“斯巴索拉”属 PO 系特殊农膜，另外，日本宇都东兴株式会社、大仓工业株式会社、住友化学工业株式会社、三菱化学纤维尼龙株式会社以及和田油化株式会社等都生产销售 PO 系特殊农膜。

欧美国家所用的农膜多为复合功能膜，如西班牙及法国的菲勒克莱公司等都在生产销售，这是当今世界新型覆盖材料发展的趋势。

二、氟素农膜的种类与特性

氟素农膜是以乙烯与氟素乙烯聚合物为基质制成的，1988 年上市，与聚乙烯膜相比具有超耐候、超透光、超防尘、不变色的特点，使用期可达 10 年，主要产品有透明膜、梨纹麻面膜、紫外光阻隔性膜及防滴等，厚度有 0.06mm，0.10mm 和 0.13mm 三种，幅宽 1.1～1.6m。

（一）氟素农膜的种类

有四种不同特性的氟素农膜。

(1)自然光透过型氟素农膜。能进行正常光合作用，作物不徒长，通过棚室内蜜蜂正常活动完成传粉，棚室内湿度低，可抑制病害。

(2)紫外光阻隔型氟素农膜。紫外光被阻隔，红色产品变鲜艳，用于棚室内部覆盖，寿命可延长。氟素农膜 GR 产品使用期达 10～15 年。

(3)散射光型氟素农膜。光线透过量与自然光透过型相同，但散射光量增加，对棚室内作物无影响，且能实现生产均衡化。

(4)管架棚专用氟素农膜。加工品使用期为 10～15 年，经宽幅化加工，可方便地用于管架棚覆盖，用特殊的固定方法固定。

（二）氟素农膜的一般特性

(1)全光透过。紫外光至红外光的各波段透光率均高，可见光透过率达 90%～93%。多年覆盖膜不变色，不污染，透光率变化小。因红外线透过率高，与农用聚酯膜相比保温性差，应注意改性。

(2)强度高。氟素农膜强度高，具有超耐久性，厚度为 0.06～0.13mm，使用年限为 10～15 年。

(3)耐高低温性好。可在－100～＋180℃范围内安全使用，高温强光下与金属部件接触部位不变性。

(4)耐寒、耐药性强。氟素农膜在严寒冬季不硬化、不脆裂，耐药性强。

(5)遮阳防日灼病。氟素农膜因其透光性好，强光高温期要根据作物需求遮阳，以防因强光、高温发生日灼病。

(6)喷涂处理。为增加流滴性和防雾性，对氟素农膜应进行喷涂处理。

(7)回收利用。氟素农膜可燃烧处理，用后专人收回，再生利用。

三、浮膜（浮动）覆盖材料的特性与应用

浮膜覆盖是指直接盖在田间生长中的作物上，随作物生长而顶起的一种特殊覆盖方式。

（一）浮膜的主要应用资材

浮膜覆盖的资材有：长纤维不织布，占 40%；短纤维不织布，占 25%；遮阳网，占 12%；其他网制品，占 16%。其中，长纤维不织布价廉质轻，使用方便，作业性强，但耐候性差；短纤维不织布性能优良，使用期可达 10 年，但成本较高。

（二）浮膜的作用与效果

浮膜覆盖栽培能防止和减轻低温、冷害和霜冻的不良影响，防风、防虫、防鸟害，防土壤板结、水土流失，防旱保湿，能有效地促进作物生长，保持产品洁净、卫生、鲜嫩。

四、转光膜的应用

转光膜是一类可转换光波波长的功能膜，在具有保温、防寒、避风、挡雨作用的聚乙烯、聚氯乙烯等棚膜的基础上，通过添加光能转换剂将太阳光中对植物有害或无用的紫外光转换成作物所需要的蓝紫光或红橙光，将被叶片反射掉的绿光转换成红橙光，从而改善透过膜

的光质，增加红光和蓝光照射强度，以改善棚膜透过光质，促进大棚作物的光合作用。转光膜是最有前途的功能性农膜和我国功能性农用薄膜的主要发展品种。

（一）转光剂

转光剂是指能够将日光中近紫外光和（或）绿光转变成蓝光和（或）红光的农用薄膜助剂。根据国内外对转光剂的研究，转光剂的分类方法主要有3种：①按转光性质分为绿转红（GTR）、紫外转红（UVTR）、紫外转蓝（UVTB）；②按发光性质分为红光剂（R）、蓝光剂（B）、红蓝复合剂（双能转光剂）（RB）；③按材料性质分为稀土无机化合物（I）、稀土有机配合物（O）、荧光染料（D）。

对于转光剂的性能，必须标明其转光区域、发光性质、材料类别和主要化学组成，以便使用者选择和检测。转光剂性能标注的方法是：在材料类别和主要化学组成之间加一横线，主要化学组成用缩写表示。例如，CaS是一种能将紫外光和绿光转换成红光的稀土无机材料，则记为UV&-GTRI-CaS；EuC是一种能将紫外光转换成红光的稀土有机配合物，则记为VUTRO-EuC。

（二）转光膜的性能

（1）透光性。在农膜中引进转光剂的目的是改善透过光的质量，但不能降低透光率。一些荧光染料和稀土有机配合物型转光剂容易导致前期透光率较好，但在使用一段时间后透光率大幅度下降。因此，对有机转光剂进行凝胶化处理或对无机转光剂进行超微细化处理，可以有效避免转光膜透光率的下降问题。

（2）光谱匹配性。转光剂荧光发射光谱与植物光合作用光谱相匹配是优选转光剂的重要依据。筛选转光剂时，需要遵循以下原则：首先，转光剂的发射光谱要与植物最佳生长作用光谱相匹配；其次，转光剂的激发光谱要与叶绿素的反射光谱相匹配；第三，转光剂的被激发光谱与激发光谱的距离尽量大，以保证转光的高效能；第四，荧光衰减性小，以保证转光剂的释放稳定性；最后，成本要低，污染性要小。

（3）转光的抗衰减性。该特性是衡量转光膜应用性能优劣的重要指标。在风吹日晒的自然条件下，转光膜的荧光发射易快速衰减，很难实现通过透过光质的改善而促进光合作用的效果。

五、可降解膜的种类与应用

可降解膜是指在特定环境下，其化学结构发生变化，并用标准的测试方法能测定其物质性能变化的材料。可降解膜按照降解机理可分为光降解膜、生物降解膜和光—生物降解膜三大类。

（一）光降解膜

光降解膜主要是指利用紫外光引起光化学反应而分解的塑料膜，即塑料膜吸收紫外线光后发生光引发作用，使键能减弱，分裂成较低分子量的碎片，较低分子量的碎片在空气中进一步氧化，产生自由基断链反应，进一步降解为能被生物分解的低分子量化合物，最后成为二氧化碳和水。这类对光敏感的塑料膜称为光降解膜。根据其制备方法可分为共聚型和添加型两种。

（1）共聚型光降解膜。共聚型光降解膜主要通过共聚反应在高分子主链引入羰基型感光基团而赋予其光降解特性，并通过调节羰基基团含量可控制光降解活性。通常采用光敏单体 CO 或烯酮类（如甲基乙烯酮、甲基丙烯酮）与烯烃类单体共聚，可合成羰基结构的光降解型 PE、PP、PS、PVC、PET 和 PA 等。目前已实现工业化的光降解性聚合物有乙烯—CO 共聚物和乙烯—乙烯酮共聚物。

（2）添加型光降解膜。添加型光降解膜是在聚合物中添加少量的光引发剂或光敏剂和其他助剂。由于光敏剂被紫外光诱导后可解离成具有活性的自由基，当它添加到塑料膜中时能引发并加速塑料的光氧化，在塑料高分子链上产生了能吸收波长为 280～321nm 紫外光的羰基，从而实现塑料的可控光降解。通用的光敏剂有：过渡金属络合物、硬脂酸盐、卤化物、羧基化合物（如蒽醌）、酮类化合物、多核芳香化合物及某些光敏聚合物和合成型光降解聚合物等。

（二）生物降解膜

生物降解膜是指在土壤微生物和酶的作用下能降解的塑料膜，具体地讲，就是指在一定条件下，能在细菌、霉菌、藻类等自然界微生物的作用下，产生生物降解的高分子材料。理想的生物降解膜在微生物作用下，能完全分解为 CO_2 和 H_2O。生物可降解塑料膜按其降解特性可分为完全生物降解塑料膜和生物破坏性塑料膜。按其来源可分为天然高分子材料、微生物合成材料、化学合成材料、掺混型材料等。目前已研究开发的生物降解聚合物主要有天然高分子、微生物合成高分子和人工合成高分子三大类。

（1）天然可降解聚合物。天然高分子型是利用淀粉、纤维素、甲壳质、蛋白质等天然高分子材料制备的生物降解材料。这类物质来源丰富，可完全生物降解，而且产物安全无毒性，因而日益受到重视。其中，淀粉及其衍生物因生物降解性好，价格低廉而被作为填充塑料的重点。

（2）人工合成可降解聚合物。人工合成型是在分子结构中引入某一易被微生物或酶分解的基团而制备的生物降解材料，大多数引入的是酯基结构。现在研究开发较多的生物降解高分子材料有脂肪族聚酯类、聚乙烯醇、聚酰胺、聚酰胺酯及氨基酸等。其中产量最大、用途最广的是脂肪族聚酯类，如聚乳酸（聚羟基丙酸）、聚羟基丁酸、聚羟基戊酸等。这类聚酯由于酯键易水解，而主链又柔，易被自然界中的微生物或动植物体内的酶分解或代谢，最后变成 CO_2 和 H_2O。

（3）微生物合成可降解聚合物。微生物合成高分子聚合物是由生物发酵方法制得的一类材料，主要包括微生物聚酯和微生物多糖，其中以前者研究较多。这类产品有较高的生物分解性，且热塑性好，易成型加工，但在耐热和机械强度等性能上还存在问题，而且成本太高，还未获得良好的应用。

（三）光—生物降解塑料

光—生物降解塑料是结合光和生物的降解作用，达到较完全降解目的的可降解塑料。它兼具光、生物双重降解功能，是目前的开发热点之一。制备方法目前是采用在通用高分子材料（如聚烯烃）中同时添加光敏剂、自动氧化剂和作为微生物培养基的生物降解助剂的添加型技术途径。

光—生物降解塑料可分为淀粉型和非淀粉型，其中采用天然高分子淀粉作为生物降解助剂的技术较为普遍。如在高压聚乙烯膜中填充 5%～12%淀粉和 0.1%～0.3%的光敏剂，在自然暴露条件下可控高压聚乙烯膜的使用寿命。该膜在光敏剂作用下首先出现明显的光氧化降解，一段时间后，其表面出现裂纹、裸露出填充的淀粉细粒，才产生生物侵蚀，达到光—生物降解的双重效果。而采用高压聚乙烯、线性聚乙烯、高密度聚乙烯等作为基础原料，并添加含有光敏剂、光氧稳定剂等组成的光降解体系和含有氮、磷、钾等多种化学物质作为生物降解体系的浓缩母料，形成非淀粉型光—生物降解体系，挤出吹塑可制成可控降解地膜。该降解地膜不仅具备普通地膜的保温和力学性能，而且可控性好，诱导期稳定，在曝晒的条件下，当年可基本降解为粉末状，在无光照（如埋于土壤下）的条件下，也可促进生物繁殖生长。

六、液态地膜的应用

液态地膜也被称作土面液膜，是在沥青中加入了特殊的添加剂，具有强烈的黏附作用，能将土粒连接起来，形成较理想的团聚体，这一作用机制同土壤肥力的腐殖质团聚形成中的作用机制是一样的，可以在较短时间内改善土壤团粒结构，使土壤的通透性大大增强，对砂土或过黏土壤的结构改善作用尤为明显。使用时将液态地膜的水溶液用压力喷雾器喷施于地表，干燥后即可形成多分子层化学保护膜，既能固结表土，又能抑制土壤水分的蒸发，使土壤水分蒸发的同时，很大程度上抑制了土壤热量散失，即增加了土壤的温度。同时，由于液态地膜具有固定表层土壤的特性，使土壤的稳固性得到了增加，因此使用液态地膜可以减少水土流失，起到防止土壤沙化的作用。

（一）液态地膜的特点

（1）使用方便，省工省时。液态地膜使用时只需将原液稀施于地表即可，整个操作过程一个人便可完成。

（2）无须人工破膜。液态地膜成膜后，植物幼苗可直接破膜而出，不必像塑料地膜那样还需要人工破膜，节省了大量工作量。

（3）自然降解。经过光照和微生物作用，一般 60 天后，可逐渐自然降解为有机肥，不仅避免了“白色污染”，还给土壤增加肥力。

（4）改良土壤。液态地膜有强烈的黏附作用，能将土粒联结起来，形成较理想的团聚体，在较短时间里改善土壤团粒结构，使土壤的通透性大大增强，对沙土或过黏土壤的结构改善作用尤为明显。

（5）适用范围广。液态地膜除常规应用外，还可以用于坡地、风口、不规则地块等塑料地膜无法使用的地区。

（6）节省费用。一般比普通地膜减少费用 32%左右。

（二）液态地膜的发展现状

PPT-12
视频-12
（待录视频）

我国在 20 世纪 90 年代中期开始研制液态地膜，经过多年的研究和开发，目前已经形成了一定的生产能力，同时更符合我国国情的第二代多功能液态地膜（以农作物秸秆、树皮和叶片为原料，进行化学改质和添加其他添加剂及辅料后制成）和第三代多功能液态地膜（将秸秆中的绝大部分纤维素提取出来造纸，利用剩余的纤维素、木质素和多糖等主要有机物，即造纸黑液作为液态地膜的支撑物，利用交联反应提高分子量，添加成膜剂和其他添加剂后制成）的使用成本更低，环保效果更好，已经获得国家发明专利。

任务四　硬质塑料板材的种类、性能及应用

硬质塑料板材是指厚度在0.2mm以上的软质、硬质平面材料，具有耐腐蚀、电绝缘性能优异、易于二次加工等特点。其生产方法主要有：挤出法、压延法、层压法、浇注法。挤出法和压延法是连续生产工艺，其他方法是间歇生产工艺。这几种生产方法的特点比较如表3-6所示。

表3-6　塑料板材生产方法的特点比较

生产方法	产品厚度/mm	适用原料	特点
挤出法	0.02～20	PE、PP、PVC、ABS、PS等热塑性材料	工艺简单，设备投资低，板材冲击强度高，但厚薄均匀性较差
压延法	0.06～0.8	PVC	产量大，厚薄均匀性好，强度高，设备投资大，维修复杂
层压法	1～50	PVC及热固性塑料	板材光洁度好，表面平整，设备投资较大，生产效率低
浇注法	1～200	甲基丙烯酸类塑料	板材光滑平整，透明度高，韧性好，但间歇生产，劳动强度大

一、玻璃纤维增强聚酯树脂板(FRP板)

玻璃纤维增强聚酯树脂板是指用不饱和聚酯树脂浸渍玻璃纤维毡、玻璃纤维织物或短切纤维，然后凝胶固化而制得的制品，优质板材的透光度可达85%，可阻隔阳光中90%的紫外线辐射。在−40～120℃范围内保持性能稳定，不会出现高温软化、高寒脆化现象。同时具有轻质、高强、抗冲性能好等特点，特别是具有独特的透光性，用于温室采光效果显著，而且具有优良的耐蚀、耐老化性，可简化设计，安装、拆换简单，又可根据需要选择颜色。

二、玻璃纤维增强聚丙烯树脂板(FRA板)

FRA板是以聚丙烯树脂为主体，加入璃纤维增强而成，厚度0.7～0.8mm，波幅32mm。由于紫外线对FRA板的作用限于表面，所以FRA板耐老化，使用寿命可达15年，但耐火性差。FRA板比玻璃轻，冲击强度强的波形板也具有相当弯曲强度，施工亦容易，并有相当耐久性，但安装时若施予强制大变形，将缩短板的寿命。其光线透过率低，在紫外光及红外光区域皆比玻璃容易透过而对保温性关系密切的6000nm以上波长的光线却无法通过。

三、丙烯树脂板(PMMA板)

PMMA板以丙烯酸树脂为母料，不加玻璃纤维，厚度较厚，为1.3～1.7mm，波幅63mm或130mm。PMMA板透光率高，保温性能强，污染少，透光率衰减缓慢，但热线性膨

胀系数大，耐热性能差，价格贵。虽然PMMA板比玻璃轻，难切割，但光线透过率亦与玻璃同等或稍微优越，机械性质和光线透过率的历时变化也小，呈安定状态。

四、聚碳酸树脂板(PC板)

PC板质轻且强韧又透明，其全光线透过率为90%，属于紫外线不透过型，其耐热性、耐低温性以及保温性良好，其热传导率为0.16kcal/(m^2 · h · ℃)。PC板吸水性小，耐水、耐弱酸，耐冲击性极强，比强化玻璃高250倍，比PMMA板高150倍。其对光线照射极为稳定，耐候性良好，一般可以耐用10年左右。PC板在日光下暴露5年，其透光率会降低15%。但PC板施工较难，成本较高。

五、聚氯乙烯板(PVC板)

PPT-13
视频-13

PVC板质地强韧且表面光滑，无特殊异味，透光率为80%，热稳定性比软质PVC差，具耐燃性，不自燃，能自熄，耐光性良好。紫外线透过量少，兼具紫外线透过型与紫外线不透过型特点。耐低温性及耐寒性较差，会随添加剂而引起很大变化，施工容易，成本较低。在设施园艺上常用厚度为0.8～1.3mm，宽度为1.8～2.4m的PVC板。

任务五　遮阳网的种类、性能及应用

遮阳网，俗称凉爽纱，国内产品多以聚乙烯、聚丙烯等为原料，经拉伸成丝后编织而成，是一种质量轻、强度高、耐老化、网状的新型农用覆盖材料。利用它覆盖作物，具有一定的遮光、防暑、降温、防台风暴雨、防旱保墒和忌避病虫等功能，用来替代芦帘、秸秆等农家传统覆盖材料进行夏秋高温季节园艺作物的栽培或育苗，已成为我国南方地区克服蔬菜夏秋淡季的一种简易实用、低成本、高效益的蔬菜覆盖新技术。它使我国的蔬菜设施栽培从冬季拓展到夏季，成为我国热带、亚热带地区设施栽培的特色。另外，遮阳网也用于北方夏季花卉、蔬菜等园艺作物的栽培、育苗以及食用菌的栽培。

一、遮阳网的种类与规格

(一)遮阳网的种类

塑料遮阳网有很多种类，其颜色主要有黑色或银灰色，也有绿色、白色和黑白相间等品种。依遮光率分为25%、30%、35%、40%、45%、50%、65%、85%等，应用最多的是35%～65%的黑网和65%的银灰网。宽度有90cm、150cm、160cm、200cm、220cm等不同规格，一般使用寿命为3～5年。每平方米重45～49g。

(二)遮阳网的规格

遮阳网的型号有SZW-8、SZW-10、SZW-12、SZW-14、SZW-16五种。随着型号数字的增加，遮光率依次增加。生产上使用较多的为SZW-12和SZW-14两种。许多厂家生产的遮阳网的密度是以一个密区(25mm)中扁丝条数来度量的，并由此进行编号，如SZW-8表示密区由8根扁丝编织而成，SZW-12则表示由12根扁丝编织而成，数字越大，网孔越小，遮光率也越大。要根据作物种类的需光特性、栽培季节和本地区的天气状况来选择遮阳网的颜色、规格和幅宽。遮阳网使用的宽度可以任意切割和拼接，剪口要用电烙铁烫牢，两幅接缝可用尼龙线在缝纫机上缝制，也可手工缝制。

二、遮阳网的作用

（一）遮强光，降高温

各种不同规格的遮阳网，遮光率为25％～85％。夏季中午气温一般超过30℃，甚至高达40℃，对大多数园艺作物生长不利，遮阳网覆盖可以遮住一部分光照，使作物避免强光直射而灼伤，同时也降低了设施内的温度。据各地观测，使用遮阳网一般地表温度降低4～6℃，地上30cm气温可降低1℃左右，地下5cm可降低3～5℃。

（二）防暴雨，抗台风

夏季暴雨较多，使用遮阳网覆盖后可有效缓解暴雨和冰雹的冲击，防止土壤板结和暴雨、冰雹对幼苗的危害。另外在南方，遮阳网覆盖能减弱台风影响，有助于防止支架作物的倒伏。

（三）保墒抗旱，保温抗寒

夏季播种后，使用遮阳网浮面覆盖有利于抑制土壤水分蒸发，提高土壤墒情，促进出苗。晚秋季节进行遮阳网覆盖或将遮阳网直接盖在植株上，能减轻霜冻的危害。

（四）避虫防病

夏季是小菜蛾、菜粉蝶等害虫多发的季节，利用遮阳网全封闭覆盖，可以防止害虫飞入产卵，减轻虫害。选择银灰色的遮阳网具有避蚜作用，能防止病毒病的传播。

三、遮阳网的覆盖形式及应用

（一）浮面覆盖

浮面覆盖又叫直接覆盖、漂浮覆盖或者畦面覆盖，是将遮阳网直接覆盖在畦面或者植株上面的栽培方式（见图3-6）。浮面覆盖可以在露地、中小棚或大棚中进行，主要用于蔬菜出苗期覆盖。在夏季播种成育苗时，将遮阳网直接覆盖在畦面或苗床上，能起到降温、保墒、防止土壤板结的作用，促使早出苗。如夏季栽培绿叶菜，播种后用遮阳网覆盖畦面，隔一定距离将网压住，以防风吹，可遮光、降温、保湿，为种子发芽和出苗创造有利条件。出苗后将遮阳网立即揭去，就地用竹片搭成小拱棚或小平棚，将遮阳网移到棚架上。此外，蔬菜越冬期

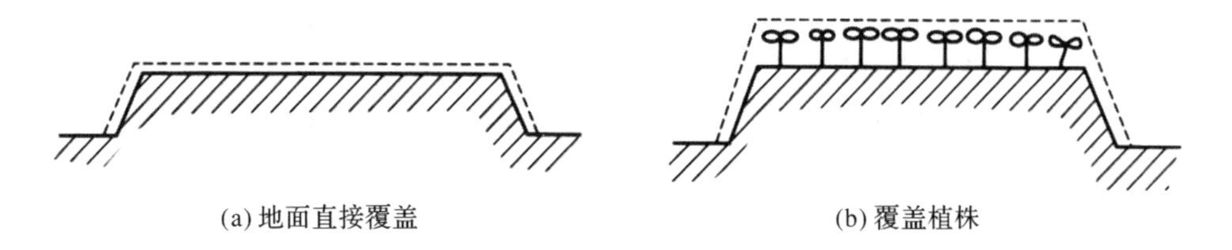

(a) 地面直接覆盖　　(b) 覆盖植株

图3-6　浮面覆盖

间及春甘蓝、春花椰菜、春大白菜等春季定植后一段时间，采用遮阳网浮面覆盖即将遮阳网直接盖在植株上，有较好的保温效果，可以防止霜冻危害。

（二）拱棚覆盖

拱棚覆盖有平棚覆盖、小拱棚覆盖和大棚覆盖等形式。

1. 平棚覆盖

平棚覆盖是指利用竹、木、水泥柱、铁丝等材料，直接搭成平面的支架，上面覆盖遮阳网，拉平、扎牢，形成遮阳网平棚，棚架的高度根据作物的高度而定（见图 3-7）。这种覆盖方式多用于夏季花卉的栽培和南方夏季叶菜类蔬菜的生产。

2. 小拱棚覆盖

小拱棚覆盖是指直接将遮阳网覆盖在小拱棚骨架上，进行全封闭或半封闭覆盖（见图 3-8）。小拱棚单独使用或在大棚、温室等设施内的小拱棚上应用均可。这种覆盖方式揭盖方便，一般用于园艺作物的育苗、移栽等。

3. 大棚覆盖

(1)棚顶覆盖。这是指直接在塑料大棚的塑料膜上面覆盖遮阳网，用铁丝、尼龙绳等固定（见图 3-9）。可根据季节和园艺作物生长的需要确定使用不同遮光率的遮阳网。温室也可以使用这种方法覆盖。此方式主要用于夏季观赏植物的栽培。另外，利用高遮光的黑色遮阳网覆盖于大棚或温室上，夏季降温保湿，秋季保暖保湿，可以进行平菇、草菇、香菇等食用菌的生产。

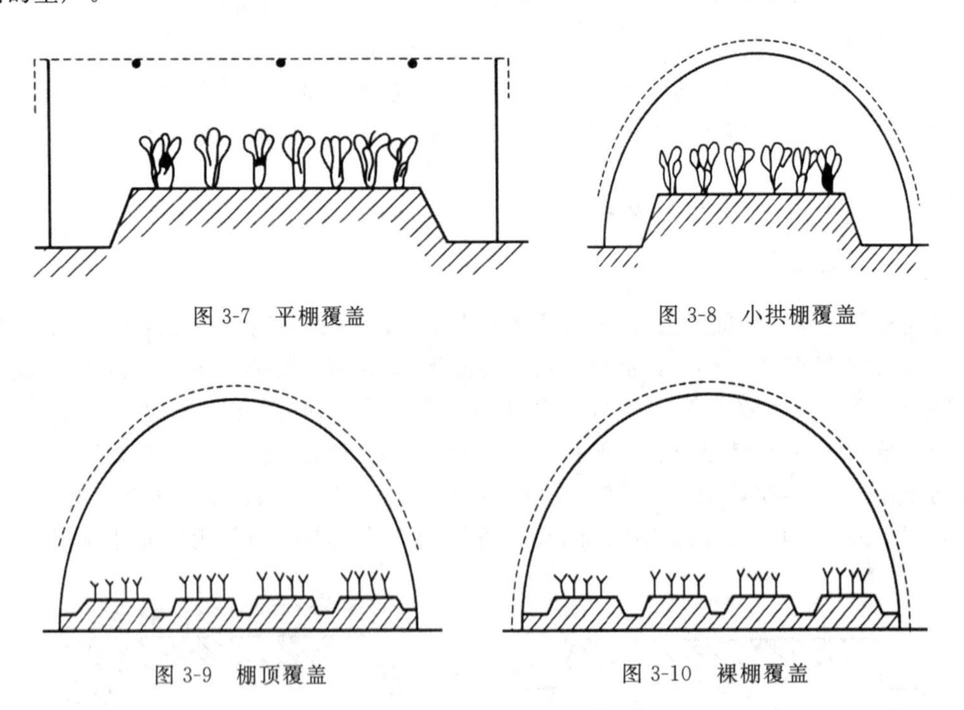

图 3-7 平棚覆盖

图 3-8 小拱棚覆盖

图 3-9 棚顶覆盖

图 3-10 裸棚覆盖

(2)裸棚覆盖。裸棚覆盖即全封闭式覆盖，是指将遮阳网直接覆盖在大棚骨架上（见图 3-10）。如冬春塑料薄膜大棚栽培蔬菜之后，夏季闲置不用的大棚骨架盖上遮阳网，网两边要离开地面 1.6～1.8m。这种覆盖方式主要用于夏季蔬菜的栽培、秋菜的育苗和花卉的栽培。

(3)棚室内覆盖。这是将遮阳网固定在大棚或温室内部，相当于在大棚或温室内又搭了一个遮阳网平棚，但要简单得多，只要在大棚内将遮阳网固定在一定高度即可，一般利用大棚两侧纵向连杆为支点，将压膜线平行沿两纵向连杆之间拉紧连成一平行隔层带，再在上面平铺遮阳网，网离地面1.2～1.5m(见图3-11)。大型连栋温室内还有机械电动装置拉、盖遮阳网，使用起来非常方便。这种覆盖方式主要用于夏季园艺作物的育苗、移栽或花卉的栽培。

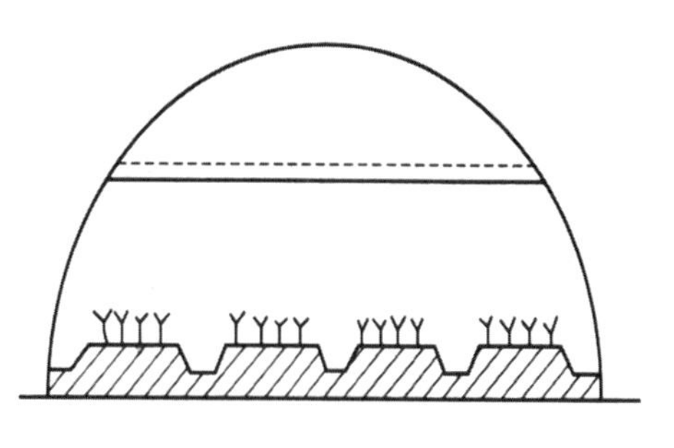

图3-11　棚室内覆盖

四、遮阳网的使用与管理

利用遮阳网覆盖栽培有很多好处，使用时应注意以下几点才能产生良好效果。

(一)科学选用不同规格、不同颜色的遮阳网

遮阳网的规格不同，遮光的程度不同；不同种类的园艺作物，光合作用的适宜光照强度也不同。所以应根据园艺作物种类和覆盖期间的光照强度，选择适宜的遮阳网。如盛夏酷暑期栽培绿叶菜时，宜选用遮光率为45%～65%的SZW-12或SZW-14型黑色遮阳网进行覆盖；夏末覆盖时可选用遮光率较低的银灰色遮阳网，兼有避蚜作用。

(二)因地制宜选用适宜的覆盖方式

北方许多地区的温室、大棚、中棚、小棚等保护地设施，一般只进行秋、冬、春保温防寒栽培，夏季多闲置不用。利用遮阳网覆盖，一年可多生产1～2茬生长期短的绿叶菜，或进行育苗，提高棚室骨架的利用率，增加产量和收益。

(三)管理工作规范化

夏季遮阳网覆盖栽培的主要目的是遮光和降温，其中遮光起主导作用。遮光的程度除选用遮光率适宜的遮阳网外，还需掌握揭盖时间。如果覆盖遮阳网后一盖到底，则会产生由于高温、高湿及弱光引起的徒长、失绿、患病、减产及品质下降等副作用。

遮阳网管理工作总的原则是：根据天气情况和小州园艺作物、不同生育时期对光照强度和温度的要求，灵活掌握揭盖时间，具体操作规程是：播种至出苗前，采用浮面覆盖，出苗后于傍晚揭网。如在露地播种需搭棚架，次日日出后将遮阳网盖在棚架上。移栽的幼苗在成活前也可进行浮面覆盖，但应白天盖，晚上揭，幼苗恢复生长后进行棚架覆盖；中午前后光照强、温度高以及下暴雨时要及时盖网；清晨及傍晚或连续阴雨天气，温度不高，光照不强时，要及时揭网。采收前5～7天应揭去遮阳网，以免叶色过淡，品质降低。

PPT-14

任务六　防虫网的种类、性能及应用

防虫网是以优质的聚乙烯为主要原料，添加防老化、抗紫外线等化学助剂，经拉丝编织而成，形似窗纱，具有耐拉强度大、抗紫外线、抗热性、耐水性、耐腐蚀、耐老化、无毒、无味等特点的新型覆盖材料。由于防虫网覆盖简单易行，能有效地防止害虫对夏季蔬菜等园艺作物的危害，所以，在北方夏季和南方地区作为蔬菜栽培中减少农药使用的有效措施而得到推广。防虫网覆盖栽培是无公害蔬菜生产的主要措施之一，又是一项极具生命力的设施栽培新技术，该项技术对不用或少用化学农药、减少农药污染、生产出无公害的蔬菜具有重要意义，已成为当前夏季蔬菜栽培的一种新兴模式。

一、防虫网的种类与规格

防虫网通常以目数进行分类。目数即是在一英寸见方（长 25.4mm，宽 25.4mm）内经纱和纬纱的根数，如在一英寸见方内有经纱 20 根，纬纱 20 根，即为 20 目。目数越大，网孔越小，防虫效果越好，以 24～30 目最为常用。按幅宽分为 100cm、120cm、150cm 等规格；按丝径分为 0.14～0.18mm 等数种。防虫网的颜色有白色、银灰色、黑色等，白色防虫网透光率较高，银灰色防虫网具有驱避蚜虫的作用，生产上多使用白色和银灰色防虫网。使用寿命一般在 3 年以上。

二、防虫网的作用

（一）有效地防止害虫，减少农药的使用

夏秋季是菜青虫、小菜蛾、斜纹夜蛾、甘蓝夜蛾、蚜虫等多种害虫的多发时期。覆盖防虫网后，由于防虫网网眼小，可以防止害虫成虫飞（钻）入棚内为害作物，基本上切断了害虫的入侵途径，消除了害虫的危害，有效地抑制了害虫传播病害的蔓延和扩散（如以蚜虫为传播媒介的病毒病等），降低了病害的发生程度，减少了农药的使用，减轻了劳动强度，降低了成本。

（二）能防止暴风雨、冰雹对植株和幼苗的侵袭

防虫网网眼小，机械强度高，暴雨、冰雹降到网上，经撞击进入网内后已减弱为细小水滴，冲击力小，缓解了暴雨和冰雹对作物的冲击，因而防暴雨、冰雹效果十分明显。同时也可减弱风速，使大风速度比露地降低 15%～20%，防止大风对植株的危害。

（三）能防止鸟害和昆虫传粉

飞鸟被防虫网阻隔，不可能啄食网内园艺作物的种子和叶片，有利于全苗、齐苗。另外，杂交制种田常采用防虫网覆盖隔离，避免昆虫传播授粉。

（四）能改善小气候环境

防虫网是一种网纱，具有通风透光、适度遮光、适度降温的作用，进而可改善设施内的小气候环境。

三、防虫网的覆盖形式及应用

（一）浮面覆盖

浮面覆盖是将防虫网直接覆盖在畦面上或幼苗上（见图 3-12），能有效地防治害虫和暴雨台风。一般应用于夏季直播的速生菜或其他叶菜类上，或定植后的幼苗上。

（二）拱棚覆盖

拱棚覆盖是目前最普遍的覆盖形式，有小拱棚覆盖和大棚覆盖等形式，由几幅防虫网缝合在一起覆盖在小拱棚、单栋或连栋大棚上，全封闭式覆盖。

(1)小拱棚覆盖。可以选择幅宽为 1.2～1.5m 的防虫网，直接覆盖在小拱棚上，一边可以用泥土、砖块等固定，另一边可以自由揭盖，以利于生产操作（见图 3-13）。由于小拱棚下的空间较小，实际操作不大方便，一些地方利用这种覆盖形式进行夏季育苗和小白菜的栽培。

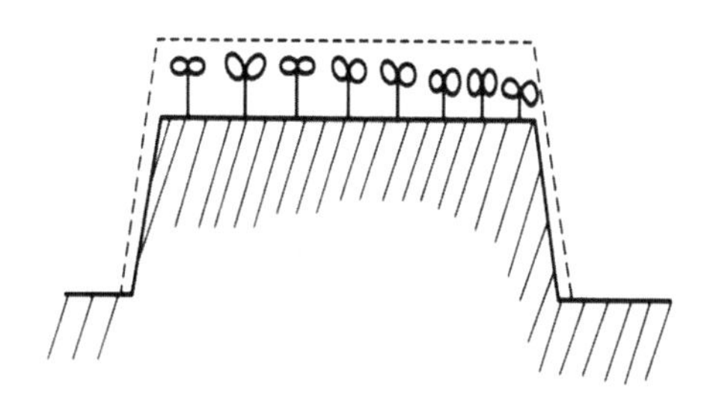

图 3-12　浮面覆盖

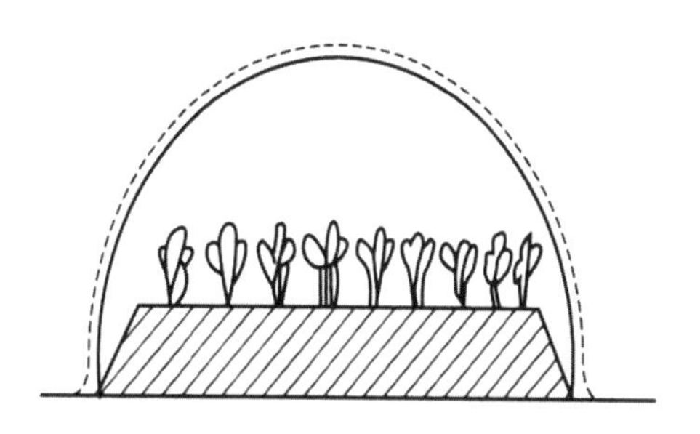

图 3-13　小拱棚覆盖

(2)大棚覆盖。在夏季利用大棚的骨架，将防虫网直接覆盖在大棚骨架上，棚腰四周用卡条固定，再用压膜线"Z"字形扣紧，网底部四周用泥土压实压紧，将棚全部覆盖封闭，只留大棚正门口可以揭盖（见图 3-14）。大棚覆盖是目前防虫网应用的重要方式，首先主要用于夏秋甘蓝、花椰菜等蔬菜的生产；其次可用于夏秋蔬菜的育苗，如秋番茄、秋黄瓜、秋莴苣等的育苗。南方夏季气温过高时，可与遮阳网配合使用效果更好。

(3)局部覆盖。在大棚两侧通风口、温室的通风口、门等所有的通风口处都安装防虫网，在不影响设施性能的情况下，还能起到防虫、防鸟等作用（见图 3-15）。这种方式特别适合于连栋大棚和大型温室。

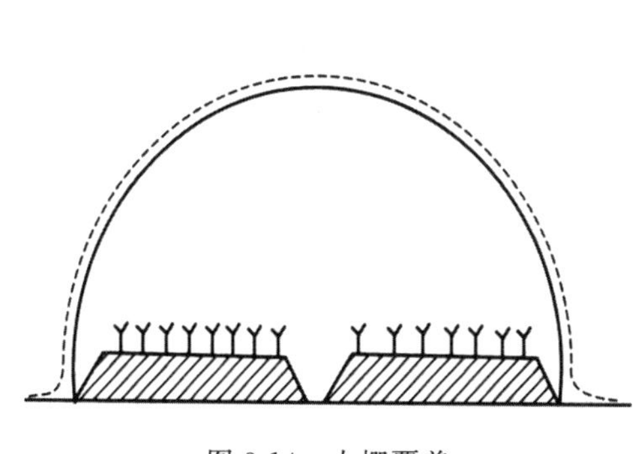

图 3-14　大棚覆盖

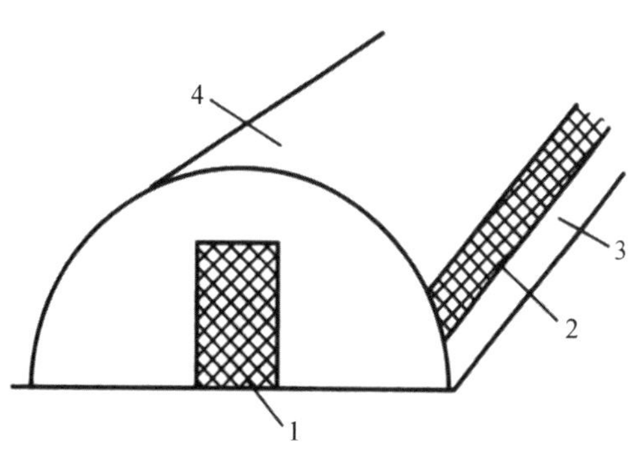

图 3-15　局部覆盖

四、防虫网覆盖栽培技术要点

(一)必须全生长期覆盖

防虫网遮光较少,不需日盖夜揭或前盖后揭,应全程覆盖,不给害虫入侵机会,才能收到满意的防虫效果,两边用砖块或土块压紧实,网上需要压牢网线,以防被风吹开。

(二)选择适宜的规格

防虫网的规格主要包括幅度、孔径、线径、颜色等内容。选择适宜的孔径尤为重要。防虫网的密度大小一般以目数来计算,即1英寸长的网眼格数。目数过少,网眼大,起不到应有的防虫效果;目数过多,网眼小,虽防虫但增加成本。目前生产上推荐使用的目数为24~30目。

(三)各项措施综合配套

防虫网覆盖前,棚内的消毒是防虫网覆盖的关键。上茬蔬菜出土后,会残存许多病虫卵以及杂草种子,如果不作处理,防虫网覆盖后,将给病虫杂草提供一个繁殖生长的场所,并且严重影响生产。消毒包括土壤消毒、喷除草剂以及药剂浸种等。用防虫网覆盖生产蔬菜,强调以基肥为主的施肥原则,要增施腐熟的有机肥,使用抗病虫良种,减少追肥次数,以利生产操作。进出大棚时要随时揭盖,防止害虫飞入。防虫网有破损时,应立刻补上。一旦虫害发生,尽量选用生物农药防治。当网内温度过高时,应结合遮阳网覆盖。

PPT-15

(四)妥善使用,精心保管

防虫网田间使用结束后,应及时收下、洗净、吹干、卷好,以延长使用寿命,减少折旧成本,增加经济效益。

任务七　其他覆盖的种类、性能及应用

一、无纺布的种类、性能及应用

(一)无纺布的种类

无纺布是以聚酯为原料经熔融纺丝,堆积布网,热压黏合,最后干燥定型成棉布状的材料,由于制品没有明显的经纬线,所以称为“无纺布”。无纺布质地轻柔,透光率为20%~100%,材质是聚酯复层纤维。无纺布透光率在20%~50%,黑色无纺布遮光率75%~100%,属于紫外线透过型,透湿性、防雾性、展开性良好,在多湿环境下有防止水滴落下的吸湿性;在高温时,热气、温度、水分散逸容易,具有防霜、防风、防虫、促进发芽等效果。施工容易,成本较低,通用宽度0.8~2.7m。

无纺布的种类根据每平方米的质量,可以分为薄型无纺布和厚型无纺布。

(1)薄型无纺布。通常薄型无纺布的单位面积质量为每平方米十几克到几十克,如$15g/m^2$,$20g/m^2$,$30g/m^2$和$40\sim50g/m^2$等;具有遮阳调光,保温防湿,且质量轻、操作简单、受污染后可用水洗;燃烧时无毒气释放;不易黏合易保管;耐药品腐蚀和不易变形等性能。无纺布寿命一般为3～4年。薄型无纺布在浮动覆盖、无土栽培中有广泛的应用。

(2)厚型无纺布。用于园艺设施外覆盖材料的厚型无纺布单位面积质量≥100g/m²;具有防水性能。厚型无纺布的保温性能与其厚度有关。

无纺布具有良好的透光性、透气性以及透湿和吸湿的特点,因此具有保温、防霜冻、防风、防虫、防鸟害,防土壤板结和保墒效果,能有效地促进作物生长,保持产品洁净卫生、鲜嫩等作用。

2. 无纺布的性能

(1)保温性。覆盖无纺布,能够提高气温和地温。据试验,早春大棚育苗时,小拱棚内加盖一层无纺布,可提高苗床气温1～1.5℃;以20g/m² 农用无纺布覆盖冬季生菜,20cm土层温度提高0.7～1.8℃。无纺布的保温能力随着厚度增加而提高。

(2)透光性。薄型无纺布的透光性能与玻璃相近。随着厚度增加,透光性能也随着下降。据测定,16g/m² 无纺布透光率为85.6%±2.8%,25g/m² 无纺布的透光率为72.7%±7.3%,30g/m² 无纺布透光率为60%左右。故在夏季可作遮强光、降高温之用。

(3)透气性。和塑料薄膜不透气性相比,无纺布由很多微孔,具有透气性,覆盖后不必揭盖通风,省工省力。其透气性与内外的温差、风速呈正比,当温差、外界风速增大时,透气性也随之增大,所以覆盖无纺布能自然调节温度,作物不会受高温危害。

(4)吸湿性。无纺布质地疏松,具有一定的吸湿性。作为设施内覆盖材料,具有降低空气湿度的作用。但吸湿后的无纺布质量增加,保温性变差,不便于收藏,拉动时也容易损坏,需要及时晾晒。

(5)保湿性。无纺布直接覆盖地面,能够减少地面水分蒸发,保持较高的土壤湿度。其保湿性随着无纺布厚度的增大而增强。40g/m² 无纺布覆盖下,土壤含水量比露地增加31%,20g/m² 的无纺布保湿性不明显。

(三)无纺布的覆盖方法

(1)直接覆盖。对于露地越冬的青菜、菠菜等,以及早熟露地提早定植或者播种的菜或设施内提早定植的茄果类、瓜类,利用无纺布直接覆盖,都能起到很好的防霜冻、保温、保墒的作用。

(2)小拱棚覆盖。小拱棚覆盖有小棚内的直接覆盖、代替薄膜小棚覆盖、无纺布再加薄膜双层覆盖等方法。

(3)大棚内二道幕覆盖和大棚外覆盖。大棚内设中棚,中棚上覆盖无纺布或者设小拱棚,在小拱棚上覆盖无纺布,疏水性的无纺布可作为大棚外覆盖保温。

在露地覆盖无纺布时,因为无纺布质地轻,易受风害,因此覆盖时四周要用砖块、土压实。覆盖时不能绷太紧,要留有余地让作物正常生长。当无纺布幅宽不足时,可用电熨斗将两幅合在一起使用。一茬用完后,要小心揭除,以免撕裂,被污染的部分用清水冲洗干净,晒干,待下次应用。

二、保温被的种类、性能及应用

近年来,我国各地研制开发的日光温室新型保温被已有成型规格,主要类型如下。

（一）保温被的种类

（1）复合型保温被。这种保温被采用2mm厚蜂窝塑料薄膜2层，加2层无纺布，外加化纤布缝合制成，具有重量轻、保温性能好的优点，适于机械卷放；主要缺点是经一个冬季使用后，里面的蜂窝塑料薄膜和无纺布经机械卷放辗压后容易破碎。

（2）针刺毡保温被。针刺毡保温被是用旧的碎布等材料经一定处理后重新压制而成的，造价低，保温性能好。保温被用针刺毡作主要防寒保温材料，一面覆上化纤布，一面用镀铬薄膜与化纤布相缝合方法制成。该保温被自身重量较复合型保温被重，防风性、保温性均较好。其最大缺点是防水性较差，水容易从针线孔渗入，保温被受潮后能降低保温效果。另外，该保温被只有晾干后才能保存，在保温被收放保存之前需要大的场地晾晒。

（3）腈纶保温被。腈纶保温被采用腈纶棉、太空棉作主要防寒材料，用无纺布作面料，采用缝合方法制成。该保温被在保温性上能满足要求。但其结实耐用性差，无纺布几经机械传动碾压后，很快破损。另外，该保温被采用缝合方法制成，防水性也不佳，雨水能从针眼渗到里面，浸湿腈纶棉。

（4）羽绒保温被。羽绒保温被由防雨布和薄膜与保温胆构成，两层防雨布中间设置保温胆。由两层薄膜构成保温胆，保温胆内放置羽绒，羽绒保温被周边设置子母扣，由子母扣相互连接多条羽绒保温被。保温被的结构简单，安装拆卸方便，质量轻，保温性能强，防腐抗晒，防雨雪，不透气。

（5）泡沫保温被。泡沫保温被采用微孔泡沫作主料，上下两面采用化纤布作面料。主料具有质轻、柔软、保温、防水、耐化学腐蚀和耐老化的特性。经加工处理后的保温被不仅保温性持久，且防水性极好，容易保存，具有较好的耐久性。缺点是自身重量太轻，需要解决好防风的问题。

（6）新型保温被。新型保温被利用聚乙烯PE膜作保温被表层材料，采用非缝合、非胶粘一次成型工艺，与毛毡或棉毡直接压合，彻底解决针脚渗水及离骨的问题。制成不同幅宽、不同厚度、不同保温层的保温被，采用尼龙扣做被与被之间的搭接，使之形成一个整体，既美观实用，又减少搭接面积，节省材料。

（二）保温被的结构

典型的保温被一般由防水层、隔热层、保温层和反射层四部分组成（见图3-16）。

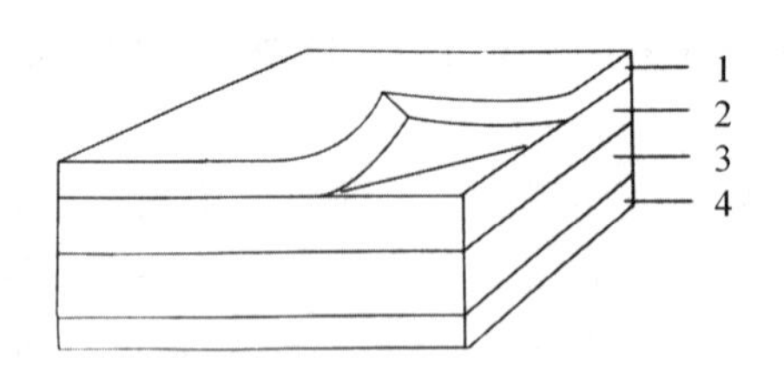

1-防水层；2-隔热层；3-保温层；4-反射层

图3-16　保温被的基本结构

（1）防水层。其为保温被的最外层，主要采用耐老化、耐腐蚀、强度高、寿命长的镀膜防水苫布。其主要作用是隔水，防止雨水渗入保温被内。

（2）隔热层。其主要由阻隔红外线的保温材料构成，主要作用是减少热量向外传递，增强保温效果。

(3)保温层。其是保温被的主要保温部分,多采用蓬松无纺布、腈纶棉、针毡、羽绒等作保温材料。

(4)反射层。其一般选用反光镀铝膜,主要功能为反射远红外线,减少辐射散热。

(三)保温被的性能

(1)保温性。保温被的规格和结构是根据保温需要进行设计的,针对性强,并且保温被较草苫覆盖严实,紧贴棚膜,保温性能较好,一般单层保温被可提高温度 5~8℃,与加厚草苫相当;而在低温多湿地区,由于保温被的防水性较好,晴天温度较草苫提高 2~3℃,雨雪天提高 4~5.5C。保温被使用一段时间后,由于结构损坏,其保温能力也会有所下降。

(2)持久性。保温被采用棉纤维、毛纤维和化学纤维等做原料,注重抗紫外线和抗氧化的功能,解决了稻草苫不能解决的怕酸碱、怕潮湿、怕霉变的难题,使用寿命长,一般正常使用时间可达 10 年,而草苫的使用寿命一般只有 2~3 年。

(3)易于卷放操作。草苫体积大,重量大,卷帘机卷草苫会经常走偏,卷放强度大,并且对草苫的损坏也比较严重。保温被薄且重量轻,使用小功率卷放机即可完任务,并且卷保温被不会走偏,卷放和运输、保存都方便。

(4)抗风性好。保温被柔软,紧贴在大棚膜上,不易被风吹起,适当固定后,防风效果优于草苫。

(5)增强大棚膜的透光性。保温被全部采用耐腐蚀、抗老化材料,在使用中基本不掉毛,并且在卷放过程中,能吸附大棚膜上的尘土,还能把大棚膜擦得特别亮,始终保持大棚膜洁净明亮,提高了大棚的采光量。

(6)降低使用成本。保温被有效使用期可达 10 年,到时无法应用了还可以回收,从而降低了使用成本。另外,保温被每平方米重量轻,无须大型卷帘机,与卷草苫的卷帘机相比,100m 长大棚每台节省 200 元左右,还可以节省大量的绳子和维修费用等。

(7)减少薄膜损坏。保温被重量轻,自身对棚膜的损坏轻。同时保温被还能保持大棚膜表面清洁,无须再上人清扫,也减少了对棚膜的损坏,从而降低了使用成本。

(四)保温被的选用

(1)选择合格的保温被。合格的保温被一般用腈纶棉、防水包装布、镀铝膜等多层材料复合缝制而成,要求质轻,蓄热保温性好,能防雨雪,厚度不应低于 3cm,寿命在 5~8 年。

(2)根据所在地区冬季的温度情况选择保温被。冬季严寒地区应选择厚度厚一些的保温被,反之则选择薄一些的保温被,以降低生产成本。保温被重量选择参考如下:每平方米 2500g 保温被的保温效果相当于 2.5 层新稻草苫;每平方米 2250g 保温被的保温效果相当于 2 层新稻草苫;每平方米 2000g 保温被保温效果相当于 1.5 层新稻草苫;每平方米 1750g 保温被的保温效果相当于 1 层新稻草苫。

(3)根据所在地区冬季的降水情况选择保温被。冬季雨、雪多的地区应选择防水效果好的保温被。使用缝制式保温被时,不宜选择双面防水保温被,因为双面防水保温被一旦进水后,水难以清除,冬天上了冻后,不但不保温,反而从棚内吸热降温,并且也容易使保温被碎裂。

（五）保温被的使用

1. 上保温被前的准备

（1）要选购保温被专用的卷帘机。由于保温被比草苫薄，重量也轻，通常选用小机头卷帘机即可。

（2）保温被在运输过程中要轻搬轻放，严禁撕裂、刺破和磨损。

（3）卷帘机横卷杆通常每隔0.5m设一个固定螺母，以利于穿钢丝固定保温被。

（4）大棚东西两侧墙上应备有压被沙袋、连接绳，通常一条保温被需要备用一条同样长的尼龙绳（带）。

2. 上保温被

（1）要严格按照安装要求将保温被与卷帘机连接安装好。

（2）上保温被时，两床保温被之间的搭接宽度不能少于10cm，保温被底下的尼龙绳（带）下端要固定在卷被用的横铁杆上，上端固定在钢丝上。

（3）保温被上好后，由连接绳将保温被搭接处连成一体。

（4）保温被应固定在大棚后墙顶中央。后墙顶向北应有一定的倾斜度，并用完整防水油布（纸）覆盖，以利于雨水向外排放，防止浸湿保温被。

3. 保温被应用与维护

（1）保温被在下放和卷起过程中，如果出现温室两侧卷放不同步现象时，应松开保温被的卡子，重新调整保温被的位置，并重复以上操作直到温室两侧同步卷放为止。

（2）保温被覆盖好后，大棚东西墙体上的搭压宽度应不少于30cm，并用沙袋压好，防止被风吹起，降低保温效果。

（3）应及时清除地面积水，防止保温被放到大棚底端后，浸湿保温被。有条件时，在地面与大棚膜交接处放置旧草苫子，防止保温被接触地面。

（4）卷帘电机在开启和关闭到极限位置时，应及时将电机停止，防止撕裂保温被。

（5）雪天过后，应及时清扫掉保温被上的积雪，防止保温被因结冰打滑而影响卷放。如果保温被被雨水打湿，应在次日卷起前让阳光照射一段时间，基本干燥后再卷起。

（6）遇强冷天气保温被与防水膜冻结时，应让太阳照射一段时间，至冰块水化后再卷起。

（7）第二年夏季不用时，选择晴天晾晒干燥后，卷起保存在后墙上或专用存放场地，用防水膜密封保存，严禁日晒雨淋。

三、草苫的种类、性能及应用

（一）草苫的种类

按照制作材料分类，主要有稻草苫和蒲草苫两种。

（1）稻草苫。其用稻草加工制成。稻草苫材料来源广，制作成本低，价格便宜；质地柔软，易于覆盖且严实，保温性好；防潮能力好，不易霉烂。其主要不足是厚度大，用料多，重量大，不方便搬运和贮存；稻草秸秆短，一幅草苫需要多个草把接长，接头处容易开裂，影响使用寿命。稻草苫在正常使用和保管情况下，一般可连续使用3～5年。

（2）蒲草苫。其用蒲草加工制成。与稻草苫相比，蒲草苫质地硬，容易折断，覆盖也不严密，保温性差；蒲草秸秆的下端尖硬，容易刺破薄膜；密度小，重量轻；蒲草较长，适于加工制作超宽幅草苫。

按制作方法分类，草苫可分为手工加工草苫和机器加工草苫两种。

（1）手工加工草苫。草把排列紧而整齐，草苫表面平整，两边也较齐，不容易掉草，保温效果好；草苫弹性好，容易卷放；使用寿命长；用料较多，加工工效低，草苫价格高。

（2）机器加工草苫。用料少，加工工效高，价格便宜；草把排列不紧，容易掉草和开裂，保温效果不如手工加工草苫好；草苫表面叶片、秸秆较多；草苫弹性差，不易于卷放；使用寿命短。

（二）草苫的性能

草苫主要功能是用于低温期的设施保温，一般覆盖一层新草苫（厚度 4cm 以上），可提高温度 5～7℃，但随着草苫层数的增多，单层草苫的平均保温性能下降。

（三）草苫的选择

1. 草苫的规格

（1）长度。适宜的草苫长度为棚面宽＋(1～2)m。较棚面宽长出的 1～2m，用来压到坡和前地面上，增强保温效果。

（2）宽度。稻草秸秆短，不适合做宽幅草苫，适宜的宽度为 1.2～2.0m。草苫过宽，草把接头增多，牢度差。蒲草苫的适宜宽度一般为 1.5～2.5m。

（3）厚度。普通温室所用草苫厚度要求不少于 3cm，节能型日光温室所用草苫厚度不少于 4cm。按重量计算，3m 宽的稻草苫，重量一般要求不少于 11.5kg/m，也有订制加厚的，约 12.5kg/m。

草苫厚度测量方法：将草苫按标准松紧度卷好，然后量取草苫卷的直径。用直径除以草苫层数所得数值，便为单层草苫的厚度。

2. 草苫的质量

（1）草把排列要紧密。编制草苫的草把排列要紧密，用手从两侧拉、拽草把，草把不易被抽出。用力抖动草苫，不掉草。

（2）规格要均匀。要求草把大小、草苫厚度、草苫宽度等均匀一致。

（3）编草要新而干燥。编制草苫的草要求新而干燥，发霉的陈草质地柔软，容易断裂，不宜用来编制草苫。

（4）径绳的道数要适宜。编制草苫的径绳间距不超过 15cm，最外缘的径绳距草苫边缘应保持在 8～10cm，1.2m 宽草苫一般不少于 8 道径绳。

（5）径绳要结实耐用。编制草苫要使用尼龙绳，塑料绳容易老化，不能用来编制草苫。另外，尼龙绳要选择经过抗老化处理的“熟丝”，不要购买“生丝”，“生丝”容易老化，使用寿命短。

判断尼龙绳是“熟丝”还是“生丝”的方法：用手指甲对尼龙绳使劲来回刮一下，如果起毛，则说明是“生丝”。

（四）草苫的使用

1. 上苫前的准备

（1）草苫加固。新购置的草苫上苫前，要对草苫的两端进行固定，以增强两端的耐拉能力，避免将草把拉出。

具体做法:每个草苫取两根长度同草苫宽的细竹竿(直径 3cm 左右),两根竹竿分别用细铁丝固定到草苫的上、下两端,如图 3-17 所示。

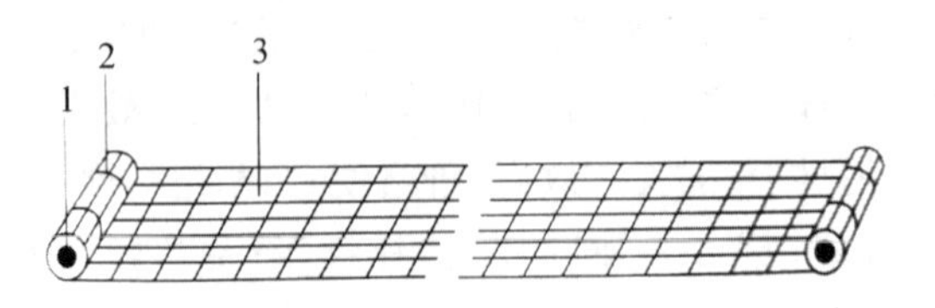

1-细竹竿;2-细铁丝;3-草苫

图 3-17　加固草苫两端

(2)草苫接长。购买回来的长度偏短时,需要接长。

具体做法:将两幅草苫上、下叠压齐,叠压部分宽 20cm 左右,然后用细尼龙绳或塑料绳按 10cm 间距,上、下缝两道横线,将草苫连接好。

(3)草苫修补。草苫用过一段时间后,局部容易发生开裂或被老鼠咬坏,需要修补。

具体做法:取一块长度较破损处稍大一些的完整草苫,覆盖到破损处,两边对齐后,将上、下两端用尼龙绳缝连好。

2. 上苫

草苫的上苫形式主要有"品"字式、斜"川"字式和混合式三种,如图 3-18 所示。

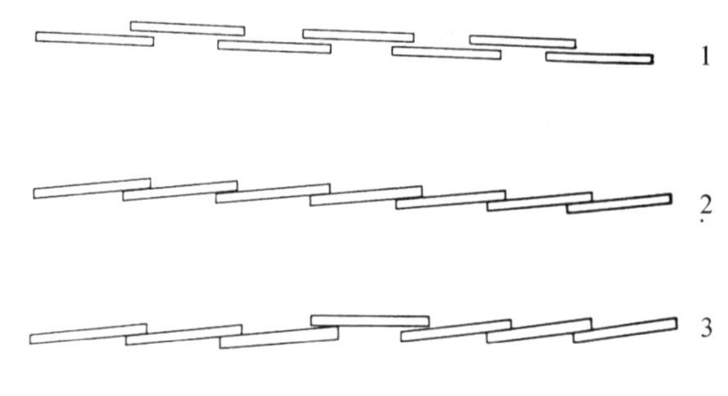

1-"品"字式;2-斜"川"式;3-混合式

图 3-18　草苫的上苫形式

(1)"品"字式。草苫在温室顶部分前、后两排摆放,前后两排草苫间位置交错,相邻三个草苫呈"品"字形排列。该上苫形式的前、后排草苫间相互独立,易于卷放。人工卷放草苫时,可同时进行多人卷放,工效较高,也便于进行局部草苫的卷放,草苫管理比较灵活。但该上苫形式的草苫覆盖后,草苫间的相互防风能力比较差,容易被风掀起。

(2)斜"川"字式。草苫在温室的顶部呈一字斜放,相邻草苫顺序叠压,呈一边倒形。该上苫形式的草苫覆盖后,草苫间顺风向叠压,防风效果好,不易被风掀起,保温效果也比较好,较适合多风地区使用,也适合机械卷放草苫选用。但该上苫形式的草苫间相互牵扯,人工卷放草苫时,只能从一端逐个卷起或放下,费工费事,工效低,草苫卷放前后,设施内东西两端的环境差异幅度也比较大。

(3)混合式。该上苫形式将 5～10 个草苫分为一组,组内草苫按斜"川"字式排放,组间草苫按"品"字式排放。该式兼顾了前两式的优点,适用于多风地区人工卷放草苫。

3. 技术要点

(1)应选无风天或微风天上苫。

(2)旧草苫上苫前,应先晾晒干后再上到棚顶。

(3)相邻草苫间相互搭接部分不得少于 10cm。

(4)草苫的顶端应用细铁丝固定到温室顶部的粗铁丝或预埋的固定锚钩上,将草苫固定住,避免下放时草苫上部下滑,或被风吹散。

(5)草苫在棚顶排列要整齐,人工卷放的草苫要用拉绳将草苫固定住。

(五)草苫卷放

(1)草苫要适时卷放。一般上午当阳光照满棚面后开始卷起草苫,卷起过晚,卷苫后棚温度升高过快,容易导致作物萎蔫。雪后或久阴乍晴日,人工卷苫时应间隔卷起草苫,机械卷放草苫时要先卷起下部,不要一次全部卷起,避免室内温度上升过快,导致作物萎蔫。下午当阳光西斜,棚内温度低于 20℃,温室内西部棚膜下起雾时开始放苫。

(2)草苫固定要牢。草苫放下后,地面部分要用土袋或石块等压住,两侧部分要用土袋或石块压到两山墙上。一方面使草苫严实覆盖,提高保温效果;另一方面还能防止风吹起草苫。

(3)要保持草苫干燥。雪后要将草苫上的积雪清理掉后再卷起,避免带雪卷草苫。雪天应先清理掉膜面积雪,再放下草苫,避免积雪融化后打湿草苫。

PPT-16

(4)要正确卷放草苫。草苫卷起要紧,放下草苫时,草苫在棚面要正当,不要偏斜。机械卷放草苫时,要严格按照要求进行操作,注意人身安全。

复习思考题

1. 评价现代设施覆盖材料的优劣的标准是什么?

2. 有色地膜的特点是什么?

3. 硬质塑料板材的特性是什么?

4. 简述常用温室(大棚)塑料薄膜的种类和特点。

5. 简述地膜的作用、种类及特点。

6. 无纺布覆盖的方式有哪些?

7. 除了书中所列的保温覆盖材料外,想想生活中还有哪些东西可以作为保温覆盖材料?

项目四　园艺设施环境条件及其调控技术

项目描述

本项目主要培养学生对设施环境条件变化特点及其变化规律的认识，并掌握设施内光照、温度、湿度、土壤、气体等要素的调控技术，以及设施智能化控制原理。通过本章的学习，应掌握设施内各种环境因子的人工调控措施；掌握设施增加光照、减少光照的技术要点；掌握设施内保温、降温、加温等技术措施；掌握设施内增湿、除湿的控制措施；掌握设施内土壤环境的变化特点及调控技术；掌握设施内二氧化碳的调控技术及有害气体的防控方法；掌握设施环境智能化控制技术；掌握灾害性天气的预防对策。

园艺设施是在人工控制下的半封闭状态的小环境，其环境条件主要包括光照、温度、水分、土壤、气体、肥料等。园艺植物生长发育的好坏，产品产量和质量的高低，关键在于环境条件对作物生长发育的适宜程度。因此在生产实践中，必须了解不同园艺作物生长发育对外界环境条件的要求，并掌握各种园艺设施的性能及其环境变化规律，采用各种措施调节设施内的环境，创造出适宜作物生长发育的环境条件，实现优质、高产、高效栽培的目的。

任务一　园艺设施的光照环境条件及其调控措施

植物的生命活动，与光照密不可分，其赖以生存的物质基础是通过光合作用制造出来的。正如人们所说："万物生长靠太阳"，足见光照的重要性。光环境对设施栽培作物的生长发育会产生光效应、热效应和形态效应，直接影响其光合作用、光周期反应和器官形态形成，在设施农业生产中，尤其对喜温作物的优质高产栽培具有决定性的影响。

一、园艺植物对光照环境的要求

（一）园艺植物对光照强度的要求

园艺植物包括蔬菜、花卉（含观叶植物、观赏树木等）和果树三大种类，对光照强度的要求大致可分为阳性植物、阴性植物、中性植物。

（1）阳性植物。这类植物必须在完全的光照下生长，不能忍受长期荫蔽的环境，一般原产于热带或者高原阳面。如多数一二年花卉、宿根花卉、球根花卉、木本花卉及仙人掌类植物等。西瓜、甜瓜、茄子、番茄等要求较强的光照才能很好地生长，光饱和点大多在50～70klx以上。光照不足会严重影响产量和品质，特别是西瓜、甜瓜，含糖量会大大降低。果树设施栽培较多的葡萄、桃、樱桃等也都是喜光作物。

(2)阴性植物。这类植物不耐较强的光照，遮荫下方能生长良好，不能忍受强烈的直射光线。它们多产于热带雨林或阴坡。如花卉中的兰科植物、观叶类植物、凤梨科植物、姜科植物、天南星科及秋海棠科植物。蔬菜中多数绿叶菜和葱蒜类比较耐弱光，光饱和点在25～40klx。

(3)中性植物。这类植物对光照强度要求介于上述两者之间，一般喜欢阳光充足，但在微阴下生长也较好，如花卉中的萱草、冬麦草、玉竹等，水果中的李、草莓等。中光型的蔬菜有黄瓜、甜椒、甘蓝类、白菜、萝卜等，光饱和点在40～50klx。

光照强度主要影响园艺植物的光合作用强度，在一定范围内(光饱和点以下)，光照越强，光合速率越高，产量也越高。光照强弱除对植物生长有影响外，对花色也有影响，这对花卉设施栽培尤为重要。如紫色的花是由于花青素的存在而形成的，而花青素必须在强光下才能产生，散射光下不易产生。因此，开花的观赏植物一般要求较强的光照。

(二)园艺植物对光照时数的要求

光照时数对园艺植物花芽分化，即生殖生长(发育)影响较大，也就是通常所说的光周期现象。光周期是指1天中受光时间的长短，它受季节、天气、纬度等影响。根据不同园艺植物对光周期的反应可分为长日性植物、短日性植物、日中性植物三类。

(1)长日性植物。在12～14h以上较长的光照时数下能促进开花的蔬菜，为长日性植物，如多数绿叶菜类、甘蓝类、豌豆、葱、蒜等。若光照时数少于12～14h，则不抽薹开花，这对设施栽培有利，因为绿叶菜类和葱蒜类的产品器官不是花或者果实(豌豆除外)。

(2)短日性植物。当光照时数少于12～14h能促进开花结实的蔬菜，为短日性植物，如豇豆、茼蒿、扁豆、苋菜、蕹菜等。

(3)中日性植物。光照时数要求不严格，适应范围宽，如黄瓜、番茄、辣椒、菜豆等。

需要说明的是，短日性蔬菜随光照时数的要求不是关键，关键在于黑暗时间长短对发育影响很大；而长日性蔬菜相反，光照时数至关重要，黑暗时间不重要，甚至连续光照也不影响开花结实。

光照时间的长短对花卉开花有影响。唐菖蒲是典型的长日性花卉，要求日照时数在13h以上才能花芽分化；而一品红与菊花相反，是典型的短日性花卉，光照时数少于10h才能花芽分化。设施栽培可以利用此特性，通过调控光照时数达到调节开花期的目的。一些依靠块茎、鳞茎等贮藏器官进行休眠的花卉如水仙、仙客来、郁金香、小苍兰等，其贮藏器官的形成受光周期的诱导与调节。其贮藏器官的形成受光周期诱导与调节。设施栽培中光照时数不足往往成为限制因子，因为在高寒地区尽管光照强度能满足要求，但1天内光照时间太短，不能满足要求，一些果菜类蔬菜或者观花的花卉若不进行补光就难以栽培成功。

(三)园艺植物对光质的要求

一年四季中，光的组成由于气候改变有明显的变化。如紫外光的成分以夏季阳光中最多，秋季次之，春季较少，冬季则更少。夏季阳光中紫外光的成分是冬季的20倍，而蓝紫光比冬季多4倍。因此，这种光质的变化可以影响到同一种植物在不同生产季节的产量及品质。

光质还会影响蔬菜的品质。紫外光与维生素C的合成有关，玻璃温室栽培的番茄、黄瓜等果实维生素C的含量往往没有露地栽培的高，就是因为玻璃阻隔紫外光的透过率，塑料薄膜温室的紫外光透过率就比较高。光质对设施栽培的园艺作物的果实着色有影响，一般较露地栽培色淡，如茄子为淡紫色。番茄、葡萄等也没有露地栽培风味好，味淡，口感不甜。例如，日光温室的葡萄、桃，塑料大棚的油桃等都比露地栽培的风味差，这与光质有密切的关系。

PPT-17

由于园艺设施内光照分布不如露地均匀，使得作物生长发育不能整齐一致。同一种类品种、同一生育阶段的园艺植物长得不整齐，即影响产量，成熟期也不一致。弱光区的产品品质差，且商品合格率低，种种不利影响最终导致经济效益低下，因此设施栽培必须通过各种措施，尽量减轻光分布不均匀的负面效应。

二、园艺设施内光照环境的特点

设施内的光照环境条件包括光照强度、光照时数、光质三个方面，这三个方面既相互联系又相互制约。

（一）光照强度的特点

1. 光照强度低

园艺设施内的光照强度只有自然光强的70%～80%。这是因为自然光是透过透明屋面覆盖材料才能进入的，这个过程中会由于覆盖材料吸收、反射，覆盖材料内表面结露的水珠折射、吸收等而降低透光率。尤其在寒冷的冬、春季节或阴雪天，透光率只有自然光的50%～70%，如果透明覆盖材料染尘而不清洁、使用时间长而老化，透光率甚至会降到自然光强的50%以下。温室内的光合有效辐射能量、光量和太阳辐射量受覆盖材料的种类、老化程度、洁净度的影响，仅为室外的50%～80%，这种现象在冬季往往成为喜光果菜类作物生长的主要限制因子。

2. 光照强度的时间变化

设施内光照强度变化与自然光照是同步进行的。自然光随季节、地理纬度和天气条件而变化，设施内的光照强度的变化随自然光强的变化而变化，季节变化和日变化都与自然光照强度的变化具有同步性。晴天设施内光照强度的日变化与自然界变化规律是基本一致的。午前随太阳高度角的增加而增强；中午光照强度最高；午后随太阳高度角的减少而降低。但温室内的光照强度变化较室外平缓。另外，不同天气条件下光照强度的日变化也不一样（见图4-1和图4-2）。从晴天与多云天气结果的对比分析可以看出，晴天连栋温室内光照强度比多云天气条件下高，而且晴天的曲线分化比阴天明显。由于阴天外界的光环境中反射成分比重比晴天高，而晴天进入温室的光线以太阳直射光为主，因此阴天连栋温室内的整体透光率水平要比晴天好。

3. 光照强度的空间变化

(1)垂直方向。越靠近薄膜光照强度越强，向下递减，递减速度比室外大，靠薄膜处相对光强为80%，距地面0.5～1.0m为60%，距地面20cm处只有55%。

(2)水平方向。

①塑料大棚。南北延长的大棚，上午东侧光照强度高，西侧低，从全天来看，两侧差异不大。东西延长的大棚，平均20%比南北延长的棚高，升温快，但南部光照强度明显高于北

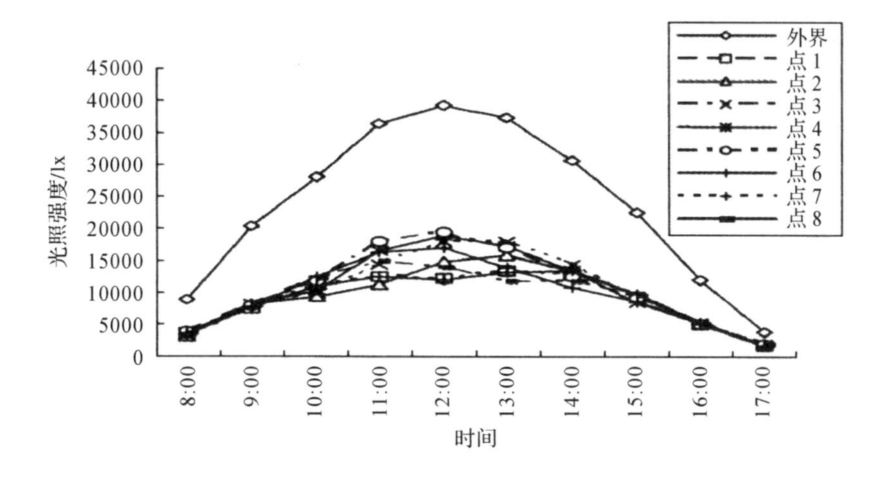

图 4-1　晴天连栋温室光照分布

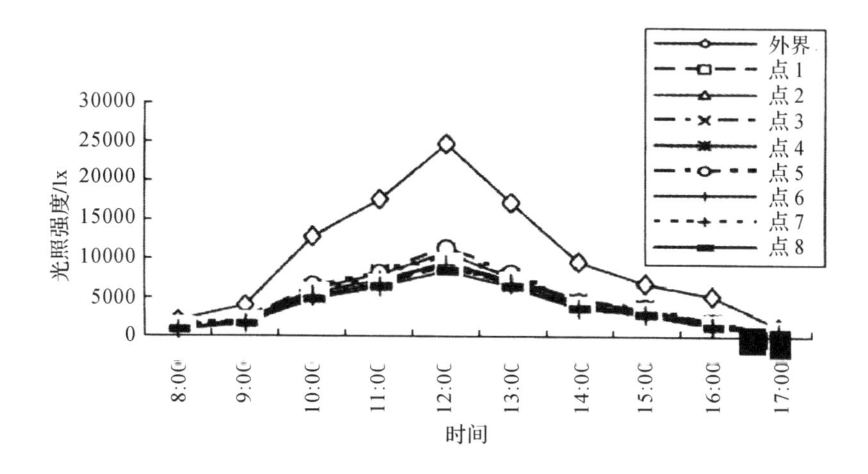

图 4-2　多云天气连栋温室光照分布

部，南北最大可相差 20%，光照水平分布不均匀。

②日光温室。南北方向上，从后屋面水平投影以南是光照强度最高部位，在 0.5m 以下的空间里，各点的相对光强都在 60%左右，在南北方向上差异很小。后屋面下的光强，由南向北递减，后坡越长递减越明显，每向北 1m，光强递减 10klx。在东西方向上，由于山墙的遮荫作用，上午揭苫后东山墙内侧出现三角形阴影，由大到小，正午时阳光直射前屋面，阴影消失。午后西山墙出现阴影，并不断扩大，直至盖苫。东西山墙内侧大约各有 2m 温光条件较差。温室越长，影响越小。

（二）光照时数的特点

设施内的光照时数是指设施内作物受光时间的长短、光照时数因设施类型而异。塑料大棚和大型连栋温室，因全面透光，无外覆盖，设施内的光照时数与露地基本相同。但单屋面温室内的光照时数一般比露地要少，因为在寒冷季节为了防寒保温，往往要覆盖蒲席、草苫等，这些覆盖物的揭盖时间就会直接影响设施内的受光时数，一般在日出后才揭苫，而在日落前就需盖上，尤其短日照季节一天内作物受光时间只有 7～8h，不能满足园艺作物对日照时数的需求。

(三)光质的特点

园艺设施内的光质与自然光不同,由于覆盖材料的光谱特性不同,对各个波段光的吸收、反射和透射能力存在差异,致使投射到设施内的光谱存在很大差异。在到达地面的太阳辐射中,又可分为紫外线区(波长小于380nm)、可见光区(波长范围380~760nm)和红外区(波长大于760nm)。紫外线具有很强的杀菌能力,对菌核病、灰霉病等多种病害的病原菌有很强的杀伤能力;对果实的着色和抑制植物徒长有明显作用。可见光中的红橙光和蓝紫光促进光合能力最强,绿光则较弱。红外线具有热效应,被作物吸收后转变为热能,主要作用是维持作物的体温。露地栽培太阳光直接照在作物上,光的成分一致,不存在光质差异。而设施栽培中由于透明覆盖材料的光学特性,使进入设施内的光质发生变化。由表4-1可以看出,玻璃对于300nm的紫外线完全不能透过,聚乙烯薄膜大部分能够透过,聚氯乙烯薄膜的透过率则介于玻璃与聚乙烯膜之间;对于可见光,这3种覆盖材料的初始透光率都很好,不过,玻璃最好,聚乙烯膜透过率最低;至于红外线,4500nm的太阳短波辐射,4种覆盖材料都能大量透过;而5000nm和9000nm的长波辐射,玻璃的透过率最低,远小于3种薄膜。

表4-1 几种覆盖材料透光率的比较　　单位:%

项目	波长/nm	聚氯乙烯膜 0.1mm厚	醋酸乙烯膜 0.1mm厚	聚乙烯膜 0.1mm厚	玻璃 0.1m厚
紫外区	280	0	76	55	0
	300	20	80	60	0
	320	25	81	63	46
	350	78	84	66	80
可见光	450	86	82	71	84
	550	87	85	77	88
	650	88	86	80	91
红外区	1000	93	90	88	91
	1500	94	91	91	90
	2000	93	91	90	90
	5000	72	85	85	20
	9000	40	70	84	0

PPT-18

三、影响设施内光照条件的因素

园艺设施内的光照条件一方面受太阳位置和气象要素的影响，另一方面也受设施本身结构和管理技术的影响。其中光照强度及分布是受太阳位置和设施结构的影响而不断变化，情况比较复杂；光照时数主要受地理纬度、季节、天气情况和防寒保温等措施的影响；光质主要受透明覆盖材料光化学特性的影响，变化比较简单。总的来说，设施对光照条件的要求是光线透过率高、光线分布均匀。

（一）设施的透光率

设施的透光率是指温室内地平面接受的光照强度与室外水平面光照强度之比，以百分率表示。太阳光由直射光和散射光两部分组成，设施内的直射光透光率(Td)与散射光透光率(Ts)不同，若设施内全天的太阳辐射量或全天光照为 G，室外直射光量和散射光量分别为 Rd、Rs 的话，则 $G=\mathrm{Rd}\times\mathrm{Td}+\mathrm{Rs}\times\mathrm{Ts}$。一般 Ts 是温室固定系数，由温室结构与覆盖材料所决定，与太阳位置及设施构筑方向无关。

1. 散射光的透光率(Ts)

太阳光通过大气层时，因气体分子、尘埃、水滴等发生散射并吸收后到达地表的光线称为散射光。散射光与直射光一起称为全天光照，阴雨天时，全天光照量相当散射光量。散射光是太阳辐射的重要组成部分，在温室设计和管理上要考虑充分利用散射光的问题，若以 Ts_0 为洁净透明的覆盖材料水平放置时测得的散射光的透光率，r_1 为设施构架材料等的遮光损失率（一般大型温室在5%以内，小型温室在10%以内），r_2 为覆盖材料因老化的遮光损失率，r_3 为水滴和尘染的透光损失率（一般水滴透光损失率可达20%～30%，尘染可达15%～20%），则某种类型的温室设施的 $\mathrm{Ts}=\mathrm{Ts}_0(1-r_1)(1-r_2)(1-r_3)$。

2. 直射光的透光率(Td)

直射光的透光率依纬度、季节、时间、温室建造方位、单栋或连栋、屋面角和覆盖材料的种类等的不同而不同。

(1)构架率。温室由透明覆盖材料和不透明的构架材料组成。温室全表面积内，直射光照射到结构骨架（或框架）材料的面积与全表面积之比，称为构架率。构架率越大，说明构架的遮光面积越大，直射光透光率越小，简易大棚的构架率约为4%，普通钢架玻璃温室约为20%，芬落型玻璃温室约为12%。

(2)屋面直射光入射角的影响。影响太阳直射光透光率的主要因素是直射光入射角。太阳直射光入射角是指直射光照射到水平透明覆盖物与法线所形成的夹角。入射角越小，透光率越大，入射角为0°时，光线垂直照射到透明覆盖物上，此时反射率为0。图4-3表示入射角

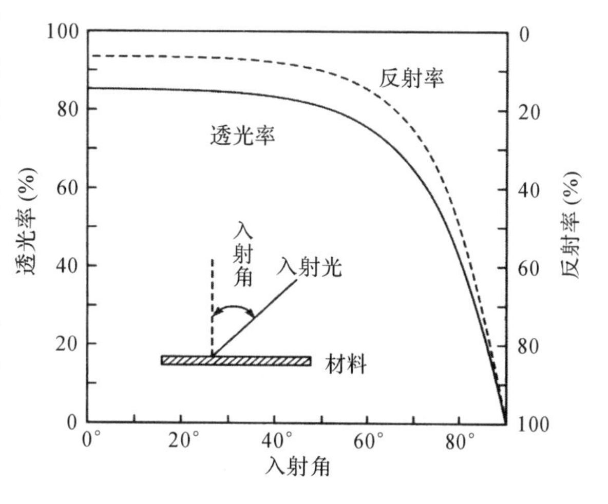

图4-3　太阳入射角与透光率和反射率的关系

的大小与透光率与反射率的关系。透光率随入射角的增大而减小，入射角为0°时透光率约为83%，入射角为40°～45°，透光率明显减少。若入射角超过60°的话，反射率迅速增加，而透光率急剧下降。而且透光率与入射角的关系还因覆盖材料种类的不同而异，例如硬质覆盖材料中的波形板的透光率高于平面板材。

（二）覆盖材料的透光特性

覆盖材料的透光特性包括材料对光的吸收率、透射率和反射率。当太阳光照射到覆盖物的表面上时，一部分太阳辐射能量被材料吸收，一部分被反射回空中，剩下的部分才透过覆盖材料进入设施内。这三部分的关系可表示为：

$$吸收率+透射率+反射率=1$$

透光特性与覆盖物的种类、状态有关。不同覆盖材料以及不同状态下的透光特性如表4-2所示。从中可以看到，落尘和附着水滴均能降低透明覆盖物的透光率。落尘一般可降低透光率15%～20%。附着水滴除了对太阳红外光部分有强烈的吸收作用外，还能增加反射光量，水滴越大，对覆盖物透光率的影响越明显。一般由于附着水滴可使覆盖物的透光率下降20%～30%。两者合计可使覆盖物的透光率下降50%左右。此外，覆盖材料老化也会降低透光率，一般薄膜老化可使透光率下降10%左右。

表4-2　不同覆盖物种类、状态下的透光性

名称	透光量/klx	透光率/100%	吸收及反射率/%	露地光照/klx
透明新膜-1	14.9	93.1	6.9	16.0
透明新膜-2	14.4	90.0	10.0	16.0
稍污旧膜	14.1	88.15	11.9	16.0
沾尘旧膜	13.3	83.1	16.9	16.0
半透明膜	12.7	79.4	20.6	16.0
有滴新膜	7.5	73.5	26.5	10.2
洁净玻璃	14.5	90.6	19.4	16.0
沾尘玻璃	13.0	81.3	18.7	16.0

目前用于设施覆盖的材料主要有玻璃、玻璃纤维聚酯板（FRP板）、玻璃纤维丙烯树脂板（FRA板）、碳酸树脂板（PC板）、聚丙烯树脂板（MMA板）、聚氯乙烯薄膜（PVC）、聚乙烯薄膜（PE）、醋酸乙烯膜（EVA）以及硬质塑料膜PET、ETFE等。FRP板、PC板和PET板均不透过紫外线，PE膜、MMA板、FRA板、PVC膜和玻璃都能透过紫外线。由于紫外线部分290nm以下的波长被臭氧层几乎全部吸收掉，不能到达地面，所以这四种材料紫外线部分的透过率，实质上不存在差异，但当PE、MMA和FRA加入紫外线吸收剂时，也不能透过紫外线。至于可见光部分，各种覆盖材料的透光率大多在85%～92%，差异不显著。玻璃则透过310～320nm以上的紫外线域，而红外线域的透过率低于其他覆盖材料。

玻璃对可见光的透光率很高，近红外以及波长2500nm以内的部分红外线透光率很高。玻璃能阻止波长为4500nm以上的长波红外线通过，这对保温有利。但300nm以下波长紫外光基本不透过。

FRP板、PC板与玻璃一样，300nm以下波长紫外线透光率低。FRA板和MMA板紫外线光透光率较高。其余特性与玻璃相似，但抗老化性能差，透光率年递减1%以上。

EVA、PE和PVC薄膜对可见光的透光率相近，都在90%左右。对近红外光到波长5000nm的红外线光的透光率，EVA、PE和PVC膜也比较接近，但EVA和PE膜可透过300nm以下的紫外线，PVC只能透过300～380nm的紫外线。PE膜对5000～25000nm的远红外辐射的透过率也高于PVC膜。所以PE和EVA膜对果色、花色和维生素C的形成有利，但保温性能不如PVC膜。

硬质塑料膜PET、ETFE的可见光透过率高达90%～93%，紫外线透过率也是最好的，特别是ETFE膜300nm以下的紫外线透光率都高达70%以上。

（三）设施结构方位的影响

设施结构对设施透光率的影响较大，主要包括设施的屋面角、类型、方位、间距等对透光率的影响。

1. 屋面角度

屋面角度主要影响太阳直射光在屋面上的入射角（与屋面垂线的交角）大小，一般设施的透光量随着太阳光线入射角的增大而减少。当入射角为0°时，透射率达到90%；入射角在0°～40°（或45°）范围内，透射率变化不大；入射角大于40°（或45°）后，透射率明显减小，大于60°后，透射率急剧减小。

透光量最大时的屋面角度（α）应该是与太阳高度角成直角，计算公式为：

$$\alpha=\varphi-\delta$$

式中：φ为纬度（北纬为正）；δ为赤纬，随季节而变化。表4-3为主要季节的赤纬。

表4-3　季节与赤纬

季节	立春	春分	立夏	夏至	立秋	秋分	立冬	冬至
月/日	2/5	3/20	5/5	6/21	8/7	9/23	11/7	12/22
赤纬	−16°20′	0°	+16°20′	+23°27′	+16°20′	0°	−16°20′	−23°27′

按公式计算出的屋面角度一般偏大，无法建造，即使建造出来也不适用。由于太阳入射角在0°～45°时，直射光的透过率差异不大，所以从有利于生产和管理角度出发，一般实际角度为理论角度减去40°～45°。以北京地区为例，冬至时的适宜屋面角度应为：

$$\begin{aligned}\alpha&=\varphi-\delta-(40°\sim45°)=39°54'-(-23°27')-(40°\sim45°)=63°21'-(40°\sim45°)\\&=23°21'\sim18°21'\end{aligned}$$

2. 设施类型

设施的透明覆盖层次越多，透光量越低，双层薄膜大棚的透光量一般较单层大棚减少50%左右。单栋温室和大棚的骨架遮荫面积较连栋温室和大棚的小，透光率比连栋温室和大棚的高；竹木结构温室和大棚的骨架材料用量大并且材料的规格也比较大，遮荫面大，透光量少，钢架结构温室和大棚的骨架材料规格小，用量也少，遮荫面积小，透光量一般较竹木结构增加10%左右。不同设施类型的透光性能比较如表4-4所示。

表 4-4　不同设施类型的透光性能比较

大棚类型	透光量/klx	与对照的差值/klx	透光率/%	与对照的差值/%
单栋竹拱结构大棚	66.5	−39.9	62.5	−37.5
单栋钢拱结构大棚	76.7	−29.7	72.0	−28.0
单栋硬质塑料结构大棚	765.5	−29.9	71.9	−28.1
连栋钢材结构大棚	59.5	−46.5	56.3	−43.7
对照(露地)	106.4		100.0	

3．设施方位

设施的方位不同，其一天中的采光量也不相同。如冬至时节温室透光率随着方位偏离正南而降低。不同方位塑料大棚的采光量也不相同，如表 4-5 所示。

表 4-5　不同方位塑料大棚内的照度比较

方位	清明	谷雨	立夏	小满	芒种	夏至
东西延长	53.14	49.81	60.17	61.37	60.50	48.86
南北延长	49.94	46.64	52.48	59.34	59.34	43.76
比较值	＋3.20	＋3.17	＋7.69	＋2.03	＋1.17	＋5.1

目前我国蔬菜温室大多属于单屋面温室，这类温室仅向阳面受光，两山墙和北后墙为土墙或砖墙，是不透光部分。

4．温室或塑料棚的间距

为了保证相邻的单屋面温室内有充分的日照，不被南面的温室遮光，相邻温室间必须保持一定距离。相邻温室之间的距离大小，主要应考虑温室的脊高加上草帘卷起来的高度，相邻间距应不小于上述两者高度的 2～2.5 倍，应保证在太阳高度最低的冬至节前后，温室内也有充足的光照。南北延长温室，相邻间距要求为脊高的 1 倍左右。

(四)气候条件对设施内光照强度的影响

PPT-19

因受气候变化的影响，设施内的光照具有明显的季节性变化。总体来讲，低温期大多数时间内，设施内的光照不能满足作物生长的需要，特别是保温覆盖物比较多的温室、阳畦等，其内的光照时间与强度更为不足；春秋两季设施内的光照条件有所改善，基本上能够满足栽培需要；夏季设施内的光照虽然低于露地，但较强的光照却往往导致设施内的温度过高，产生高温危害。

四、设施内光照条件的调控措施

园艺设施内对光照条件的要求：一是光照充足；二是光照分布均匀。其人工调节主要包括三方面的措施：一是增加室内的自然光照；二是在冬季弱光期或者日照时数缺少的季节和地区进行人工补光；三是在夏季强光地区或进行软化栽培时遮光。

（一）增加自然光照的调控措施

1. 合理的设施结构和布局

（1）选择适宜的建筑场地及合理的建筑方位。确定的原则是根据设施生产的季节，当地的自然环境，如地理纬度、海拔高度、主要风向、周边环境（是否有高大建筑物、地面平整与否等）。

（2）设计合理的屋面坡度。单屋面温室要设计好后屋面仰角，前屋面与地面交角，后坡长度，既保证透光率高也兼顾保温效果。温室屋面角要保证尽量多进光，还要防风、防雨（雪），使排雨（雪）水顺畅。

（3）合理的透明屋面形状。生产实践证明，拱圆形屋面采光效果好。

（4）骨架材料。在保证温室结构强度的前提下尽量用细材，以减少骨架遮荫，梁柱等材料也应尽可能少，如果是钢材骨架，可取消立柱，对改善光环境很有利。

（5）选用透光率高且透光保持率高的透明覆盖材料。我国以塑料薄膜为主，应选用防雾滴且持效期长、耐候性强、耐老化性强等优质多功能薄膜、漫反射节能膜、防尘膜、光转换膜。大型连栋温室，有条件的可选用 PC 板材。

2. 改进栽培管理措施

（1）覆盖透光率比较高的新薄膜。一般新薄膜的透光率可达 90%，使用一年后的旧薄膜，视薄膜的种类不同，透光率一般下降为 50%～60%，覆盖效果比较差。

（2）保持透明屋面洁净。使塑料薄膜温室屋面的外表面少染尘，经常清扫以增加透光，内表面应通过放风等措施减少结露（水珠凝结），提高透光率。

（3）科学管理保温覆盖物。在保温前提下，尽可能早揭晚盖外保温和内保温覆盖物，增加光照时间。在阴雨雪天，也应揭开不透明的覆盖物，在确保防寒保温的前提下时间越长越好，以增加散射光的透光率。双层膜温室可将内层改为白天能拉开的活动膜，以利光照。

（4）保持膜面平展。棚膜变松、起皱时，反射光量增大，透光率降低，应及时拉平、拉紧。

（5）及时消除薄膜内面上的水膜。常用方法：一是拍打薄膜，使水珠下落；二是定期向膜面喷洒除滴剂或消雾剂，有条件的地方应尽量覆盖无滴膜。

（6）合理密植，合理安排种植行向。目的是减少作物间的遮荫，密度不可过大，否则作物在设施内会因高温、弱光发生徒长，作物行向以南北行向较好，没有死阴影。若是东西行向，则行距要加大，尤其是北方单屋面温室更应注意行向。高架作物则宜实行宽窄行种植，并适当稀植。

（7）加强植株管理。黄瓜、番茄等高秧作物应及时整枝打杈，及时吊蔓或插架，并用透明绳架吊拉植株茎蔓等。进入盛产期时还应及时将下部老叶摘除，以防止上下叶片相互遮荫。

此外，设施栽培应选用较耐弱光的品种，还可采用有色薄膜，人为地创造某种光质，以满足某种作物或某个发育时期对该光质的需要，获得高产、优质。但应注意，有色覆盖材料透光率偏低，只有在光照充足的前提下改变光质才能收到较好的效果。

3. 利用反射光

利用反射光方法：一是在地面上铺盖反光地膜；二是在设施的内墙面或风障南面等张挂反光薄膜，可使北部光照增加 50%左右；三是将温室的内墙面及立柱表面涂成白色。

（二）遮光的主要措施

设施遮光的目的有两个：一是减弱设施内的光照强度；二是降低设施内的温度。一般遮光20%～40%，便可降温2～4℃。生产上多在初夏中午前后，光照过强，温度过高，超过作物的光饱和点，对生育有影响时遮光；在高温季节育苗初期或者分苗后缓苗前进行遮光；栽培韭黄、蒜黄等需要全程遮光。遮光的方法主要有三种：

(1)覆盖遮阳物。可覆盖草苫、草帘、竹帘、遮阳网、普通纱网、不织布等。一般可遮光50%～55%，降温3.5～5.0℃左右，这种方法应用最广泛。

(2)玻璃面涂白。涂白材料多用石灰水。一般石灰水喷雾涂白面积30%～50%时，能减弱室内光照20%～30%，降温4～6℃。

(3)屋面流水法。在透明屋面上不断流水，既能遮光，还能吸热。这样可遮光25%，降温4℃左右。

(三)人工补光的主要措施

采用人工补光，可以弥补温室栽培的光照不足，促进作物生长。人工补光的效果除取决于光照强度外，还取决于补光光源的生理辐射特性。生理辐射是指在辐射光谱能被植物叶片吸收光能而进行光合作用的那部分辐射。不同的补光光源，其生理辐射特性不同。在光源的可见光光谱(380～760nm)中，植物吸收的光能约占生理辐射光能的60%～65%。其中，主要是波长为610～720nm的红、橙光辐射，植物吸收的光能占生理辐射光能的55%左右。红、橙光的光合作用最强，具有最大的光谱活性，用富含红、橙光的光源进行人工补光，在适宜的光照时数下，会使植物的发育显著加速，引起植物较早开花、结实。采用红、橙光的光源进行人工补光，可促使植物体内干物质的积累，促使鳞茎、块根、叶球以及其他植物器官的形成。其次是波长为400～510nm的蓝、紫光辐射，植物吸收的光能占生理辐射光能的8%左右。蓝、紫光具有特殊的生理作用，对于植物的化学成分有较强的影响，用富有蓝、紫光的光源进行人工补光，可延迟植物开花，使以获取营养器官为目的的植物充分生长。而植物对波长为510～610nm的黄、绿光辐射，吸收的光能很少。所以，通常把波长范围在610～720nm和400～510nm两波段的辐射能称为有效生理辐射能，而不同波段有效生理辐射能占可见光波段总辐射能的比例则称为有效生理辐射比率，并以有效生理辐射能来表征输入光源的电能转化为光合有效辐射能的程度。平时就通过这些指标来评价人工补光的效果。

1. 人工补光光源及其生理辐射特性

用于温室人工补光的光源，必须具备设施作物必需的光谱成分(光质)和一定的功率(光量)，且应经济耐用、使用方便。目前，用于温室人工补光的光源根据其使用及性能，大致可分为三类：

(1)普通光源。常用的有白炽灯和荧光灯。

白炽灯依靠高温钨丝发射连续光谱。其辐射光谱大部分是红外线，红外辐射的能量可达总能量的80%～90%，而红、橙光部分占总辐射的10%～20%，蓝、紫光部分所占比例很少，几乎不含紫外线。因此，白炽灯的生理辐射量很少，能被植物吸收进行光合作用的光能更少，仅占全部辐射光能的10%左右。而白炽灯所辐射的大量红外线转化为热能，会使温室内的温度和植物的体温升高。

荧光灯的灯管内壁覆盖了一层荧光物质，由紫外线激发荧光物质而发光。根据荧光物质的不同，有蓝光荧光灯、绿光荧光灯、红光荧光灯、白光荧光灯、日光荧光灯以及卤素粉荧光灯和稀土元素粉荧光灯等，可根据栽培植物所需的光质选择相应的荧光灯。荧光灯的光谱成分中无红外线，其光谱能量分布为：红、橙光占44%～45%，绿、黄光占39%，蓝、紫光占16%。生理辐射量所占比例较大，能被植物吸收的光能约占辐射光能的75%～80%，是较适于植物补充光照的人工补光光源，目前使用较为普遍。

(2)新型光源。目前用于人工补光的新型光源有钠灯、镝灯、氖灯、氦灯以及微波灯和发光二极管等。其中，高压钠灯和日色镝灯是发光效率和有效光合作用效率较高的光源，目前在温室人工补光中应用较多。

高压钠灯光谱能量分布为：红、橙光占39%～40%，绿、黄光占51%～52%，蓝、紫光占9%。因含有较多的红、橙光，补光效率较高，适宜于温室叶菜类作物的补光。

日色镝灯又称生物效应灯，是新型的金属卤化物放电灯。其光谱能量分布为：红、橙光占22%～23%，绿、黄光占38%～39%，蓝、紫光占38%～39%。日色镝灯中，虽蓝、紫光比红、橙光强，但光谱能量分布近似日光，具有光效高、显色性好、寿命长等特点，是较理想的人工补光光源。

氖灯和氦灯均属于气体放电灯。氖灯的辐射主要是红、橙光，其光谱能量分布主要集中在600～700nm的波长范围内，是具有光生物学的光谱活性。氦灯主要辐射红、橙光和紫光，各占总辐射的50%左右，叶片内色素可吸收的辐射能占总辐射能的90%，其中80%为叶绿素所吸收，这对于植物生理过程的正常进行极为有利。除了这些常用的灯光外，还有一些新型的有广阔应用前景的灯：一是微波灯，它是用波长10mm～1m的微波(微波炉所用)照射封入真空管的物质，促使其发光，可以获得很高的照度。用现有的生物灯，即使多盏灯并用，在其下2m位置平面的光合有效光量子密度(PPFD)最大也不过500μmol·m^{-2}·S^{-1}，而微波等即使开启一盏灯，2m下方平面可以有1200μmol·m^{-2}·S^{-1}的PPFD。微波灯的特征除了强度大外，其光谱能量分布与太阳辐射相近，但光合有效辐射比例高达85%，比太阳辐射还高，而且辐射强度可以连续控制，寿命也长，是今后最具推广价值的新光源。近年来受到关注的另一光源。发光二极管(LED)。LED的特征是光谱单纯，且可以获得单峰光谱。红光光谱与光合有效光谱接近，从光合的角度看是效率最好的光源，但仅有红光的栽培会引起形态异常。为此，需要和蓝光LED或荧光灯并用。LED本身发热少，光谱中不含光合成不需要的红外光，近距离照射植物也不会改变植物温度。单个LED发射的光强弱，将数个LED灯安装在板上，近距离照射效果好。虽然已经开发了从蓝光到红外光的各种光谱的LED，但红光LED以外的LED的价格仍然很高，但其抗机械冲击力强，寿命长。

(3)专用光源。这类光源是专为植物光照而开发的。其生理辐射能的分布和配比较合理，红、橙光的有效生理辐射能占58%，蓝、紫光的有效生理辐射能占32%，有效生理辐射能比率高达90%。由于其光谱能量分布曲线和植物叶绿素光合作用的光谱特性曲线很相似，所以该灯的光能利用率和光合效应均较高。

2. 人工光源的选择

选择人工光源时，首先必须满足光谱能量分布和光照强度的要求。光谱能量分布应符合植物的需用光谱；而光照强度方面，当要求的光照强度很大时，希望其体积小、功率大，以减少灯遮挡自然光面积。此外，还应选择有较高的发光效率、较长的使用寿命、价格比较合理的人工光源。单用人工照明进行栽培时，必须考虑光谱分布的影响。金属钠灯的光谱分布在橙黄色波长处出现峰值，红光和蓝光少。

3. 不同种类和品种的作物对光照的要求

番茄、甜椒、茄子等喜光作物的光饱和点在40000～50000lx，而菠菜、生菜等耐弱光作物光饱和点在20000lx以下，所以进行人工补光时，应从经济效益角度考虑，确定最适宜的补光参数。表4-6是英国采用的蔬菜人工补光参数，从中可以看出补光最低光强度为3000lx，最高为7000lx。

4. 补光的方法

补光时应考虑光源的配置布局与数量问题，一般用100W白炽灯泡的光度分配时除了灯泡上方近60°角内近于无光外，在其他各个方向光度的分配是比较均匀的，如可配置反光灯罩，使光线集中于下方120°范围内，以获得分布较为均匀的照度。

表4-6　蔬菜温室人工补光参数

蔬菜种类	幼苗		植株	
	光强/lx	光照时间/h	光强/lx	光照时间/h
番茄	3000～6000	16	3000～7000	16
生菜	3000～6000	12～24	3000～7000	12～24
黄瓜	3000～6000	12～24	3000～7000	12～24
芹菜	3000～6000	12～24	3000～6000	12～24
茄子	3000～6000	12～24	3000～6000	12～24
甜椒	3000～6000	12～24	3000～7000	12～24
花椰菜	3000～6000	12～24	3000～6000	16

一般光源距植物1～2m。每一温室按300m^{2}面积计算，如达到3000lx以上光照强度需低压钠灯50个左右。按双行网格布局，灯间距2m，每排25个灯，双排布置可达到补光的目的。

PPT-20

任务二　园艺设施的温度环境及其调控措施

温度是作物设施栽培的首要环境条件，因为任何作物的生长发育和维持生命活动都要求一定的温度范围，即所谓最适、最高、最低界限的“温度三基点”。当温度超过生长发育的最高、最低界限，则生育停止，如果再超过维持生命的最高、最低界限，就会死亡。

一、园艺植物对温度环境的要求

（一）温度的三基点

不同园艺植物都有各自要求的温度三基点，即最低温度、最适温度及最高温度。植物对三基点的要求一般与原产地关系密切。原产于温带的植物，生长点温度较低，一般在10℃左右开始生长；起源于亚热带的在15～16℃左右开始生长；起源于热带的要求的温度更高。按照作物对温度需求的不同，园艺作物可分为以下三类。

(1)耐寒性园艺作物。其抗寒能力强,生育适温 15～20℃。这类作物的二年生的种类一般不耐高温,炎热到来时生长不良或提前完成生殖生长阶段而枯死。多年生种类或地上部枯死,宿根越冬,或以植物体越冬。这类作物在华北地区利用简易的保护设施可越冬栽培,甚至露地越冬。如三色堇、金鱼草、蜀葵、韭菜、菠菜、大葱、葡萄、桃、李等。

(2)半耐寒性园艺作物。这类植物介于耐寒性作物和不耐寒性作物之间,可以抗霜,但不耐长期 0℃以下的低温。一般在黄淮以南可露地越冬或露地生长,在黄淮以北则需进行设施栽培。如紫罗兰、金盏菊、萝卜、芹菜、白菜类、甘蓝类、莴苣、豌豆和蚕豆等。这类作物同化作用的最适温度为 18～25℃,超过 25℃则生长不良。

(3)不耐寒园艺作物。在生长期间要求较高的温度,不能忍受 0℃以下的低温,一般在无霜期内生长,多为一年生植物或多年生温室植物。如报春花、瓜叶菊、茶花、黄瓜、番茄、茄子、菜豆等。它们的生长适温为 20～30℃,当温度超过 40℃或低于 15℃时不能正常生长。这类植物在长江流域以春播或秋季生产为主,避开炎热的夏季和寒冷的冬季。冬季生产只能在加温设施中进行。

(二)园艺植物花芽分化对温度的要求

许多越冬植物和多年生木本植物,冬季满足必需的低温才能完成花芽分化和开花。这在果树设施栽培中很重要。在以提前栽培为目的时,如何打破休眠,是果树设施栽培的首要问题。这就需要掌握作物解除休眠的低温需求量。

1. 高温及低温障碍

(1)高温障碍。高温对作物造成的伤害称热害。高温会引起植物蒸腾作用加强,水分平衡失调,发生萎蔫或永久萎蔫,同时植物光合作用下降而呼吸作用增强,同化物积累减少。高温常导致冬瓜、南瓜、西瓜、番茄、甜椒等果实发生"日伤"现象,也会使苹果、番茄等果实着色不良,果肉松软,提前成熟,贮藏性能降低。土壤高温会影响作物根系的生长,进而影响整株的正常生长发育。一般土壤高温造成根系木栓化速度加快,根系有效吸收面积大幅度降低,根系正常代谢活动减缓,甚至停止。此外,高温妨碍了花粉的发芽与花粉管的伸长,导致落花落果。

(2)低温障碍。低温对作物造成的伤害称寒害。按照低温的程度和作物的受害状况,寒害又可分为冷害与冻害。冷害是指作物在 0℃以上的低温下受到的伤害。起源于热带的喜温作物,如黄瓜、番茄、香石竹、天竺葵类等在 10℃以下温度时,就会受到冷害。近年来,各地相继发展的日光温室在北方冬春连续阴雨或阴雪天气夜间最低温常在 6～8℃,导致黄瓜、番茄等喜温园艺作物大幅度减产,甚至绝收,成为设施栽培中亟待解决的问题。而冻害则是温度下降到 0℃以下,作物体内水分结冰产生的伤害。一般处于休眠期的作物抗寒性增强,如落叶果树在休眠期地上部可忍耐－30～－25℃的低温;石刁柏、金针菜等宿根越冬作物,地下根可忍受－10℃低温。但若正常生长季节遇到 0～5℃低温,就会发生低温伤害。

PPT-21

二、设施内温度的形成与热平衡原理

(一)设施内温度的形成

设施内的热量主要来自太阳辐射能和加温。

(1)太阳辐射。白天,当太阳光线照射到透明覆盖物表面后,一部分光线透过覆盖物进入设施内,照射到地面及植株上,地面和植株获得太阳辐射热量,地温和植株体温升高,同时地面和植株也放出长波辐射,使气温升高。由于设施的封闭或半封闭,设施内外的冷热空气交流微弱,以及由于透明覆盖物对长波辐射透过率较低的原因,使大部分长波辐射保留在设施内,从而使设施内的气温升高。设施的这种利用自身的封闭空气交流和透明覆盖物阻止设施内的长波辐射而使内部的气温高于外界的现象,称为设施的“温室效应”。据研究,在“温室效应”形成的两个因素中,前一个因素作用占72%,后一个因素作用占28%。太阳辐射能增温的效果,受到天气、设施类型、透明覆盖物种类和设施方位等因素的影响。

(2)加温。加温的幅度除了受加温设备的加温能力影响外,设施的空间大小对其影响也很大。据试验,温室的高度每增加1m,温度升高1℃所需的能量相应增加20%~40%。

(二)设施内热平衡原理

设施从外界得到的热量与自身向外界散失的热量的收支状态称为设施的热量平衡。在不加温条件下,温室表面主要从太阳的直接辐射和散射辐射中获得能量,也从周围物体的长波辐射中获得少量的热量;另外,温室的覆盖物表面向外界以长波辐射,并通过与周围空气对流实现散热。在温室内部、地面或作物上所获得的能量,首先是透过覆盖材料(薄膜或玻璃)进入室内的太阳辐射和长波辐射以及覆盖材料本身的长波辐射。地面或作物本身也向周围物体发射长波辐射散热,并通过空气对流交换散热,以及通过土壤水分蒸发和作物蒸腾作用散失潜热;另外,由于土壤的热容量较大,还要考虑土壤通过地面获得热量或反方向传给空气。温室中的湿度较高,在覆盖物内表面的水分凝结潜热交换,以及温室通风时内外空气的热交换都必须参加热量收支计算。

1. 设施内的热量收支

设施环境是一个半封闭系统,它不断地与外界进行能量与物质交换,根据能量守恒原理,蓄积于温室内的热量ΔQ=进入温室内的热量(Q_{in})－散失的热量(Q_{out})。当$Q_{in}>Q_{out}$时,温室蓄热升温;当Q in$<Q_{out}$时,室内失热而降温;当$Q_{in}=Q_{out}$热收支达到平衡,此时温度不发生变化。不过,平衡是相对、暂时和有条件的。不平衡是经常的、绝对的。根据热平衡原理,人们采取增温、保温、加温和降温措施来调控设施内的温度。

2. 设施内的热量平衡方程

热量平衡是设施小气候形成的物理基础,也是设施建造设计和栽培管理的依据。实际上,设施内的热交换是极为复杂的。其原因是:首先,因为热量的表现形式和传递方式本身就是多种多样的,比如有光和热转换,有潜热交换,也有显热交换;有辐射传热、传导传热,还有对流传热。其次,设施是一个半封闭的系统,其内部的土壤、墙体骨架、水分、植物、薄膜等各种物体之间,无时无刻不在进行着复杂的热交换。再次,设施的热状况因地理位置、海拔高度、不同季节与时刻和天气状况的不同而有很大的差异。最后,设施的热量收支还受结构、管理技术等的影响,从而使热平衡变得更为复杂。

设施环境作为一个整体系统，各种传热方式往往是同时发生的，有时彼此是连贯的，是某种放热过程的不同阶段。如图4-4所示为温室的热收支模式，图中箭头的方向表示热流的正方向。

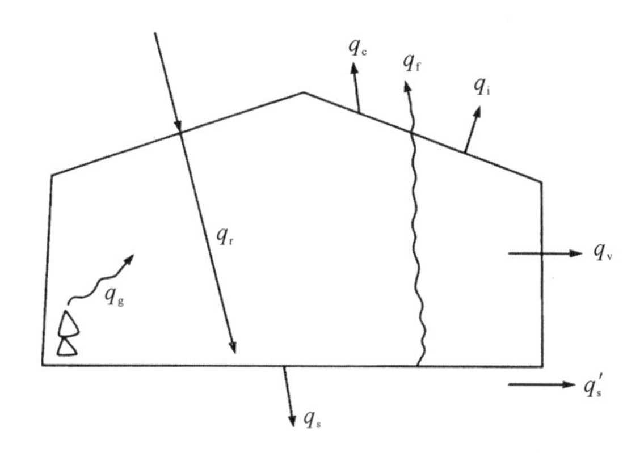

q_r：太阳总辐射能量；q_r：有效辐射能量；q_g：人工加热量；q_c：对流传导失热量（显热部分）
q_s：潜热失热量　q_s：地中传热量；q_s'：土壤横向失热；q_v：通风换气失热量（包括显热和潜热两部分）

图4-4　设施热量收支模式图

设施内的热量的来源，一是太阳总辐射（包括直射光与散射光，以 q_r 表示），另一部分是人工加热量（用 q_g 表示），即 $Q_{in}=q_r+q_g$；而热量的支出则包括：①地面、覆盖物、作物表面有效辐射失热（q_f）；②以对流方式，温室内土壤表面与空气之间、空气与覆盖物之间热量交换，并通过覆盖物表面失热（q_c）；③温室内土壤覆盖表面蒸发、作物蒸腾、覆盖物表面蒸发，以潜热形式失热（q_i）；④通过排气将显热和潜热排出（q_v）；⑤土壤传导失热（q_s）。因此，在忽略室内灯具的加热量，作物生理活动的加热或耗热，覆盖物、空气和构架材料的热容等的条件下，温室的热量平衡方程式可概括如下：

$$q_r+q_g=q_f+q_i+q_c+q_v+q_s$$

（三）设施内热量支出的各种途径

1. 贯流放热

把透过覆盖材料或围护结构的热量叫作设施表面的贯流传热量（Q_t）。设施贯流放热量的大小与设施内外气温差、覆盖物及围护结构面积、覆盖物及围护结构材料的热贯流系数成正比。贯流系数是指每平方米的覆盖物或围护结构表面积，在设施内外温差为1℃的情况下每小时放出的热量，它是一项和建筑材料的热导率及材料厚度等有关的数值。

贯流传热是几种传热方式同时发生的（见图4-5），它的传热过程主要分为三个过程：首先设施的内表面A吸收了从其他方面来的辐射热和空气中来的对流热；其次在覆盖物内表面A与外表面B之间形成温差，通过传导方式，将上述内表面A的热量传至B；最后在设施外表面B，又以对流辐射方式将热量传至外界空气之中。

贯流传热量的表达式如下：

$$Q_t=A_{wht}(tr-to)$$

式中：Q_t 为贯流传热量，单位为 $kJ\cdot h^{-1}$；A_w 为温室表面积，m^2。h_t 为热贯流率，单位为 $kJ\cdot m^{-2}\cdot h^{-1}\cdot ℃^{-1}$；$t_r$ 为温室内气温；t_o 为温室外气温。

热贯流率的大小，除了与物质的热导率λ(即导热系数)、对流传热率和辐射传热率有关外，还受室外风速大小的影响。风能吹散覆盖物外表面的空气层，刮走热空气，使室内的热量不断向外贯流。风速为 $1 ms^{-1}$ 时，热贯流率为 $33.47 kJ \cdot m^{-2} \cdot h^{-1} \cdot ℃^{-1}$，风速为 $7 m \cdot s^{-1}$ 时，热贯流率大约为 $100.41 kJ \cdot m^{-2} \cdot h^{-1} \cdot ℃^{-1}$，增加了3倍。一般贯流放热无风情况下是辐射放热的1/10，风速增加到 $7 m \cdot s^{-1}$ 时就为1/3，所以保护设施外围的防风设备对保温很重要。贯流放热在设施的全部放热量中占绝大部分。

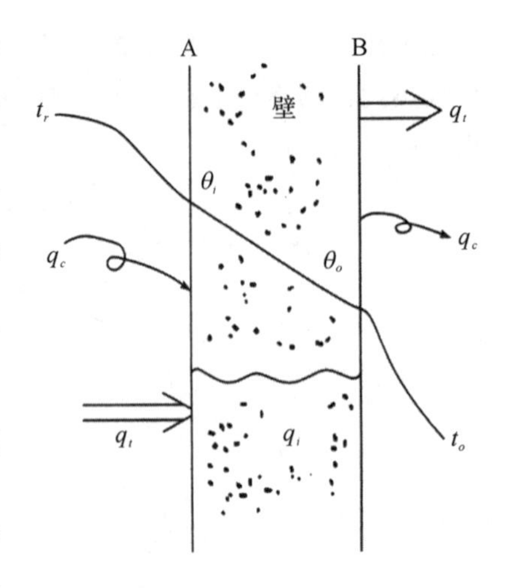

图4-5 贯流传热模式

减少贯流放热的有效途径是降低覆盖物及围护结构的导热系数，如采用导热系数低的建筑材料，采取异质复合型建筑结构做墙体和后屋面，前屋面用草苫、纸被、保温被，室内张挂保温幕等，都可以取得良好的保温效果。表4-7列出了若干物质的热贯流率。

表4-7 各种物质的热贯流率 (单位：$kJ \cdot m^{-2} \cdot h^{-1} \cdot ℃^{-1}$)

种类	规格/mm	热贯流率	种类	规格/cm	热贯流率
玻璃	2.5	20.92	木条	厚8	3.77
玻璃	3～3.5	20.08	砖墙(面抹灰)	厚38	5.77
聚氯乙烯	单层	23.01	钢管	—	47.84～53.97
聚氯乙烯	双层	12.55	土墙	厚50	4.18
聚乙烯	单层	24.29	草苫	厚40～50	12.55
合成树脂板	FRP、FRA	20.92	钢筋混凝土	厚5	18.41
合成树脂板	双层	14.64	钢筋混凝土	厚10	15.90

2. 换气放热

设施内的热量通过覆盖物及围护结构的缝隙，如门窗、墙体裂缝、放风口等，以对流的方式将热量传至室外，这种放热称为换气放热或缝隙放热。温室内通风换气失热量，包括显热失热和潜热失热两部分。显热失热量的表达式如下：

$$Q_v = RV \cdot F(t_r - t_o)$$

式中：Q_v 为整个设施单位时间的换气失热量；R 为每小时换气次数；F 为空气比热，为 $1.3 kJ \cdot m^{-3} \cdot h^{-1} \cdot ℃^{-1}$；$V$ 为设施的体积，单位为 m^3。

由于换气方式或缝隙大小不同，引起的换气放热差异很大，在设施密闭情况下，换气放热只有贯流放热量的10%左右。在温室建造和生产管理中，应尽量减少缝隙放热，建造中注意温室门的朝向，避免将门设置在与季风方向垂直的方向，如华北地区冬春季多刮西北风，一般将温室的门设置在东部，设置西部时需要加盖缓冲间。覆盖薄膜时应密封塑料薄膜与墙体、后屋面、前屋面地角的连接处，并保持薄膜的完好无损，风口设置处两块薄膜搭接不宜过窄，以便把缝隙放热减少到最小限度。

换气失热量与换气次数有关。因此，缝隙大小不同，其传热量差异很大，表4-8列出了温室、塑料棚密闭不通风时，仅因结构不严，引起的每小时换气次数。

表4-8　每小时换气次数(温室密闭时)

保护地类型	覆盖形式	R/次·h^{-1}
玻璃温室	单层	1.5
玻璃温室	双层	1.0
塑料大棚	单层	2.0
塑料大棚	双层	1.1

此外，换气传热量还与室外风速有关，风速增大时换气失热量增大。因此，应尽量减少缝隙，注意防风。由于通风时必有一部分水汽自室内流向室外，所以通风换气时除有显热失热以外，还有潜热失热。通常在实际计算时，往往将潜热失热忽略。普通设施不通风时仅因结构不严，而由间隙逸出的热量，仅为辐射放热的1/5～1/10。

3. 土壤传导失热

白天透入设施内的太阳辐射能，除了一部分用于长波辐射和传导，使室内的空气升温外，大部分热量是纵向传入地下，成为土壤贮热。这部分补充到土壤中的热量，加上原来贮存在土壤中的热量通过纵向和横向向四周传导。冬季夜间温室土壤是一个“热岛”，它向四周、土壤下部、温室空间等温度低的地方传热，这种热量在土壤中的横向和纵向传导的方式称为土壤传热。土壤失热包括土壤上下层之间的传热和土壤横向传热。但无论是垂直方向还是水平方向上传热，都比较复杂(见图4-6)。在露地，由于面积很大，土壤湿度的水平差异小，不存在横向传热。温室则不然，由于室内外土壤温差大，横向传热便不可忽视，土壤横向传热约占温室总失热的5%～10%。

减少土壤传热消耗是设施保温的重要方面，设置防寒沟是减少土壤中热量横向传导损失的有效方法；适时提早覆盖温室薄膜。加温温室的覆盖保温是增加土壤贮热、减少土壤热量纵向传导损失的积极措施。

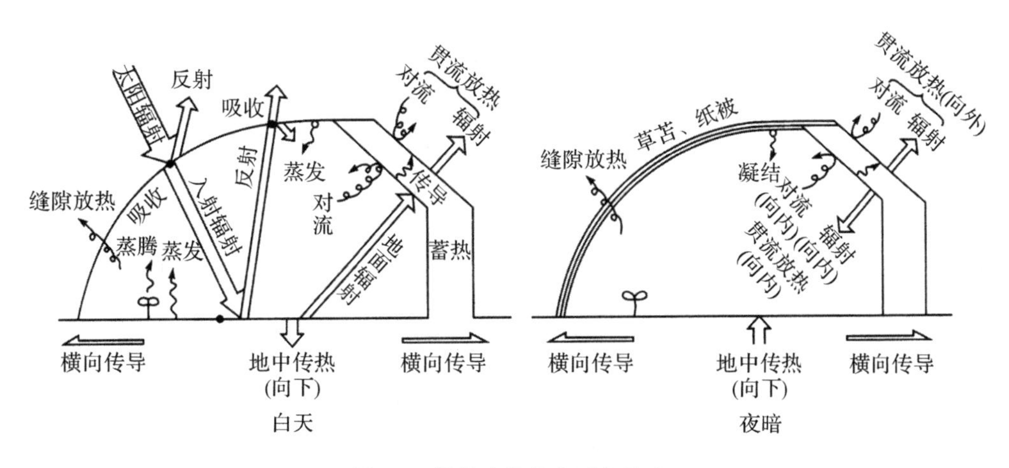

图4-6　设施内热收支平衡示意

4. 辐射放热

PPT-22

辐射放热主要是在夜间，指以有效辐射的方式向外放热。在夜间几种放热方式中，辐射放热占的比例很大。辐射放热受设施内外的温差大小、设施表面积以及地面面积大小等的影响比较大。

三、设施内温度的一般变化规律

设施内的温度包括气温和地温，它们随外界温度的变化而变化，有日变化、季节变化，有昼夜温差、局部温差等特征。

(一)气温的变化规律

(1)日变化规律。室内气温变化一般与太阳辐射的变化是同步的。晴天上午随着太阳辐射的变化逐渐增强，室内气温每小时升高 5～7℃；白天最高气温出现在 13:00～14:00，午后随着太阳辐射的减弱，室内气温每小时下降 4～5℃；日落后约降温 0.7℃左右，最低温度出现在日出前或者保温覆盖物揭起前。

设施内的温度日较差因设施大小、保温措施、气候等不同而异。一般大型设施的温度变化较缓慢，日较差小；小型设施的空间小，热缓冲能力小，温度变化剧烈。据调查，在密闭条件下，日中，设施内的最高温度一般出现在 13：00～14：00，最低温度出现在日出前或保温覆盖物揭起前。

设施内的日较差大小因设施的大小、保温措施、气候等的不同而异。一般大型设施的气温，日较差较小；小型设施的空间小，热缓冲能力比较弱，温度变化剧烈，日较差也比较大。据调查，在密闭情况下，小拱棚春天的最高气温可达 50℃，大棚只有 40℃左右；在外界温度 10℃时，大棚的日较差约为 30℃，小拱棚却高达 40℃。

小型设施由于温度变化剧烈，夜间温度下降较快，有时夜间设施内的气温甚至低于露地气温，易出现棚温逆转现象。该现象多发生于阴天后，有微风、晴朗的夜间。这是因为在晴朗的夜间，地面和棚的有效辐射较大，而棚内土壤由于白天积蓄的热量小，气温下降后，得不到足够的热量补充，温度下降迅速；露地由于有空气流动，可从其他地方带来热量补充，温度下降相对缓慢，从而出现棚内温度低于棚外的温度逆转现象。用保温性能差的聚乙烯薄膜覆盖时更容易发生此现象。夜间对设施加盖保温覆盖后，设施的日较差变小。晴天的日较差较阴天的大。

(2)季节变化规律。设施内温度受外界温度的季节性变化影响很大。冬季由于光照不足、外界温度低等原因，温室内平均温度 15℃左右，不能满足喜温性蔬菜生长的需要，生产上以增温和保温为主。春节光照增强，日照时间也增加，外界气温升高，温室升温很快，4 月份最低温度可达 15℃，一般在夜间通风降温。但春季应防止倒春寒冻伤秧苗，注意天气变化，加强温度管理。夏季温度较高，不利于蔬菜生长，多进行休闲或者种植耐热的苦瓜等蔬菜。秋季温度变化与春季相反，前期高温，后期低温。

(二)地温的变化规律

(1)日变化规律。一日内，设施的地温随着气温的变化而发生变化。一般而言，一日中最高地温一般比最高气温晚出现 2 小时左右，最低地温值较最低气温也晚出现 2 小时左右。一日中，地温的变化幅度比较小，特别是夜间的地温下降幅度比较小。

(2)季节性变化规律。冬季设施内的温度偏低,地温也较低。以改良型日光温室为例,一般冬季晴天温室内10cm地温为10～23℃,连阴天时的最低温度也不低于8℃。春季以后,气温升高,地温也随着升高。

(三)温度分布

设施内由于受空间大小、接受的太阳辐射量和其他热辐射量大小以及受外界低温影响程度等的不同,温度分布也不相同。垂直方向上,白天一般由下向上,气温逐渐升高,夜间温度分布正好相反。水平方向上,白天一般南部接受光照较多,地面温度最高;夜间不加温设施内一般中部温度高于四周,加温设施内的温度分布是热源附近高于四周。一日内,温室南部的温度日变化幅度较大,温差也较大,这对培育壮苗、防止徒长十分有利,但是在高温、强光照时期,如果通风不良、降温不及时,中午前后也容易因温度偏高而对作物造成高温危害;冬季如果保温措施跟不上,也容易因温度偏低使作物遭受冻害。因此,在温室的温度管理上,要特别注意对南部温度的管理。温室北部的空间最大,容热量也大,再加上北部屋面的坡度小,白天透光量少,因此白天升温缓慢,温度最低。但夜间由于有后墙的保温,再加上容热量大等原因,温度下降较慢,降温幅度较小,温度较高。一日内,北部的温度日变化幅度较小,昼夜温差也较小,一般不会发生温度障碍,但作物生长不壮,易形成弱苗和早衰。温室中部的空间大小及白天的透光量介于南部和北部之间,所以白天的升温幅度也介于两者之间,但由于远离外部,夜间的降温较慢,因此夜温最高。

PPT-23

四、设施内温度条件的调控措施

与露地相比,设施内光、温、水、气等环境因子中控制手段最完善的是对温度环境的控制。设施内温度调节的主要目的是根据不同作物及同一作物各个生育阶段对温度的要求不同,及时对影响温度变化的各方面进行调节,确保温度适宜且均匀分布,避免发生高温或低温危害。设施温度调控措施包括各种保温、增温和降温措施。

(一)保温调控措施

保温调控措施主要根据设施内热量支出途径采取,目的是减少向设施内表面的对流传热和辐射传热;减少覆盖材料自身的热传导散热;减少设施外表面向大气的对流传热和辐射传热;减少覆盖材料表面的漏风而引起的换气传热。具体措施如下:

1. 增强设施自身的保温能力

设施的保温结构要合理,场地安排、方位与布局等也要符合保温要求。如适当降低园艺设施的高度,缩小夜间保护设施的散热面积,有利于提高设施内昼夜的气温和地温。

2. 用保温性能优良的材料覆盖保温

如覆盖保温性能好的塑料薄膜;覆盖编制密、干燥、疏松、厚度适中的草苫;覆盖保温毯等。

3. 减少缝隙散热

设施密封要严实,薄膜破孔以及墙体的裂缝等要及时粘补和堵塞严实。通风口和门关闭要严,门的内、外两侧应张挂保温帘。

4. 多层覆盖

(1)多层覆盖材料。主要有塑料薄膜、草苫、无纺布等。

①塑料薄膜。覆盖形式主要有地面覆盖、小拱棚、保温幕以及覆盖在棚膜或草苫上的浮膜等。一般覆盖一层薄膜可提高温度2～3℃。我国长江流域一带塑料大棚近年推广的“三棚五膜”多重覆盖保温方式,是利用大棚+中棚+小棚,再加地膜和小拱棚外面覆盖一层幕帘或者厚无纺布,使该地区喜温蔬菜原来只有春提前和秋延后栽培,发展到能进行冬春茬栽培,明显提高了大棚利用率,增加了经济效益。

(2)草苫。覆盖一层草苫通常能提高温度5～6℃。生产上多覆盖单层草苫,较少覆盖双层草苫,必须增加草苫时,也多采取加厚草苫法来代替双层草苫。不覆盖双层草苫的主要原因是便于草苫管理。草苫数量越多,管理越不方便,特别是不利于自动卷放草苫。

(3)无纺布。其主要用作保温幕或直接覆盖在棚膜上、草苫下。

5. 在设施的四周设立风障

一般多于设施的北部和西北部设风障,多风地区设风障的保温效果较为明显。

6. 保持较高地温

(1)覆盖地膜。最好覆盖透光率较高的无滴地膜。

(2)合理浇水。低温期应于晴天上午浇水,不在阴雨天及下午浇水。一般当10cm地温低于10℃时不得浇水,低于15℃时要慎重浇水,只有20℃以上时浇水才安全。另外,低温期要尽量浇预热的温水或温度较高的地下水,不浇冷凉水;要浇小水、浇暗水,不浇大水和明水。

(3)挖防寒沟。在设施的四周挖宽30cm左右,深与当地冻土层相当的沟,内填干草或稻壳,上用塑料薄膜封盖,减少设施内的土壤热量散失,可使设施内四周5cm地温增加4℃左右。单屋面温室多在南侧挖防寒沟。

(二)增温调控措施

太阳光是设施热量的主要来源,能增加白天的透光量,提高设施墙体及土壤的蓄热量,是设施增温的主要途径。临时加温是减少恶劣天气对作物伤害的有效措施,是小型设施增温的辅助措施。加温是现代大型园艺设施的基本手段,但投入的设备费和运营费较大。

1. 增加白天的透光量

采用光照调节增加室内的自然光照的措施,不仅使设施内光照条件得到改善,还能提高室内的温度,如用无滴薄膜覆盖的温室,其最高温度可比覆盖有滴膜的温室高4～5℃,地面最低温度可提高2℃左右。

2. 提高地温

白天土壤吸热量加大,即地温提高后,夜间地面散放到温室中的热量增多,利于温室增温。

(1)高温烤地。晴天上午日出后,封闭温室使气温迅速提高,超过28℃时放风降温,中午前后保持在32℃左右,下午温度降到28℃时关闭风口。定植前多用此法,可间接提高地温。

(2)高垄或高畦覆膜栽培。一般高垄或高畦高15cm,表面积大,白天受光多升温较快,配合地膜栽培能明显地提高地温。另外,由于地膜透气性差,保湿性好,可减少浇水次数,从而提高地温。冬季地膜不能盖严地面，一般裸地面不少于1/4，否则会阻挡土壤夜间散热，影响室内增温。

（3）科学浇水。冬季做到晴天浇水，阴天不浇水；午前浇水，午后不浇水；浇小水和温水，不浇大水和冷水；采用膜下浇水。浇后要闭棚烤地，温度上升后再放风排湿，久阴骤晴不浇水，而采用叶面喷洒的方法补充水分。

（4）增施有机肥。尤其是马粪等热性肥料，利于地温的提高。

3．增大保温比

保温比是指土地面积与覆盖及围护材料表面积之比，即保护设施越大，保温比越小，保温越差；反之，保温比越大，保温越好。因此，适当降低设施的高度，缩小夜间保护设施的散热面积，有利于提高设施内夜间的气温和地温。但日光温室由于后墙和后坡较厚，因此，在一定范围内适当增加日光温室的高度对保温比的影响较小，反而有利于调整屋面角度，改善透光，增加室内太阳辐射，起到保温的作用。

4．采用复合墙体、屋顶

内侧用蓄热能力强的材料，外侧用隔热好的材料，增加白天蓄热量，夜间放热增温，同时又可减少热量散失。

5．人工加温

（1）火炉加温。用炉筒或烟道散热，将烟排出设施外。其主要燃烧无烟煤，通过炉筒或烟道的热辐射作用提高室内气温。该法结构简单、成本较低，多用于简易温室及小型加温温室，但其预热时间较长，难以控制，费工费力。加温条件下，平均室温20～30℃，最低15～20℃，平均地温15～20℃。

（2）水暖锅炉采暖加温。水暖锅炉采暖的基本原理是采用煤火加温烧开热水，热水由锅炉流出，通过铁管道散热，水温逐渐下降，最后以低温热水自动进入锅炉，又经过继续加温将温水烧开，往复循环。此法加温均匀性好，但费用较高，主要用于玻璃温室以及其他大型温室和连栋塑料大棚中。一般情况下可增温10℃左右。

（3）热风炉加温。用带孔的送风管道将热风送入设施内，加温快，也比较均匀，主要用于连栋温室或连栋塑料大棚中。从设备费用看，热风采暖比水暖配管采暖更为经济划算。暖风炉设置在温室大棚内时，要注意室内新鲜空气的补充，供给热风炉燃烧用的空气量，送出10000J热量每小时约需4.78m^3的空气。对于需要较高采暖温度的作物，用热风采暖时产量和品质不如用热水采暖好。

（4）明火加温。在设施内直接点燃干木材、树枝等易于燃烧且生烟少的燃料，进行加温。加温成本低，升温也比较快，但容易发生烟害。该法对燃烧材料以及燃烧时间的要求比较严格，主要作为临时应急加温措施，用于日光温室以及普通大棚中。

（5）火盆加温。用火盆盛烧透了的木炭、煤炭等，将火盆均匀排入设施内或来回移动火盆进行加温。这种方法简单，容易操作，并且生烟少，不易发生烟害，但加温能力有限，主要用于育苗床以及小型温室或大棚的临时性加温。

（6）电加温。其主要使用电炉、电暖器以及电热线等，对设施进行加温，具有加温快，无污染且温度易于控制等优点，但存在加温成本高、受电源限制较大以及易漏电等问题，主要用于小型设施的临时性加温和育苗床的加温。

(三)降温调控措施

保护设施内的降温最简单的途径是通风,但在温度过高,依靠自然通风不能满足园艺作物生长要求时,必须进行人工降温。

1. 遮光降温

遮光20%～30%时,室温相应可降低4～6℃。在与温室大棚屋顶部相距40cm左右处张挂遮光幕,对温室降温很有效。考虑塑料制品的耐候性,一般塑料遮阳网都做成黑色或墨绿色,也有的做成银灰色。室内用的白色无纺布保温幕透光率70%左右,也可兼做遮光幕用,可降低棚温2～3℃。在室内挂遮光幕,降温效果比挂在室外差。

2. 屋面流水降温法

流水层可吸收投射到屋面的太阳辐射8%左右,并能用水吸热冷却屋面,室温可降低3～4℃。采用此方法时需考虑安装费和清除玻璃表面的水垢污染问题。水质硬的地区需对水质作软化处理再用。

3. 蒸发冷却法

蒸发冷却法是使空气先经过水的蒸发冷却降温后再送入室内,达到降温目的。

(1)湿垫排风法。在温室进风口内设10cm厚的纸垫窗或棕毛垫窗,不断用水将其淋湿,温室另一端用排风扇抽风,使进入室内空气先通过湿垫窗被冷却再进入室内。但冷风通过室内距离过长时,室温分布常常不均匀,而且外界湿度大时降温效果差。

(2)细雾降温法。在室内高处喷直径小于0.05mm的浮游性细雾,用强制通风气流使细雾蒸发达到全室降温,喷雾适当时可均匀降温。

PPT-24

(3)屋顶喷雾法。在整个屋顶外面不断喷雾湿润,使屋面下冷却了的空气向下对流。降温效果不如上述通风换气与蒸发冷却相配合的好。

4. 强制通风降温

大型连栋温室因其容积大,需利用强制通风系统进行通风降温。

任务三　园艺设施的湿度环境及其调控措施

设施内由于覆盖物的阻隔,外界降水对设施内的环境影响较小。水分来源主要包括:一是灌水,人工灌溉维持作物整个生长期的需要,多雨季节设施内受降雨影响小,生产上能保持土壤水分稳定。二是地下水补给,设施外的降水由于地中渗透,有一部分横向传入设施,同时地下水上升补给。三是凝结水,作物蒸腾及土壤蒸发散失的水汽在薄膜内表面凝结成水滴,在落入土壤如此循环往复。此外,在循环过程中,由于通风换气,使设施内潮湿空气流向外部,必然损失一部分水分。设施内水分收支情况如图4-7所示。

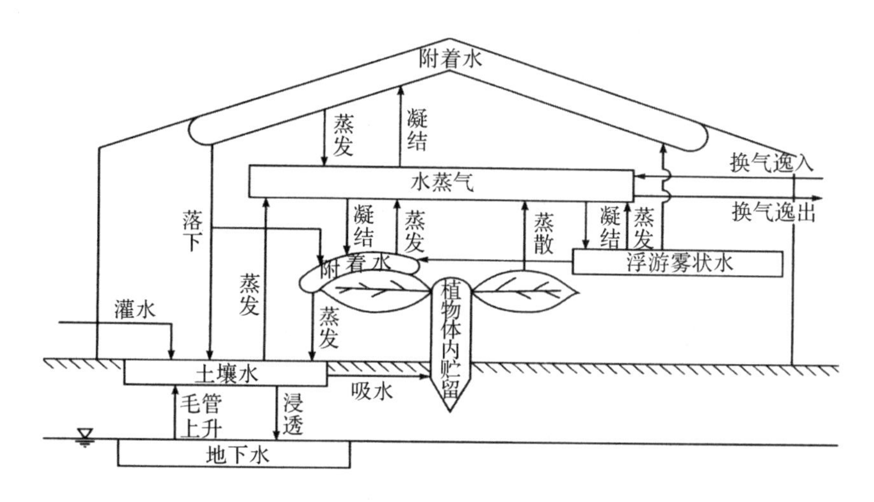

图 4-7 设施内水分运移模式

一、园艺植物对设施内湿度的要求

(一)水分在园艺植物生长发育过程中的重要作用

(1)影响园艺植物的光合作用和物质代谢。园艺植物进行光合作用,水分是重要的原料,水分不足导致气孔关闭,影响二氧化碳的吸收,使光合作用显著下降。植物体内的营养物质运输,要在水溶液中进行,缺乏水分,作物也无法进行新陈代谢。

(2)影响园艺植物的产量。土壤湿度直接影响根系的生长和肥料吸收,也间接地影响地上部的生育,如产量、色泽和风味等。蔬菜每生产 1g 干物质需要 400～800g 的水。土壤水分减少时,因不能补充蒸腾的水分,植物体内水分失去平衡,根的表皮木质化,生长减退,甚至坏死。

(3)影响园艺植物的品质。园艺植物的产品器官(菜、花、果等)大多柔嫩多汁,与粮食作物很不相同。如果水分不足,细胞缺水,产品则会萎蔫、变形、纤维增多、色泽暗淡,失去特有的色、香、味。

(4)水分过多对园艺植物生长不利。空气湿度过大,易使作物茎叶生长过旺,造成徒长,影响作物的开花结实。此外,高湿还容易引起病害的发生和蔓延。土壤水分过多会导致根际缺氧,土壤酸性提高而产生危害。

(二)设施湿度环境与植物生育的关系

园艺植物对水分的要求,一方面取决于根系的强弱和吸水能力的大小,另一方面取决于植物叶片的组织和结构,后者直接关系到植物的蒸腾效率。蒸腾系数越大,所需水分越多。根据园艺植物对水分的要求和吸收能力,可将其分为耐旱植物、湿生植物和中生植物。

(1)耐旱植物。抗旱能力较强,能忍受较长时期的空气和土壤干燥而继续生活。这类植物一般具有较强大的根系,叶片较小、革质化或较厚,具有贮水能力或叶表面有厚茸毛,气孔少并下陷,具有较高的渗透压等。因此,它们需水较少或吸收能力强,如果树中的石榴、无花果、葡萄、杏等。花卉中的仙人掌科和景天科植物,蔬菜中的南瓜、西瓜、甜瓜等耐旱能力均较强。

(2)湿生植物。这类植物的耐旱性较弱,生长期间要求有大量水分存在,或生长在水中。它们的根、茎、叶内有通气组织与外界通气,一般原产热带沼泽或阴湿地带,如花卉中的热带兰类,蕨类和凤梨科植物及荷花、睡莲等,蔬菜中的莲藕、菱、芡实、慈姑、茭白等。

(3)中生植物。这类植物对水分的要求属于中等,既不耐旱,也不耐涝。一般旱地栽培要求经常保持土壤湿润。果树中的苹果、梨、柑橘和大多数花卉属于此类,蔬菜中的茄果类、瓜类、豆类、根菜类、叶菜类、葱蒜类也属于此类。

湿度过大,易使作物茎叶生长过旺,造成徒长,影响了作物的开花结果。同时,高湿(90%以上)或者结露,常是一些病害多发的原因。设施内高湿条件下的多发病害如表4-9所示。

通常,多数蔬菜作物光合作用适宜的空气相对湿度为60%～85%,低于40%或者高于90%时,光合作用会受到阻碍,生长发育受到不良影响。不同蔬菜种类或者品种以及不用生育时期对湿度要求不尽相同,但基本要求大体如表4-10所示。

表4-9 设施内高湿条件下的多发病害

蔬菜名称	多发病的种类
黄瓜	菌核病、灰霉病、霜霉病、疫病等
番茄	菌核病、灰霉病、条腐病、叶霉病等
茄子	灰霉病、菌核病、花叶病等
青椒	灰霉病、菌核病、花叶病等
草莓	芽枯病

表4-10 蔬菜作物对空气湿度的基本要求

蔬菜名称	蔬菜种类	适宜相对湿度/%
较高湿型	黄瓜、白菜类、绿叶菜类、水生菜	85～90
中等湿型	马铃薯、豌豆、蚕豆、根菜类(胡萝卜除外)	70～80
较低湿型	茄果类	55～65
较干湿型	西瓜、甜瓜、胡萝卜、葱蒜类、南瓜	45～55

(三)设施湿度环境与病虫害的关系

多数病虫害发生要求高湿条件。因此,当设施环境处于高湿状态时(RH>90%)常导致病害严重发生。尤其是高湿低温条件下,水汽发生凝结,不论是直接在植株上结露,还是在覆盖材料上结露滴到植物上,都会加剧病害发生和传播。在高湿条件下易发生的蔬菜病害有黄瓜霜霉病,甜椒和番茄的灰霉病、菌核病、疫病等。有些病害在低湿条件,特别是高温干旱条件下容易发生,如各种作物的病毒病。在干旱条件下还容易导致蚜虫、红蜘蛛等虫害发生。几种主要蔬菜病害的发生与湿度的关系如表4-11所示。因此,从创造植株生长发育的适宜条件、控制病害发生、节约能源、提高产量和品质、增加经济效益等方面综合考虑,设施内空气湿度以控制在80%～85%为宜。

PPT-25

表 4-11 几种主要蔬菜病虫害与湿度的关系

蔬菜种类	病虫害种类	要求相对湿度/%
黄瓜	炭疽病、疫病、细菌性病害等	>95
	枯萎病、黑星病、灰霉病、细菌性角斑病	>90
	霜霉病	>85
	白粉病	25～85
	病毒性花叶病	干燥
	瓜蚜	干燥
番茄	绵疫病、软腐病等	>95
	炭疽病、灰霉病等	>90
	晚疫病	>85
	早疫病	>60
	枯萎病	土壤潮湿
	病毒性花叶病、病毒性蕨叶病	干燥
茄子	褐纹病	>80
	枯萎病、黄萎病	土壤潮湿
	红蜘蛛	干燥
辣椒	疫病、炭疽病	>95
	细菌性疮痂病	>95
	病毒病	干燥
韭菜	疫病	>95
	灰霉病	>90
芹菜	斑点病、斑枯病	高温

二、设施内湿度条件的组成及特点

(一)设施内湿度条件的主要来源

设施覆盖栽培期间,基本上与外界隔离,降雪、降雨等几乎不对设施内的空气湿度产生直接的影响,其水分主要来自于设施内部。主要水分来源如下。

(1)地面水分蒸发。地面水分蒸发是重要的水分来源之一。由于设施园艺作物普遍要求较高的土壤湿度,因此设施内园艺作物的浇水量一般比较大,浇水频繁,土壤表面经常处于潮湿状态,特别是地面浇水后的几天里,地面潮湿泥泞,土壤湿度较高,向空气中散失的水分量也最多。故设施内浇水后的一周左右的时间里,在上午揭苫后及下午放苫前的一段时间里,常常见到设施内起大雾的情形。

(2)园艺作物叶面散失水分。园艺作物向空气中散失水分是保持植株内叶部与根部水压差值所必需的,也是作物根系主动吸水的动力,同时茎叶散失水分也是释放过高的代谢能量、降低作物体温的需要。园艺作物茎叶散失水分的一般规律是植株越大,种植越密,散失的水量也多。

(3)塑料薄膜表面上的露珠蒸发。一般来讲,用全无滴塑料薄膜覆盖设施时,水珠一般不会对设施内的空气湿度产生多大的影响，但如果所用的塑料薄膜为普通的有滴膜，塑料膜上的水珠蒸发也将成为冬季和早春设施内空气湿度增大的主要原因之一。通常，晴天上午露珠蒸发时，往往要在薄膜下形成一层雾，薄膜的水珠越多越大，形成的雾也相应较大，对设施内空气湿度增大的作用越明显。

(4)叶面喷施农药、叶面肥。叶面喷洒的药液和肥液中，农药和肥料仅占总药液或肥液量的0.1%～0.2%，99%以上的部分则为水。如此多的水均匀喷到设施内，将会明显地增加空气湿度。

(二)设施内湿度条件的特点

1. 空气湿度的特点

设施内空气湿度有两种表示方法：一种是绝对湿度，表示的是1m^3 空气中所含水蒸气的克数；另一种为相对湿度(RH)，表示的是空气中的实际含水量与同温度下的最大含水量的百分比。干燥空气的RH为0%，饱和水汽下RH为100%。通常所说的空气湿度就是指空气的相对湿度。

由于设施是一种封闭或半封闭的系统，空间相对较小，气流相对较稳定，使得内部的空气湿度有着与露地不同的特点。

(1)空气湿度大。温室、大棚内的相对湿度和绝对湿度均高于露地，平均相对湿度一般在90%左右，经常出现100%的饱和状态。对于日光温室及大、中、小棚，由于设施空间相对较小，冬春季节为保温又很少通风，空气湿度相对较高。

(2)存在季节变化和日变化。设施内湿度环境的另一个特点是季节变化和日变化明显。季节变化一般是低温季节相对湿度较高，高温季节相对湿度较低。因此，日光温室和大棚在冬春季节生产，作物多处于高湿环境，对其生长发育不利。日变化为夜晚湿度高，白天湿度低，白天的中午前后湿度最低。设施越小，这种变化越明显。一般在春季，白天温度高，光照好，可进行通风，相对湿度较低；夜间温度下降，不能进行通风，相对湿度上升。由于湿度过高，当局部温度低于露点温度时，会导致结露。

(3)设施内的空气湿度随天气情况发生变化。一般晴天设施内的空气湿度低，一般为70%～80%；阴天，特别是雨天设施内空气相对湿度较高，可达80%～90%，甚至100%。

(4)湿度分布不均匀。由于设施内温度分布不均匀，导致相对湿度分布也不均匀。一般情况下，温度较低的部位，相对湿度高，反之则低。

2. 土壤湿度的特点

设施内一般用pF来表示土壤水分的含量，它是由土壤水分张力计所测得的土壤负压值换算成以毫米水柱表示的值，减去张力计压力表头到陶瓷管中心高度的水柱数值，然后取常用对数值而得到的数值。pF与土壤水分含量成反比。作物根系可利用土壤水分范围为pF 1.5～4.2，其中pF 1.5～2.0为作物生育最适宜的土壤水分含量，pF 3.0～3.3时土壤水分不足，但pF小于1.5时土壤水分过多。

(1)土壤湿度大。设施的空间或地面有比较严密的覆盖材料，土壤耕作层不能依靠降雨来补充水分，故土壤湿度只能由灌水量、土壤毛细管上升水量、土壤蒸发量及作物蒸腾量的大小来决定。与露地相比，设施内的土壤蒸发和植物蒸腾量小，故土壤湿度比露地大。

(2)局部湿度差。蒸发和蒸腾产生的水汽在薄膜内表面结露，不断顺着棚膜流向大棚的两侧和温室的前底角，逐渐使棚中部干燥而两侧或前底角土壤湿润，引起局部湿度差，所以在中部一带需多灌水。

（三）设施内湿度的影响因素

影响设施内空气湿度变化的主要因素有以下两个方面：

（1）设施的密闭性。在相同条件下，设施环境密闭性越好，空气中的水分越不易排出，内部空气湿度越高。因此，在需要保温的寒冷季节里，由于设施通风不足，使得空气湿度过高。

（2）设施内温度。温度对设施内湿度的影响在于：一方面，温度升高使土壤水分蒸发量和植物蒸腾量升高，从而使空气中的水蒸气含量增加，进而提高相对湿度；另一方面，由于叶面温度影响空气中饱和含水量，温度越高，饱和含水量越高。因此，在空气中水汽质量相同的条件下，温度升高，空气湿度下降，反之空气湿度升高。在光照充足的白天，虽然设施内温度升高会导致土壤蒸发量和植物蒸腾量增加，但由于温度升高使空气饱和水气压增加，总体上空气相对湿度仍然下降。在夜间或温度低的时候，虽然土壤水分蒸发量和植物蒸腾量减小或者完全消失，但由于空气中饱和水气压大幅度下降，仍会导致空气湿度明显升高。

PPT-26

三、设施内湿度条件的调控措施

设施内湿度的调控包括对设施内的空气水分状况和土壤水分状况进行合理的调节和控制。

（一）设施内空气湿度的调控措施

1. 除湿

设施内的空气湿度大，调节湿度的重点是降低湿度。其主要措施有：

（1）通风排湿。通风是降低湿度的重要措施，排湿效果最好，因为通风必然要降温，所以必须在高温时进行，早春一般应在中午前后进行。其他时间也要在保证温度的前提下，尽量延长通风时间。顶部风口排湿效果最好，外界气温高时，可同时打开顶部和前部两排通风口，便于排湿充分和均匀。通风排湿的时间除了依据不同作物及不同生育期对空气湿度的要求而定外，还要注意加强下面五个时期的排湿：一是浇水后的 2～3 天内；二是叶面追肥和喷药后的 1～2 天内；三是阴雨（雪）天时的排湿；四是日落前后的几小时内；五是早春。后两个时期加强排湿是为了降低上半夜的相对湿度，减少发病。

（2）减少地面水分蒸发。由于地面水分蒸发是设施内空气湿度增大的主要原因，因此减少地面水分蒸发，对降低设施内空气湿度效果最好。

①室内覆盖地膜或膜下暗沟灌溉，可抑制土壤水分蒸发。据观察，地膜覆盖的棚室内的空气湿度一般比不覆盖的棚室低 20%～50%。特别是地面湿度比较高、棚室的通风量又不足的情况下，地膜覆盖的降湿效果更为明显。

②浇水后立即升温烤地，促进地面水分蒸发，降低地面湿度。低温期选晴天上午浇水，然后封闭棚室，维持 35℃1.5 小时，然后开风口缓慢降湿，如此连续烤地 2～3 天。

③中耕、松土。浇水后及时中耕垄沟和垄背，切断土壤毛细管，减少表层土壤水分。覆盖地膜的垄沟也要定期中耕。

(3)合理使用农药和叶面肥。设施内尽量采用烟雾剂、粉尘剂取代叶面喷雾。传统的叶面喷雾法，药液中99%以上是水，同时由于每次的喷药量也比较大(一般成株期，每30kg药液喷洒的范围只有120m^2左右)，喷药后会引起设施内生雾，故设施内防治病虫害应尽量采用烟雾剂法或叶面喷粉法，一定要叶面喷雾时，用药量也不要过大，并且选晴暖天的上午喷药，以便喷药后有足够长的时间通风排湿。

(4)减少薄膜、屋顶的聚水量。薄膜表面的水滴多是造成设施内高湿的主要原因之一。可采用覆盖无滴薄膜，二道幕采用透湿和吸湿性良好的无纺布等材料，防止表面结露，并且可防止露水落到植株上，从而降低了空气湿度和作物被沾湿的概率。如采用有滴膜，可向薄膜表面喷涂除滴剂等。屋顶覆盖水泥预制板时常常布满水滴，如果选择作物秸秆覆盖屋顶，能在一定程度上降低空气湿度。

(5)增温。降湿当寒冷季节设施内温度较低时，可以通过适当加温等措施，既满足作物对温度的要求，又能降低空气相对湿度，减少病虫害的发生。另外，增加透光量可提高室温，室温升高后常进行通风换气，也可达到降湿的目的。

(6)使用除湿机。利用氯化锂等吸湿材料，通过吸湿机来降低设施内的空气湿度。

2. 加湿

大型园艺设施在进行周年生产时，到了高湿季节还会遇到高湿、干燥、空气湿度不够的问题，尤其是大型玻璃温室由于缝隙多，此问题更加突出。当栽培要求湿度高的作物，如黄瓜和某些花卉时，还必须加湿以提高空气湿度。其加湿的效果和方式有：

(1)喷雾加湿。喷雾器种类多，如103型三相电动喷雾加湿器、空气洗涤器、离心式喷雾器、超声波喷雾器等，可根据设施面积选择合适的喷雾器。此法效果明显，常与降温(中午高温)结合使用。

(2)湿帘加湿。湿帘主要是用来降温的，同时也达到了增加室内湿度的目的。

(3)喷雾系统。温室内顶部安装喷雾系统，降温的同时可加湿。

(二)设施内土壤湿度的调控措施

土壤湿度的调控应当根据作物各生育期需水量、体内水分状况以及土壤湿度状况而定。目前我国设施栽培的土壤湿度调控仍然依靠传统经验，主要凭人的观察感觉，调控技术差异很大。随着农业现代化生产的发展，要求采用机械化、自动化灌溉设施，依据作物各生育期需水量和水分张力进行土壤湿度调控。

1. 适时灌水

灌水时间的确定主要根据土壤含水量、作物各生育阶段的需水规律，此外还要考虑秧苗生长表现、地温高低、天气阴晴等情况。

当土壤水分张力下降到某一数值时，作物因缺水而丧失膨压导致萎蔫，即使在蒸腾最小的夜间也不能恢复，这时的土壤含水量称为“萎蔫系数”或“凋萎点”。凋萎点用水分张力表示约为pF4.2。一般灌水都在凋萎点以前，这时的土壤含水量为生育阻滞点。排水良好的露地土壤生育阻滞点约为pF3.0。设施内pF大约在1.5～2.0，即开始灌水的土壤含水量较高。因为设施内作物根系分布受到一定限制，需要在土壤中保持较多的水分。

一般播种时浇足水，出苗后控水，抑制地上部徒长，促进根系发育；定植时浇足水，发棵期适当控水，结合中耕蹲苗。大白菜叶球、萝卜肉质根等营养器官旺盛生长期应大量浇水，果菜类开花结果期也要供应充足的水分。具体到各种作物应灵活安排。

秧苗的生长情况可反映出土壤是否缺水。黄瓜是否缺水可以看龙头小叶，如近生长点小叶伸直则表示水分多，小叶拢抱到一起则表示水分过多。中午是否萎蔫也能反映土壤水分的多少，如中午秧苗一点也不萎蔫，表示土壤中水分过多，如中午稍有一点萎蔫，下午3～4时恢复正常则水分合适，到日落时秧苗仍不能恢复则表示土壤严重缺水。

地温高时浇水，水分蒸发快，作物吸收多，一般不会导致土壤过湿，10cm 处地温在 20℃以上时浇水合适；地温低于 15℃时要慎重浇水，必要时浇小水，并浇温水；地温在 10℃以下时禁止浇水。

冬季浇水最好选择晴天上午浇，因为晴天地温、气温都较高，浇水后可闷棚提温，不致降低地温太多。但久阴骤晴时地温低，不宜浇水，如缺水可进行叶面喷洒。阴天、下午最好不要浇水。

2. 适量灌水

设施内浇水除了要满足作物的生长需水外，还要保证浇水后空气湿度的增加幅度要小。另外，设施相对密闭，土壤水分消耗较慢，因此浇水量要比露地小。

灌水量应根据设施内栽培作物生理需求和土壤湿度而定。可以采用"蒸发蒸腾比率"来确定一次灌水量。蒸发蒸腾比率是蒸发蒸腾总量与蒸发器蒸发量的比值，两者之间有着密切的相关关系，可以通过试验测出某种作物在某季节的蒸发蒸腾比率曲线，再由蒸发器测出蒸发量，从曲线查出相应的蒸发蒸腾比率。一次灌水量(mm)为：

一次灌水量＝蒸发器蒸发量(E)×蒸发蒸腾比率(K)

用此法测定灌水量时应注意：在地下水位高时要减去由地下水上升的水量，同时要考虑各种灌水方法从栽培床流失的水量，从而对计算值进行调整。

3. 灌水技术

(1)畦灌。其是用田埂将土地分成一系列小畦。灌水时，将水引入畦田后，在畦田上形成很薄的水层，沿畦长方向流动，在流动过程中主要借重力作用逐渐湿润土壤。畦灌主要适用于密植窄行距作物。

(2)沟灌。其是在作物行间开挖灌水沟，水从输入沟进入灌水沟后，在流动的过程中主要借毛细管作用湿润土壤。和畦灌相比，沟灌明显的优点是不会破坏植物根部附近的土壤结构，不导致田间板结，能减少土壤蒸发损失，适用于宽行距的需中耕作物。

(3)淹灌。其是用田埂将灌溉土地划分成许多格田，灌水时，使田格保持一定深度的水层，借重力作用湿润土壤。淹灌主要适用于水生蔬菜、无土栽培植物。

(4)喷灌。其是利用专门设备将有压力的水输送到灌溉地段，并喷到空中分散成细小的水滴，像天然降雨一样进行灌溉。喷灌突出的优点是对地形的适应性强，机械化程度高，灌水均匀，灌溉水利用率高，尤其适合于透水性强的土壤，并可调节空气湿度和温度，但投资较高。

(5)滴灌。其是利用一套塑料管道将水直接输送到每棵植物的根部，水由每个滴头直接滴在根部的地表上，然后渗入土壤并浸润作物根系最发达的区域。滴灌突出的优点是非常省水，自动化程度高，可以使土壤湿度始终保持在最优状态；但投资较高，滴头极易堵塞。把滴灌管布置于地膜下，可基本上避免地面无效蒸发，称之为膜下暗灌。

(6)渗灌。其是利用修筑在地下的专门设施(地下管道系统)将灌溉水引入田间实现自下而上湿润土壤，所以又称地下灌溉。渗灌的优点是灌水质量好，蒸发损失少，占用耕地少，便于机耕，但地表湿润性差，地下管道造价高，容易淤塞，检修困难。

PPT-27

(7)微喷灌。其又称微型喷灌，是利用很小的喷头(微喷头)将水喷洒在土壤表面。微喷头的工作压力与滴头大致相同，但喷孔稍大，出口流速比滴头大，堵塞的可能性大大减小。

任务四　园艺设施的土壤环境及其调控措施

土壤是作物赖以生存的基础，作物生长发育所需要的养分与水分，都需从土壤中获得，"根深才能叶茂"，所以设施内的土壤营养状况直接关系作物的产量和品质，是十分重要的环境条件。栽培设施内温度高、空气湿度大，气体流动性差，光照较弱，而设施内作物复种指数高，生长期长，施肥量大，根系残留也较多，再加上多年连作造成设施内养分不平衡，因而使得设施内土壤环境与露地土壤有很大的区别。

一、设施内土壤环境的特点

(一)土壤营养失衡

大多数设施土壤养分供应不平衡，普遍表现为"氮过剩、磷富集、钾缺乏"。

(1)设施内地温、水分含量相对较高。土壤中微生物活动比较旺盛，加速了养分分解、转化的速度。如果施肥量不足或没有及时补充肥料，会引起作物出现缺素症状。

(2)种植作物种类单一。长期种植单一作物或过量施用某种肥料，会破坏各元素之间的浓度平衡关系，一方面影响到土壤中本不缺少的某种元素的吸收，使作物发生缺素症；另一方面过量施用的肥料引起营养过剩，作物被动吸收导致体内各种养分比例不正常，甚至出现毒害作用，如植株根冠比失调、抗病虫害能力差、产品品质变劣等。

(3)氮肥施用量过多造成土壤酸化。如基肥中施用大量含氮量高的鸡粪、饼肥、油渣等，追肥还施入较多氮素化肥，土壤中积累硝酸根较多；过多地施用氯化钾、硫酸钾、氯化铵、过磷酸钙等生理酸性肥也可能导致土壤酸化。

(4)土壤中病原菌聚集。由于设施连作栽培，种植茬次多，土地休闲期短，而使对作物有害的病原菌不断繁殖、积累；同时由于设施内的环境比较温暖湿润，为一些土壤中的病虫害提供了越冬场所，土传病害严重，使得一些在露地栽培可以消灭的病虫害，在设施内难以绝迹，如青枯病、枯萎病、早疫病等。适宜的环境条件有利于病原菌和害虫的繁殖，不利于作物正常生长。

(二)土壤酸化

土壤中盐基离子被遗失而氢离子增加、酸度增高的过程称为土壤酸化。设施内土壤的pH值随着种植年限的增加而呈降低的趋势，即土壤酸化(见图4-8)。

引起设施土壤酸化的原因：一是施用酸性和生理酸性肥料，如氯化钾、过磷酸钙、硝酸铵等；二是大量施用氮肥，土壤的缓冲能力和离子平衡能力遭到破坏而导致土壤pH下降，从

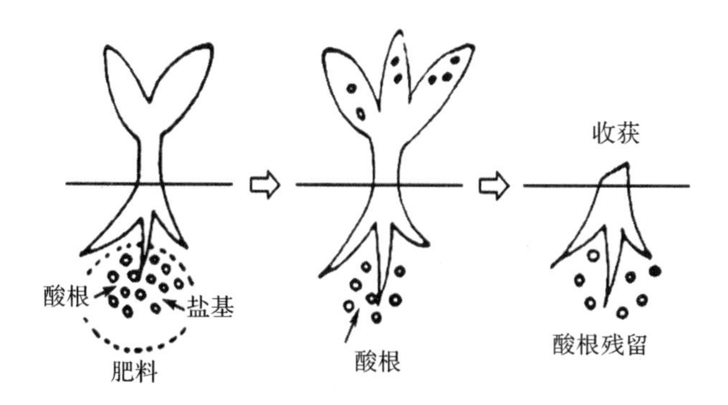

图 4-8　土壤酸化示意

而出现化学逆境。土壤 pH 值的变化将会影响到土壤养分的有效性。在石灰性土壤上，pH 值的降低能够活化铁、锰、铜、锌等微量元素以及磷的有效性，但是在酸性土壤上，pH 的降低会加重 H^{+}、铝、锰的毒害作用，磷、钙、镁、锌、钼等元素也容易缺乏。

（三）土壤次生盐渍化

土壤次生盐渍化是指土壤中可溶性盐类随水向表层运移而累积，含量超过 0.1％或 0.2％的过程（见图 4-9）。设施内施肥量大，并且长年或季节性覆盖，土壤得不到雨水的充分淋洗，加之设施中由下到上的水分运动形式，致使盐分在土壤表层聚集。土壤盐类积累后，造成土壤溶液浓度增加使土壤的渗透势加大，作物种子的发芽、根系的吸水吸肥均不能正常进行。而且由于土壤溶液浓度过高，营养元素之间的拮抗作用常影响到作物对某些元素的吸收，从而出现缺素症状，最终使生育受阻，产量及品质下降。同时，随着盐浓度的升高，土壤微生物活动受到抑制，铵态氮向硝态氮的转化速度下降，导致作物被迫吸收铵态氮，叶色变深，生育不良。

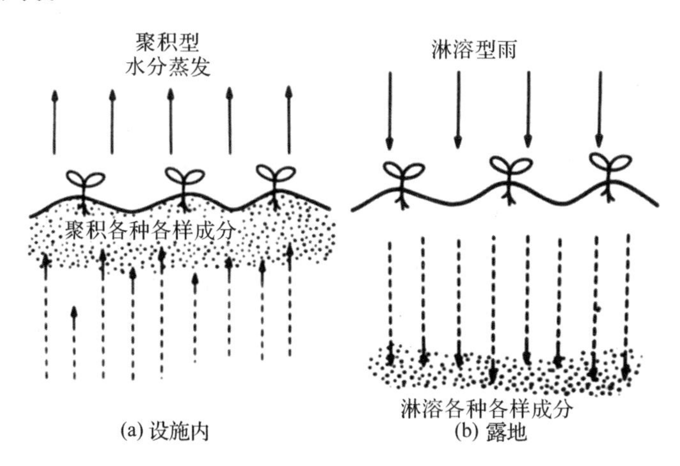

图 4-9　设施土壤与自然土壤的区别

造成设施土壤盐分积累的主要原因如下：

（1）化肥用量过高。温室积盐的主要原因是氮素化肥施用过量，其利用率不足 10％，其余 90％以上积累在土壤或进入地下水。也就是说，过量施用肥料和偏施氮肥是引起温室土壤次生盐渍化的直接原因。

(2)设施内土壤水分与盐分运移方向与露地不同。设施内土壤水分在耕层内的运移方向,除灌水后1天左右的时间外,都是向着地表的方向。灌溉虽创造了水分由上而下移动的条件,但其中大部分甚至全部仍会通过蒸腾和蒸发而散逸,故大棚内水分由下而上移动是主流。由于地面蒸发强烈,土体水分沿着毛细管向上运行,形成这种上升水流使盐分向表土积聚。

(3)缺少雨水淋容。土壤中可溶性盐分随地下水上升,水逸盐留,由于设施的封闭特性以及特殊的覆盖结构,使得土壤盐分得不到雨水冲洗,造成盐分逐年积累,加之设施土壤的积温显著高于露地,土壤的矿化作用明显加剧,土壤自身矿化的离子和人为施入的肥料结合起来而使土壤盐分浓度在短短2～3年内就会明显上升。因此,缺少降雨淋溶和土壤高矿化度是引起温室土壤次生盐渍化的另一主要因素。

(四)土壤的生物条件

土壤中存在着病原菌、害虫等有害生物和硝化细菌、牙硝化细菌、固氮菌、氨化细菌等有益微生物,正常情况下这些生物在土壤中保持一定的平衡。但由于设施内的环境比较温暖湿润,为一些土壤中的病虫害提供了越冬场所,使得一些在露地栽培时可以消灭的病虫害,在设施内难以绝迹,导致设施虫害和土传病害严重。

PPT-28

二、设施内土壤环境的调控措施

保持良好的土壤性状,是设施生产的首要基础,更是提高设施生产经济效益的重要条件。针对设施土壤环境的特点,坚持“用养结合”的原则,采取综合调控措施,切实提高土壤使用效益。

(一)土壤营养失衡的调控措施

(1)测土施肥。定期测量土壤中各元素的有效浓度,并结合作物需肥规律确定是否施肥及施肥量大小,避免盲目施肥。

(2)增施有机肥。有机肥中含有各种蔬菜生长所需的营养成分,能够全面补充营养,且各元素释放缓慢,不会发生营养过剩危害。此外,有机肥中含有大量微生物,能促使被土壤固定的营养元素释放出来,从而增加土壤中的有效营养成分。

(3)多种肥料配合施用。氮肥的当年利用率只有30%～40%,残留较多,且多为水溶性氮,所以应测土施肥,防止过量造成危害;施肥时应基肥、追肥并重。磷肥易被土壤固定,且当年利用率低,应以基肥为主,集中深施,可隔年施用。钾肥在缺钾地块利用率高,并以基肥为主、追肥为辅,且施于表土下,以减少被土壤固定。此外,氮、磷、钾肥配合施用,可提高肥效,避免营养失调。

(二)土壤酸化的调控措施

(1)要合理施肥。氮素化肥和高含氮有机肥的一次施肥量要适中,应采取“少量多次”的方法。

(2)施肥后要连续浇水。一般施肥后连浇2次水,稀释、降低酸的浓度。

(3)加强土壤管理。如进行中耕松土,促根系生长,提高根的吸收能力。

(4)撒生石灰。对已发生酸化的土壤应采取淹水洗酸法或撒施生石灰中和的方法提高土壤的 pH 值，并且不得再施用生理酸性肥料。

（三）土壤次生盐渍化的调控措施

(1)选择耐盐品种。作物品种不同，其耐盐性也会存在着较大差异。一般蔬菜的耐盐次序为：番茄＞茄子＞芹菜＞甜椒＞黄瓜。在积盐较重的老龄大棚，可选择种植耐盐的品种，这样既能相对缓解盐化的危害，又能起到轮作换茬的作用，是调节土壤养分平衡、防止土壤返盐、促进设施可持续利用的有效途径。

(2)合理的栽培管理。将不同生长习性的作物进行间、轮、套作，可充分合理地利用不同肥料的养分和不同深度土壤的养分。例如在冬季低温时节种植耐寒的葱蒜类蔬菜，既能实现轮作，又能抑制土壤病菌寄生繁殖。

(3)合理的土壤耕作。定植前需要深翻土壤，使盐分较多的表层土壤与深层土壤混合，以达到稀释设施土壤表层盐分浓度的目的。在作物生长期间，应注意进行适当的中耕，这样可疏松土壤、减弱毛细管作用；降低地下水位，可阻止土壤中盐类物质随毛细管上移。

(4)平衡施肥。设施栽培中，结合土壤的实际肥力，采用以有机肥为主、化肥为辅和氮、磷、钾、微肥按不同蔬菜种类需求比例施用的原则平衡施肥，并且需要注意基肥深施、追肥限量和少量多次的施肥技术，以提高肥料利用率。

(5)合理灌溉。蔬菜生长期要选择较好的水源浇灌，每次灌水应浇足浇透，将表土积聚的盐分稀释淋溶供作物根系吸收。在土壤休闲期，采用大水灌溉或去掉覆盖物，利用自然降雨对设施土壤进行淋洗，将土表积聚的盐分有效地稀释淋溶。

(6)生物除盐。生物除盐法在国内外已有了较多的应用。具体方法是在设施轮作倒茬的季节短期种植黄豆、玉米、苏丹草、田菁、青蒜之类的植物来降低土壤耕层的盐分含量。此法对降低土壤耕层不同层次的盐分含量较为有效，从整个设施土壤环境中的物质循环来说是最优的，但目前还存在经济效益低、占用茬口时间较长等不足之处。

(7)客土。在设施土壤发生次生盐渍化而无法种植或种植效果极差的情况下，可考虑采取客土法，即将已严重发生次生盐渍化的设施土壤取出，重新换入新的栽培基质。其可以用客土来交换原土，置换的土壤厚度可视根系发育状况等具体情况而定；也可采取基质栽培的措施，利用泥炭、砂砾、蛭石、珍珠岩等基质来替换原土。选择这两种形式时应当考虑蔬菜设施栽培土壤环境中次生盐渍化发生的严重程度。

(8)地膜覆盖。设施内应用地膜覆盖属于双膜覆盖栽培形式，对保持地温、减少水分蒸发、控制盐分积累、降低棚内湿度、减少病虫害有明显的效果。据研究，膜下 25～50cm 土层含盐量仅为露地土层含盐量的 35％。因而，设施内铺地膜是防止土壤盐害的一项重要措施。

（四）消除土壤中的病原菌的措施

要消除土壤中的病原菌，首先种植前实行轮作换茬，其次要进行土壤消毒。土壤消毒常见的措施有药剂消毒、太阳能消毒、热水消毒等。

1. 药剂消毒

(1)甲醛(40％)。其又称福尔马林，使用浓度为 50～100 倍液，用于栽培床上消毒。操作方法是：深翻土地→喷洒药剂→翻土地→盖塑料布 2 天→使甲醛充分发挥杀菌作用→打开通风。

(2)氯化苦。其用于防治土壤中病菌和线虫。操作方法是:将床土堆成高30cm、宽2m、长度不限的条状→每隔30cm^{2}开一个10cm深的洞穴→注入3mL的药剂→盖薄膜7天→打开通风。这是一种熏蒸剂,造成病虫窒息性死亡。

2. 太阳能消毒

在炎热的夏季,利用强光高温杀菌是一种简便有效的方法。具体方法是:在7～8月不生产的时候,每1000m^{2}温室准备切断的稻草1000kg,石灰石1000kg,撒入室内,翻土作垄、沟中灌水、浸泡土壤→土面盖上塑料薄膜→密闭温室,当温室温度上升到50～70℃时,维持7～14天→揭膜通风,翻耕土地。

3. 热水消毒

采用直径35～76mm的镀锌钢管作热水管,埋入地下20cm,间距30cm,使用时给管内通入80～90℃热水,并进行强制循环,待土温达60℃左右,可杀死土壤中线虫。

4. 蒸汽消毒

蒸汽消毒是设施土壤消毒中最有效的方法,它可以杀死土壤中的有害生物,无药剂残留危害,不用移动土壤,消毒时间短。

(1)普通蒸汽消毒法。锅炉发生的蒸汽通过管道输送到消毒场地进行土壤消毒,以蒸汽的高温杀死土壤中的病菌和虫卵。

(2)混合空气消毒法。普通蒸汽消毒法既可以杀死有害生物,也可以杀死有益生物,同时还会使铵态氮增多,酸性土壤中的锰、铝析出量增加,易使园艺作物产生生理障碍。为此,可在60℃的蒸汽中混入1∶7的空气进行土壤消毒30min。这样既可杀死病菌虫卵,又能使有益微生物有一定的残存量,还会使土壤中的可溶性锰、铝等析出量减少。

PPT-29

任务五　园艺设施的气体环境及其调控措施

园艺设施内的气体条件不如光照和温度条件那样直观地影响着园艺作物的生长和发育,往往被人们忽视。但随着设施内光照和温度条件的不断改善,设施内的气体成分、空气流动状况对园艺作物生长发育的影响也越来越重要。设施内空气流动不但对温度、湿度有调节作用,并且能及时排出有害气体,同时补充二氧化碳气体,对增强园艺作物光合作用、促进生育有重要意义。所以,为了提高园艺作物的产品和品质,必须对设施环境中的气体成分及浓度进行调控。

一、设施内空气环境的特点

根据设施内气体对作物是有益还是有害,可将气体分为有益气体和有害气体两种。有益气体主要指的是二氧化碳(CO_2)和氧气(O_2)。

(一)氧气的特点

作物生命活动需要氧气,尤其在夜间,光合作用因为黑暗的环境而不再进行,呼吸作用则需要充足的氧气。地上部分的生长需氧来自空气,而地下部分根系的形成,特别是侧根及根毛的形成，需要土壤中有足够的氧气，否则根系会因为缺氧而窒息死亡。此外，在种子萌发过程中必须要有足够的氧气，否则会因酒精发酵毒害种子使其丧失发芽力。

（二）二氧化碳的特点

CO_2 是绿色植物进行光合作用的重要原料之一。在自然环境中，CO_2 的浓度为 300μL/L左右，能维持作物正常的光合作用。各种作物对 CO_2 的吸收存在补偿点和饱和点。在一定条件下，作物光合作用吸收的 CO_2 量和呼吸作用放出的 CO_2 量相等，此时的 CO_2 浓度称为 CO_2 补偿点；随着 CO_2 浓度升高，光合作用也会增加，当 CO_2 浓度增加到一定程度，光合作用不再增加，此时的 CO_2 浓度被称为 CO_2 饱和点；长时间的 CO_2 饱和浓度可对绿色植物光合系统造成破坏而降低光合效率。把低于饱和浓度、可长时间保持较高光合效率的 CO_2 浓度称为最适 CO_2 浓度，最适 CO_2 浓度一般为 600～800μL/L。

1. CO_2 浓度的日变化

设施内 CO_2 浓度变化规律一般为：日出前 CO_2 浓度最高，可达 1100～1300μL/L；日出后 2 小时则迅速降至 250μL/L 以下，放风前甚至可降至 150μL/L，下午放风后基本可维持在 300μL/L 左右，晚上在密闭条件下，因呼吸作用及土壤释放等原因而逐渐增加至日出前的最高值。可见，设施内 CO_2 浓度日变化幅度明显高于露地。日出前设施内有较高的 CO_2 浓度，但因缺乏光照，作物不能进行光合作用；日出后作物进行旺盛的光合作用，生成大量的有机物质，设施内存贮的 CO_2 很快被消耗掉，因其密闭，得不到外界的补充，因而会造成严重的 CO_2 亏缺，使作物光合效率下降，光合产物减少。所以，CO_2 供给不足会直接影响作物正常的光合作用，而造成减产减收。温室内和土壤中 CO_2 收支模式如图 4-10 所示。

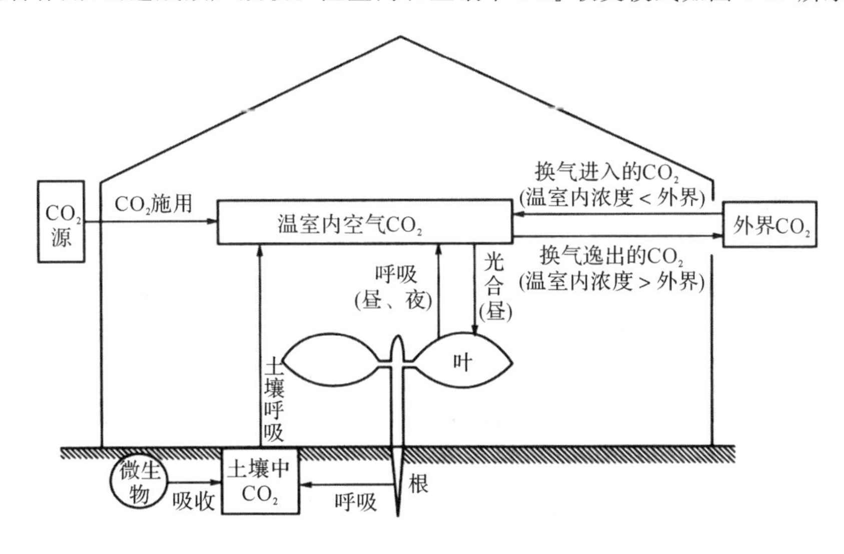

图 4-10　温室内和土壤中 CO_2 收支模式

2. CO_2 浓度随天气的变化

晴天光合作用强，CO_2 浓度明显降低。阴雨天作物光合作用弱，二氧化碳较高，接近大气中的浓度水平。

3. CO_2浓度在空间上的分布

垂直方向上，植株间CO_2浓度低，水平方向上，中部CO_2浓度高，四周低。

(三)有害气体的特点

有害气体主要指的是氨气、二氧化氮、二氧化硫、乙烯、邻苯二甲酸二异丁酯等气体。设施具有半封闭性，在低温季节，温室大棚经常密闭保温，很容易积累有毒气体造成危害。

1. 设施常见有害气体及其危害症状

(1)氨气。对氨气敏感的蔬菜有黄瓜、番茄、辣椒等。当温室内氨气浓度达到5g/m^{3}时，生长旺盛的中部叶片就会不同程度地受害，叶肉组织白化、变褐，最后枯死，如果通风换气排除氨气后，新发生的叶片可正常生长。当浓度达到40g/m^{3}时，经过24小时，几乎各种蔬菜都会受害而枯死。

(2)二氧化氮。对二氧化氮敏感的蔬菜有茄子、番茄、辣椒、芹菜、莴苣等。当温室内二氧化氮的浓度达到2g/m^{3}时，叶片的叶缘和叶脉间形成白灰色或褐色坏死的小斑点，严重时整叶凋萎枯死。

(3)二氧化硫。对二氧化硫敏感的蔬菜有黄瓜、番茄、辣椒、茄子、西葫芦等。当浓度超过1g/m^{3}时，叶片上会出现界限分明的点状或块状水渍斑。

(4)乙烯。温室前屋面覆盖的聚氯乙烯薄膜，覆盖后如果不能及时通风，薄膜中释放出的乙烯浓度达到0.1g/m^{3}时，敏感作物便开始出现叶片下垂弯曲，严重时叶片枯死，植株畸形。对乙烯敏感的作物有黄瓜、番茄等。

(5)邻苯二甲酸二丁酯。该物质是塑料薄膜增塑剂，使用掺有该增塑剂的薄膜，当温室内白天温度高于30℃时，邻苯二甲酸二丁酯便不断地游离出来，在不注意通风换气的情况下，积累到一定浓度，会对瓜菜造成为害。其受害症状为：在心叶和叶尖的幼嫩部位，沿着叶脉两侧的叶肉褪绿、变白、生长受阻。

2. 有害气体的生成原因

(1)氨气。其通常是由于施肥不当直接造成的，如直接在密闭的温室地面撒施碳铵、尿素、鸡粪、饼肥，或在温室内发酵鸡粪及饼肥等，都会直接或间接释放氨气。

(2)二氧化氮。常见于连作3年以上的温室。经测定是由于两方面原因造成的：一是土壤呈酸性(pH值小于5)；二是氮肥施用量过大，在土壤硝酸细菌的作用下，使土壤酸化，造成亚硝酸态的转化强烈受阻，而铵态氮向亚硝酸态的转化受影响较小，由于转化的不平衡，使亚硝酸在土壤中大量积累。在土壤强酸性条件下，亚硝酸变得不稳定而气化。土壤中铵态氮越多，产生的亚硝酸气体越多，导致二氧化氮气体积累也越多。

(3)二氧化硫。多见于温室生产过程中，其是用硫黄粉熏蒸消毒，或深冬季节用燃煤加热升温不当，引起二氧化硫在温室内聚积过量。

(4)邻苯二甲酸二丁酯和乙烯。这类有害气体有时也是由于选用不适宜的塑料薄膜引起的。

(四)空气流动速度与作物的生长发育

空气流动到达作物的叶片表面时，气流与叶片摩擦产生黏滞切应力，形成一个气流速度较低的边界层，称为叶面边界层。由于进行光合作用的CO_2和水汽分子进出叶面时，都要穿过这一边界层，因而其厚度、阻力和气流，都对叶片的光合、蒸腾作用构成重要影响，从而

PPT-30

影响作物的生长发育。研究资料表明，叶面边界层厚度和阻力的大小与气流速度的大小密切相关，当气流速度在0.5m/s以下时，叶面边界层阻力和厚度均增大；而在0.5～1m/s的微风条件下，叶面边界层阻力厚度显著降低，有利于CO_2和水汽分子进入气孔，促进光合作用，这是设施作物生长的最适气流速度。但风速过大，则叶面气孔开度变小，光合强度受抑制，如果能增加空气湿度，则光合强度还能增强一些；但在高相对湿度、高光强和高气流速度下，都会使光合强度下降。

二、设施内空气环境的调控措施

设施是特殊的密闭环境，一方面可以防止CO_2逸散，使CO_2浓度有可能高于大气，增强光合作用，提高光合效率；另一方面在不通风的条件下，若无CO_2的补充，会造成CO_2亏缺，降低光合作用强度。据报道，当CO_2浓度80mL/m^3以下时，其光合速率仅为CO_2浓度为300mL/m^3时的25%～35%。所以，在设施采光保温条件优化的基础上，CO_2亏缺已成为制约光合速率的主要因素，此时增加CO_2浓度能显著提高光合效率，从而为设施高产、优质提供有利条件。

（一）氧气浓度的调控措施

设施中作物进行光合作用放出大量氧气，茎叶呼吸不存在缺氧问题，而土壤中常常因浇水过量、空气湿度过大影响土壤水分蒸发而引起根系缺氧。通常采用的措施有：增施腐熟的有机肥，中耕松土，防止土壤板结；覆盖地膜，既能保墒又能保持土壤疏松透气，但地膜间垄沟要定期中耕；室内浇水量要适当。

（二）二氧化碳浓度的调控措施

1. 设施内增施二氧化碳的作用

（1）有利于培育壮苗。增施CO_2后可增强光合作用，促进幼苗叶片叶绿素含量的提高，使叶片增厚、浓绿，根系发达，茎粗增大，花芽分化，节位降低，有利于壮苗的形成。

（2）加速作物生长发育。增施CO_2之所以有效，除了能提高叶片细胞CO_2浓度，直接提高光合效率，还可消除某些作物“光合午休现象”，延长了有效光合作用时间，从而使大量的光合产物向果实和根部输送，促进根系的吸水吸肥力增长，植株长势健壮，从而促进了果菜前期产量的增加。

（3）增加产量，改善品质。增加设施内CO_2浓度，可显著提高作物的产量并改善品质。如单果重量增加、维生素含量提高、含糖量增加等。

（4）提高作物抗病能力。作物增施CO_2后，其植株健壮，叶片肥厚，抗病能力大大增强；同时也能降低设施内病害危害程度。

2. 增加二氧化碳浓度的方法

增加二氧化碳浓度的方法主要有三种：一是合理通风换气；二是大量施用有机肥；三是人工施用二氧化碳。

（1）通风换气。一般在设施内CO_2浓度低于大气水平（300mL/m^3）时，采用通风换气的方法补充CO_2。这种方法简单易行，但只能使CO_2浓度最高达到大气水平，而且当外界气温低于10℃时，设施不能进行通风，此法难以进行。其在生产中只能作为增加CO_2的辅助措施。

(2)增施有机肥。土壤中增施有机肥,可在微生物的分解作用下,不断向设施内释放CO_2。据测定,1kg 有机肥最终能释放 1.5kgCO_2,施入土中的有机质中腐熟稻草放出的CO_2 最多,稻壳和稻草堆肥次之,腐叶土、泥炭等较差。又如酿热温床中有机物发热量达到最高值时,CO_2 浓度为大气中 CO_2 浓度的 100 倍以上。

(3)人工施用二氧化碳。目前设施内 CO_2 气体施肥常用的方法有液体 CO_2 气体施肥法、固体 CO_2 气体施肥法、酸反应施肥法、燃烧施肥法、生物施肥法等。

①液体 CO_2 气体施肥法。该施肥法是把气态 CO_2 经加压后变为液态 CO_2,保存在钢瓶内,施肥时打开阀门,用一条带有气孔的长塑料管把气化的 CO_2 均匀释放进设施内。该施肥方法方便,施肥浓度易于掌握,并且 CO_2 气体扩散均匀,施肥效果较好,同时由于所用的 CO_2 主要为一些化工厂和酿酒厂的副产品,价格比较便宜。但该施肥法必须有气源保证。另外,施肥时一定要注意所用 CO_2 的纯度。

②固体 CO_2 气体施肥法。该法是利用固体 CO_2(干冰)在常温下吸热后易挥发的特点来进行 CO_2 气体施肥。该法操作简单、用量易于控制,施肥均匀.施肥效果比较好。其主要不足是固体 CO_2 的成本较高。该施肥法目前应用范围不大,主要用于苗床内补充 CO_2 气体。

③酸反应施肥法。该法是用碳酸盐与硫酸、盐酸、硝酸等进行反应,产生 CO_2 气体进行施肥。与硫酸反应的碳酸盐主要是磷酸氢铵,其反应产物是 CO_2 和稀硫酸铵。硫酸铵为优质肥料,可以在设施内进行施肥。另外,原料的成本费用比较低。

酸反应法的反应原理如下:

$$2NH_4HCO_3+H_2SO_4(稀)=(NH_4)_2SO_4+2CO_2+2H_2O$$

该反应中,158 份碳酸氢铵与 98 份浓硫酸反应产生 88 份 CO_2 气体,同时还产出 132 份硫酸铵。硫酸与碳酸氢铵的用量比为 0.62∶1。由于浓硫酸直接与碳酸氢铵反应比较剧烈,泡沫四处飞溅,容易伤人,因此反应前要将浓硫酸按 1∶3 的比例用水稀释成稀硫酸。稀释浓硫酸时,要将 1 份硫酸缓慢倒入 3 份水中,并要边倒入边搅拌。

使用酸反应法时,可用小塑料桶盛装硫酸,均匀排列于温室或大棚内。为控制反应速度,使 CO_2 气体缓慢释放,防止反应过于剧烈,以及设施内 CO_2 气体浓度上升过快,发生 CO_2 气体中毒现象,反应时用塑料袋包起碳酸氢铵,在袋上扎几个小洞后,投入硫酸内。也可以使用成套的 CO_2 气体发生装置代替小塑料桶,碳酸氢铵转入反应桶内,打开控制阀,硫酸流入反应桶发生反应,产生 CO_2 气体,经清水过滤后,用带孔的塑料管送入设施内。

④燃烧施肥法。燃烧法是通过燃烧碳氢燃料(如煤油、石油、天然气等)产生 CO_2 气体,再由鼓风机把 CO_2 气体吹入设施内。该法在产生 CO_2 气体的同时,还释放出大量的热量,可以给设施加温,一举两得,低温期的应用效果最为理想。

⑤生物施肥法。该法是利用生物肥料的生理生化作用生产 CO_2 气体。该类肥一般施入表土层 1～2cm 深的土层内,在土壤温度和湿度适宜时,可连续释放 CO_2 气体。生物施肥法高效安全、省工省力、无残渣危害。所用的生物肥在释放完 CO_2 气体后,还可作为有机肥为作物供应土壤营养,一举两得。该施肥法的缺点主要是 CO_2 气体连续缓慢释放,释放速度和释放量无法控制,既不能在作物急需的时间内大量放出,也不能在作物不需要时停止释放,容易造成 CO_2 气体散失,产生浪费。

3. 增施二氧化碳的浓度

设施内 CO_2 浓度 800～1500mL/L 为宜。在 800～1500mL/L 浓度下，很容易和光照、温度、水肥等条件配合，投入产出比最大，依作物不同增产幅度在 30%～150%。具体施用浓度依作物种类、生育时期、光照及温度等条件而定。

(1)根据作物的栽培时期确定浓度。设施内的气温低于 15℃时，作物的光合作用比较微弱，CO_2 气体的消耗量较少，不宜施肥。温度低于 25℃时，施肥浓度要低，适宜浓度为 800～1000mL/m^3。温度在 25～32℃范围内时，浓度可升到 1200mL/m^3。温度高于 32℃要停止施肥，必须施肥时，浓度也要低一些，时间短一些，避免引起作物叶片老化。阴天光照不足，不宜进行施肥；晴天光照充足，作物的光合作用也较强，二氧化碳气体的施肥浓度宜高，还应根据其他条件，在允许的范围内选择高浓度。

(2)根据作物的生长情况和肥水管理情况确定浓度。作物的茎叶生长旺盛时，施肥的浓度要低一些，以防止茎叶生长过旺发生徒长。植株长势弱时，施肥的浓度也不易太高。植株结果多时，施肥浓度应低一些。

5. 二氧化碳施肥的时期

苗期进行 CO_2 气体施肥能明显地促进幼苗的发育，幼苗不仅生长快、叶片数多而厚，而且花芽分化提前，花芽分化的质量也提高，定植后缓苗快，结果期提前，增产效果明显。据试验，黄瓜苗定植前施用 CO_2，能增产 10%～30%；番茄苗期施用 CO_2，能增加结果数 20%以上。苗期使用 CO_2，以花芽分化前开始施肥的效果最好。

6. 二氧化碳施肥的时间

一般晴天上午，当解开草苫约 0.5h 后，设施内的 CO_2 气体浓度便开始下降到适宜范围下，应开始施肥。阴天，设施升温速度慢，CO_2 浓度下降也慢，可将施肥的开始时间推迟到日出后 1h 左右。在其他条件允许时，每日的 CO_2 施肥时间应尽量长一些，一般施肥时间不少于 2h。

7. 设施内增施二氧化碳应注意的问题

(1)保证肥水供应。CO_2 气体施肥只能增加作物的糖类，作物生长所需要的矿质营养则必须由土壤提供，况且作物进行 CO_2 气体施肥后，生长加快，生长量增大，对肥水的需要量也加大，如果不加强水肥管理，肥水供应不足，则会由于叶片制造的糖类不能及时地被转移和利用，在叶片中积累过多，而使叶绿素遭到破坏，反过来抑制光合作用。

(2)要防止植株茎叶徒长。CO_2 气体施肥后，茎叶中积累的糖类比较多，生长速度快，在肥水供应充足、温度偏高时容易发生徒长。因此，在进行 CO_2 施肥期间，要把温度较不施肥时适当降低 1～2℃。

(3)要防止二氧化碳中毒。一般使用的最高浓度不要超过 2000mL/m^3，生产中最高浓度一般控制在 1600mL/m^3 以下为安全。浓度过高，持续时间较长时，植株的叶片气孔不能正常开启，蒸腾作用减弱，叶片多余的热量不能及时散发出去，导致叶片萎蔫、黄化甚至脱落，一些对高浓度 CO_2 反应敏感的作物，叶片和果实还容易发生畸形。

(4)二氧化碳气体施肥要保持连续性。在 CO_2 施肥的关键时间应坚持每天施肥，不能连续每天施肥时，前后两次施肥间隔也应短一些，一般不超过 1 周。

(5)使用酸反应法应注意安全。碳酸氢铵易挥发出氨气，不能在设施内贮藏、称量或分包、装桶。浓硫酸用前在设施外稀释,1份浓硫酸缓慢倒入3份水中,每次稀释硫酸量不宜过多,用盛液桶反应时应加盖密封,防止硫酸挥发伤害叶片。反应液中硫酸彻底用完后再做追肥,稀释50倍后施入土壤,防止烧苗。由于硫酸腐蚀性强,使用时应避免溅到身上,并使用非金属容器。

(6)大温差管理可提高施肥效果。白天上午在较高温度和强光下增施CO_2,利于光合作用制造有机物;而夜间有较低的温度,增加温差有利于光合产物运转,从而加速作物生长发育与光合有机物的积累。

(三)预防有害气体的调控措施

(1)合理施肥。有机肥要充分腐熟后施入土壤,并且要深施;严格禁止在土壤表面追施生鸡粪和在有蔬菜生长的温室发酵生马粪;不用或少用挥发性强的氮素化肥;深施基肥,地面不追肥;肥料用量要适当,不能施用过量;施肥后及时浇水等。

(2)覆盖地膜。用地膜覆盖垄沟或施肥沟,阻止土壤中的有害气体挥发。

(3)正确选用、保管塑料薄膜与塑料制品。应选用无毒的农用塑料薄膜和塑料制品,不在设施内堆放塑料薄膜或制品,以免产生有害气体污染设施内的空气。

(4)可适当施用生石灰和硝化抑制剂。土壤酸度过大($pH<5.0$)时,有机态氮往往会在微生物的作用下放出有害气体。

(5)正确选择燃料、防止烟害。应选用含硫低的燃料加温,并且加温时,炉膛和排烟道要密封严实,严禁漏烟。有风天加温时,还要预防倒烟。

(6)勤通风。特别是当发觉设施内有特殊气味时,要立即通风换气。

(7)建造设施应正确选址。如果园艺设施建在空气污染严重的工厂附近,工厂排出的有毒气体如氨气、二氧化硫、氯气、氯化氢、氟化氢以及煤烟粉尘、金属飘尘等都可从外部通过气体交换进入室内,给作物造成危害。所以,应避免在上述污染严重的工厂附近修建温室大棚等设施,防止作物受害。

(8)不用过大浓度乙烯利。生产实践中使用乙烯利时应注意适当通风。

(9)采用指示植物检测、防止有害气体污染。如荷兰检测二氧化硫用菊、莴苣、苜蓿、三叶草、荞麦等;检测氟化氢用唐菖蒲、洋水仙等。日本检测二氧化硫用大麦、棉、胡椒;检测氟化氢用唐菖蒲、杏树、李树、玉米等;检测氯气用水稻等;检测甲烷用兰草;检测臭氧用葡萄、烟草、柠檬、矮牵牛等。

PPT-31

任务六　秸秆生物反应堆技术的应用

秸秆生物反应堆技术是使作物秸秆在微生物的作用下发酵分解,产生二氧化碳、热量、抗病孢子、有机和无机肥料,从而提高作物抗病性、作物产量和品质的一项新技术。目前在蔬菜设施生产中广泛推行。

一、秸秆生物反应堆的应用效果及原理

制约当前保护地蔬菜生产的突出问题主要是冬季地温低、二氧化碳气体亏缺、土传病害严重及土壤性状变劣，而秸秆生物反应堆恰恰解决了这几个问题。首先作物秸秆在微生物的作用下发酵分解产生热量，能够提高土壤温度（内置式反应堆），同时微生物活动时产生大量二氧化碳，向蔬菜行间释放，大大缓解了保护地由于保温密闭造成的二氧化碳气体亏缺。二氧化碳是蔬菜光合作用的原料，二氧化碳缺乏会引起蔬菜作物生理饥饿，造成作物生长不良、减产等后果。秸秆分解后形成有机质，有利于改善土壤结构，增强土壤肥力。同时，由于土壤中有益微生物的旺盛活动，大大抑制了有害微生物的繁殖，因此减轻了根腐病等土传病害的发生。综上所述，蔬菜作物在地温适宜、二氧化碳气体充足、土壤疏松透气的环境中，株生长健壮，抗逆性和抗病性大大提高。实践证明，保护地蔬菜生产（尤其是越冬生产）中使用秸秆生物反应堆，具有促进生长、增加产量、改善品质、提早成熟和增强抗病性的效果。

二、秸秆生物反应堆的建造

秸秆生物反应堆分为外置式反应堆（包括棚内和棚外两种形式）和内置式反应堆（包括定植行下反应堆和定植行间反应堆）两种。外置式反应堆适用于春、秋和早秋大棚栽培，内置式反应堆适用于日光温室蔬菜越冬栽培。

（一）内置式反应堆的建造

1. 定植行下内置式反应堆的建造方法

（1）施肥备料。温室清园后，普施充分腐熟的有机肥作基肥，耕翻后整平，使土混合均匀。秸秆生物反应堆可促进养分分解，但不能取代施肥。建造秸秆反应堆需要准备菌种、麦麸和秸秆三种反应物，其比例（质量比）为菌种：麦麸：秸秆＝1：20：500。通常每亩需要准备作物秸秆 4000～5000kg。秸秆可以使用玉米秸、稻草、麦秸、豆秸、花生秧、花生壳、谷秸、高粱秸、烟柴、向日葵秸、树叶、杂草、糖渣、食用菌栽培后的菌糠等。市场上用于秸秆生物反应堆的菌种较多，如沃丰宝生物菌剂、圃园牌秸秆生物反应堆专用菌种等，每亩用量 8～10kg，同时需准备麦麸子 160～200kg，为菌种繁殖活动提供养分。

（2）挖沟铺秸秆。在种植行下按照大小行的距离在定植行正下方开沟，沟宽 70～80cm，沟深 20～25cm，长度同定植行。挖出的土堆放在沟的两侧。沟挖好后将秸秆平铺到沟内，踏实、踩平，秸秆厚 30cm 左右，南北两端各露出 10cm，以利于散热、透气。

（3）撒菌种。菌种使用前必须进行预处理，方法是用 1kg 菌种和 20kg 麦麸干着拌匀，再用喷壶喷水，水量 16kg。秋季和初冬（8～11 月份）温度较高，菌种现拌现用，也可当天晚上拌好第 2 天用；晚冬和早春季节要提前 3～5 天拌好菌种备用。拌好的菌种一般摊薄 10cm 存放，冬季注意防冻。麦麸也可用饼类、谷糠替代，但其数量应为麦麸的 3 倍，加水量应视不同用料的吸水量确定（以手轻握不滴水为宜）。施用菌种前先在秸秆上均匀撒施饼肥，每亩用量为 100～200kg，然后再把处理好的菌种撒在秸秆上，并用铁锹轻拍使菌种渗漏至下层一部分。如不施饼肥，也可在菌种内拌入尿素，用量为 1kg 菌种加 50g 尿素，目的是调节碳氮比，促进微生物分解。

（4）定植打孔。将沟两边的土回填于秸秆上成垄，浇水湿透秸秆。2～3 天后，找平起

垄，秸秆上土层厚度保持 20cm 左右。7 天后在垄上按株行距定植，缓苗后覆地膜。最后通气孔按 20cm 见方，用 14 号钢筋在定植行上打孔，孔深度以穿透秸秆层为准，如图 4-11 所示。

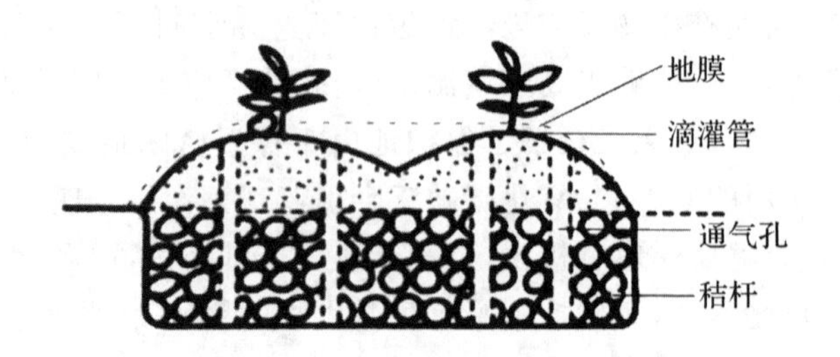

图 4-11　定植行下内置式反应堆

2. 定植行间内置式秸秆生物反应堆的建造方法

一般小行高起垄（20cm 以上），定植。秸秆收获后在大行内开沟，距离植株 15cm。沟深 15～20cm，长度与行长相等。沟内铺放秸秆 20～25cm 厚，两头露出秸秆 10cm，踏实找平。按每行用量撒一层处理好的菌种，用铁锨拍打一遍，回填所起土壤，厚 10cm 左右，并将土整平，浇大水湿透秸秆。4 天后打孔，打孔要求在大行两边靠近作物处，每隔 20cm，用 14 号钢筋打一个孔，孔深以穿透秸秆层为准。菌种和秸秆用量可参照定植行下内置式生物反应堆。

行间内置式反应堆只浇第一次水，以后浇水在小行间按常规进行。管理人员走在大行间，也会踩压出二氧化碳，抬脚就能回进氧气，有利于反应堆效能的发挥。这种内置式反应堆，应用时期长，田间管理常规化，初次使用者易于掌握。已经定植或初次应用反应堆技术种植者可以选择这种方式，也可以把它作为行下内置式反应堆的一种补充措施，如图 4-12 所示。

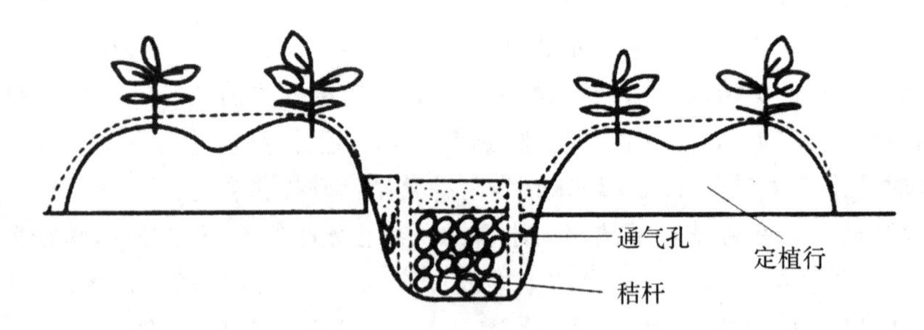

图 4-12　定植行间内置式反应堆

（二）外置式生物反应堆的建造

外置式生物反应堆是建造在棚外或棚头一侧的生物反应堆，由贮气池、秸秆反应堆、输气道、进气道与交换机组成。外置式反应堆可以大量地、连续不断地向植物提供足够的二氧化碳、抗病生物孢子和具有丰富营养的浸出液，反应堆的陈渣可作为植物的优质肥料。

（1）贮气池。在温室入口的山墙内侧，距山墙 60cm，自北向南挖一个宽 1m、深 0.8m、长度略短于大棚宽度的沟作为贮气池。整个沟体可用单砖砌垒，水泥抹面、打底。无条件者，也可只挖一条沟，用厚农膜覆盖底和四壁。

(2)进气孔。在贮气池两侧建边长50cm的方形取液池和边长20cm方形进气口。

(3)输气道。从沟中间位置向棚内开挖一个底部低于沟底10cm、宽50cm、向外延伸60cm的输气道。

(4)交换机底座。接着输气道做一个下口直径为50cm、上口内径为40cm、高出地面20cm的圆形交换机底座,用于安装二氧化碳交换机和输气带。

(5)反应堆。贮气池上搭水泥杆和铁丝,上面铺放秸秆,最下面一层最好使用具有支撑作用的长秸秆。每层秸秆同方向顺放,层与层秸秆要交叉叠放。底层以上成捆的秸秆铺放时,要把秸秆解开,以利腐化分解。每50cm厚秸秆,撒一层用麦麸拌好的菌种,菌种要撒放均匀,轻拍秸秆使菌种落进秸秆层,连续铺放三层。淋水浇湿秸秆,淋水量以贮气池中有一半积水为宜。秸秆堆上要用木棍打孔以利透气。最后用农膜覆盖保湿,秸秆上面所盖塑料膜靠近交换机的一侧要盖严,以保证交换机抽出的二氧化碳气体的纯度。

(6)安装交换机和输气带。安装二氧化碳交换机要平稳牢固,接合处采用泥或水泥密封。然后把二氧化碳微孔传输带套装在交换机上,用绳子扎紧扎牢。二氧化碳微孔传输带,要东西向固定在大棚吊蔓用的铁丝或棚顶的拱架上。交换机接通220V电源即可。

一般50m的标准大棚,外置式反应堆需用菌种6kg,分3次使用,每次2kg;秸秆用量3000kg,分3次使用,每次用量1000kg。菌种的预处理同内置式反应堆。很多地方夏季具有高温高湿等自然优势,因而更为适宜的是简易外置式反应堆的使用。该反应堆的建造形式是:一般只需挖条相应面积的贮气池,然后铺农膜、水泥杆拉铁丝,固定后,加秸秆撒菌种、淋水浇湿、通气、盖膜、反应转化降解等,操作程序同上,应用和处理方法同上。这种反应堆二氧化碳利用率低,主要应用浸出液和沉渣。

三、秸秆生物反应堆使用注意事项

(一)内置式秸秆生物反应堆使用注意事项

(1)减少浇水量。在第一次浇水湿透秸秆的情况下,不论什么蔬菜,定植时只浇少量水即可,不能浇大水。平时管理也要减少浇水次数。

(2)打孔通气。每逢浇水后,气孔堵死,都必须重新打孔,以保证微生物反应所需氧气的供应及反应堆二氧化碳气体的释放。

(3)慎用农药和化肥。前两个月,浇水时不能冲施化肥、农药,尤其是要禁冲杀菌剂,以避免降低反应堆菌种的活性,但叶面喷药不受限制。后期可适当追施少量有机肥或复合肥,每次每亩冲施有机肥15kg左右,或复合肥10kg左右。

(二)外置式秸秆生物反应堆使用注意事项

(1)补气和用气。补气是指补充氧气。秸秆生物反应堆中的纤维分解菌是一种好养菌,其旺盛的生命活动需要大量氧气。因此,反应堆上面盖膜不可过严,四周要留出5～10cm高的空间,以利于通气。每次浇水后要用10cm尖头木棍自上而下按照40cm见方,在反应堆上打孔通气,孔深以穿透秸秆层为宜。也可以把长1.5m左右的塑料管壁扎若干气孔,插入反应堆秸秆层,便于通气。内径10cm的塑料管可用两根,细一些的可酌情选用6～8根,管子上端要露出秸秆层。用气是指利用好反应堆释放的二氧化碳气体,反应堆建好当天就应当打开交换机通风换气。前5天,每天开机换气2小时左右。5天后开机时间逐渐延长至6～8小时，以把反应堆产生的二氧化碳通过微孔传输带输送给大棚蔬菜。即使遇到阴天也要开机3～4小时，以防止秸秆反应堆发生厌氧反应，产生毒害气体为害蔬菜生长。即使阴雨天，也应每天通气5小时以上。每日开机时间，自7:00至盖草苫为止。

(2)补水和用液。水是微生物分解转化秸秆的重要介质。缺水会降低反应堆的效能，反应堆建好后，10天内可用贮气池中的水循环补充1～2次。以后可用井水补充。秋末冬初和早春每隔7～8天向反应堆补一次水；严冬季节10～12天补一次水。补水应以充分湿透秸秆为宜。反应堆浸出液中含有大量的二氧化碳、矿质元素、抗病生物孢子，既能增加植物的营养，又可起到防治病虫害的效果，生产中可用作叶面肥和冲施肥。其用法是按1份浸出液兑2～3份的水，喷施叶片和植株，或结合浇水冲施，每次每沟15～25kg即可。

PPT-32

(3)补料和用渣。外置式反应堆一般使用50～60天，秸秆消耗在60%以上，此时应及时补充秸秆和菌种。一次补充秸秆1000kg，菌种2kg，浇透水。秸秆在反应堆反应后的剩余陈渣，富含有机和无机养分，收集起来，可作追肥使用，也可以供下茬作物定植时在穴内使用，效果很好。

任务七　设施灾害性天气及预防对策

温室、大棚等设施主要在冬、春季节进行生产，难免遭受灾害性天气的危害，因而要有预备防范措施，避免意想不到的损失。常见灾害性天气主要有大风、大雪、强降温、连阴天等。

一、大风的危害及预防对策

(一)大风的危害

风力大到足以危害人们的生产活动和经济建设的风，称为大风。我国中央气象台规定风速大于等于17m/s(8级)的风作为发布大风的标准。实际上，5级风就能对作物造成危害。

大风影响园艺设施的稳固，能吹倒棚架，砸伤植株，直接导致植株死亡；容易吹散、吹破棚架和棚膜，致使设施内的作物倒伏、枝干折断，严重时导致作物出现失水、萎蔫，影响植株开花授粉等。同时大风还污染棚体，减弱棚内的光照强度。

(二)大风的预防对策

(1)营造防风林带和风障。

(2)根据当地的风力设计抗风的园艺设施。

(3)选择避风场所建造园艺设施。

(4)根据天气预报临时加固大棚、温室等园艺设施。

(5)遇到大风天，一旦出现薄膜有鼓起现象时，放下部分(半卷)草苫压在温室前屋面的中部。

二、大雪的危害及预防对策

(一)大雪的危害

我国气象上规定,下雪时,水平能见距离小于500m、24小时内降雪量大于5mm的为大雪。

冬季降雪过多会形成多种灾害。大雪常压垮大棚,破坏园艺设施;积雪过久威胁作物越冬,降低作物生长速度,延迟作物生长发育,严重时造成设施作物冻害。另外,暴风雪通常伴随强寒潮,寒冷潮湿天气由过冷却雨滴凝成的透明或毛玻璃状密实冰层又叫雨凇、冻雨、积冰,加重设施内作物灾害程度,亦可导致树木倒折、路面打滑、电线着地。例如,2008年春季的江南雪灾、冰灾,导致大量园艺设施受损、设施内的作物被冻死和冻伤等灾害,造成华南地区蔬菜、水果等供应出现较为紧缺的现象。

(二)大雪的预防对策

(1)保持草苫干燥,加强防大雪管理。根据天气预报,无论白天还是夜间,都要对相关园艺设施在雨前或刚下雨时卷帘,防止雨水将草苫浸透,增加重量,给卷苫带来困难;防止草苫湿后上冻,卷放困难。雪大时,要及时除雪,防止大雪压坏棚架;防止雪化湿苫。

(2)连雪天,下雪时间长,每天必须揭苫1～2h,要在中午卷苫1～2m高,让室内见光1～2h,让设施内的作物接受散射光,千万不能捂棚。在降雪天气温度不太低时,尽量卷起草苫,让雪直接落在棚膜上,便于清扫,棚膜上积雪也有一定的保温作用。雪过后及时放苫子保温。在设施内使用加温炉等进行增温,也可以在室内悬挂大功率灯泡,进行补光加温。

(3)加固修复倒塌的大棚。

(4)积极防冻、防病、治病。

(5)组织技术人员检查指导。尤其是广大南方地区,应当以科学有效的应对措施来规避大雪灾害,把预防雪灾摆在与防台风、防暴雨同等重要的位置。

三、强降温的危害及预防对策

(一)强降温的危害

气象学上定义:72小时内,日平均气温下降≥8.0℃叫强降温(主要指3～4月和10～11月期间)。强降温往往伴有大风、雷雨、阵雨、寒潮等天气,处理不及时易造成设施内作物冻害,特别影响设施内作物开花授粉,亦能导致正处于灌浆的作物出现倒伏或机械性损伤,影响其正常灌浆,将对后期产量形成较大的影响,还能导致部分果树落花落果。如低温持续时间较长,还会出现僵苗、烂苗的现象。

(二)强降温的预防对策

(1)提高幼苗对低温的耐性。在定植前对秧苗进行低温炼苗。

(2)保温、增温。做好已经播种或正处育苗阶段的农作物的保温工作,增加植被覆盖,如四层牛皮纸能增加夜温3℃以上;加放底角纸被,能增加夜温1℃左右;温室前底角没有防寒沟的,要填些乱草防风寒,北墙或山墙外也应堆草木等防寒;进入温室的门要放门帘子,或内设缓冲间,严防冷风直接进入。

(3)稳固保温设施,增强设施自身的保温能力。设施内的保温结构要合理,场地安排、布局与方位等也要符合保温要求;用保温性能较好的覆盖保温材料;必要时进行牢固棚膜,有孔要及时补上,保持棚膜良好;减少棚膜缝隙散热。

(4)采用临时加强措施。温室里临时扣中、小拱棚,对于高棵作物不便于扣棚时,可用燃气罐、电炉子、升火炉、炭火盆等人为加温措施达到防寒目的,但要防火。升火炉加温必须有烟筒,不向室内漏烟。用炭火盆加温,要在室外生火,当木炭完全烧成红色已不冒烟时,再移入室内。

另外,温室遭受冻害多在温室的前部,因此遇到强降温天气时,夜间在靠近前底脚处,按1m的间距点燃一支蜡烛,保持前底脚处不受冻害。必要时还要在设施周围,特别是在设施的北部和西北部加设风障,减少风力因素造成的温度下降。

四、连续阴天的危害及预防对策

(一)连续阴天的危害

连续4~5天或以上的阴雨天气现象叫连续阴天。各地气象站根据本地天气气候特点及对农业生产影响的情况,其规定略有差异。降水强度可以是小雨、中雨,也可以是大雨或暴雨。南方地区春季、江淮地区秋季、华北平原春末夏初、华南地区的秋季等常有连阴雨发生。

在作物生长发育期间因持续阴雨天气,设施内的土壤和空气长期潮湿,日照严重不足,使作物生长发育不良,严重影响产量和质量。其危害程度因发生的季节、持续的时间、气温高低和前期雨水的多少及作物的种类、生育期、设施内的环境等的不同而异。例如,长江下游一带春季连阴雨,因光照不足,会发生设施内的作物出现烂种等现象。在收获季节出现连阴雨,会造成设施内的作物等发芽霉烂、块根类作物腐烂等。另外,由于连阴雨,设施内湿度过大,如果不能及时排湿,还可引发某些作物病虫害的发生及蔓延。

2. 连续阴天的预防对策

(1)应研究和掌握本地连阴雨天气发生及其危害的规律,制订合理的设施结构和布局,并做好设施作物及品种的布局和各季的安排。

(2)必须保持透明覆盖物良好的透光性,这是减轻或避免连阴雨天气危害的前提。

(3)应根据各地的不同情况,分别采取相应的防御措施。一是针对南方早播期间的连续阴天,除根据天气变化规律,在冷尾暖头抢晴播种,设施内采用薄膜覆盖育苗外,搞好设施内的田间管理,调节设施内的小气候是防御低温阴雨天气影响、培育壮秧的主要措施。二是针对长江中下游地区作物主要生育期内的连续阴天,要搞好设施内的基本建设,排水要畅通,低洼地区要做好水上整治,降低内河水位,沟渠配套,降低地下水位,提高栽培技术,改良土壤,推行中耕、培土等。注意收听天气预报,做好排渍和病虫防治工作。三是针对作物收获季节的连续阴天,应根据天气预报及时做好抢收、抢晒工作。在条件许可的情况下,应配备必要的烘干设备,以便雨天收的作物能及时烘干,避免发芽、霉烂而遭受损失。四是针对设施内的高架作物实行宽窄行种植,并适当稀植,及时整枝打杈,去除老叶,并使用透明绳吊秧,实现通风透光、保温等目的。

(4)增光、提温、排湿。遇到连续阴天,只要温度不是很低,就应该揭开草苫,应用减少保温覆盖物遮荫或者人工补光等措施,尽量增加室内温度。一般阴天,或有短时间露出太阳,室内温度就会有一定程度的升高。另外,如果在温室后部张挂反光幕或在地面上铺盖反光地膜,在连续阴天时也会起到一定增光和提高温度的作用。冬季阴雨(雪雾)天气较多的低纬度地区,应该提早覆盖薄膜,使土壤中储积较多的热量。冬季遇到连续阴天时,由于地温较高,在一定程度上能提高保温效果,减少低温冻害的发生。

PPT-33

任务八 设施环境综合调控的应用

一、设施综合环境调控的目的和意义

所谓综合环境调控,就是以实现作物的增产、稳产为目标,把关系到作物生长的多种环境要素(如室温、湿度、CO_2 浓度、气流速度、光照等)都维持在适于作物生长的水平,而且要求使用最少量的环境调节装置(通风、保温、加温、灌水、使用二氧化碳、遮光、利用太阳能等各种装置),既省工又节能,便于生产人员管理的一种环境控制方法。这种环境控制方法的前提条件是,对于各种环境要素的控制目标值(设定值),必须依据作物的生长发育状态、外界的气象条件以及环境调节措施的成本等情况综合考虑,通过对环境状况和调控设备运行状况的实时监测,设定控制目标值,配置各种数据资料的记录分析,根据效益分析来进行有效的综合环境调控。

设施内环境要素与作物、外界气象条件以及人为的环境调节措施之间,相互发生着密切的作用,环境要素的时间、空间变化都很复杂。有时为了使室内气温维持在适温范围,人们或是采用通风换气,或是采取保温或加温等环境调节措施,常常会连带把其他要素调到一个不适宜的水平。结果从作物的生长来看,这种环境调控措施未必是有效的。例如,春天为了维持夜间适温,常常提早关闭棚室保温,造成整夜高湿结露现象,引发病害。清晨,为消除叶片上的露水而大量通风时,又会使室内温度太低,影响了作物的光合作用。总之,设施环境与作物之间的关系是复杂的。

二、设施综合环境调控的方式

设施综合环境调控有三个不同的层次,即人工控制、自动控制和智能控制。这三种控制方法在我国设施农业生产中均有应用,其中自动控制在现代温室环境控制中应用最多。

(一)设施环境的人工控制

单纯依靠生产者的经验和头脑进行的综合管理,是其初级阶段,也是采用计算机进行综合环境管理的基础。有经验的菜农非常善于把多种环境要素综合起来考虑,进行温室大棚的环境调节,并根据生产资料成本、产品市场价格、劳力、资金等情况统筹计划,安排茬口、调节上市期和上市量,为争取高产、优质和高效益进行综合环境管理,并积累了丰富的经验。

生产能手对温室内环境的管理,多少都带有综合环境管理的色彩。比如,采用年前耕翻、多次翻土、晒土提高地温,多施有机肥提高地力,选用良种、营养土提早育苗,用大温差育苗法培育成龄壮苗,看天、看地、看苗掌握放风量和时间,浇水要和光温配合等,这些都综合考虑了温室内多个环境要素的相互作用及其对作物生育的影响。

依靠经验进行的设施环境综合调控，要求管理人员具备丰富的知识，善于并勤于观察情况，随时掌握情况变化，善于分析思考，能根据情况做出正确的判断，让作业人员准确无误地完成所应采取的措施。

（二）设施环境的自动控制

自动控制是指在没有人直接参与的情况下，利用控制装置或控制器，使机器、设备或生产过程的某个工作状态或参数自动地按照预定的规律运行。例如，温室内浇灌系统自动适时地给作物灌溉补水等，这一切都是以自动控制技术为前提的。自动控制系统的结构和用途各不相同，自动控制的基本方式有开环控制、反馈控制和复合控制。近几十年来，以现代数学为基础，引入电子计算机的新控制方式有了很大发展，如最优控制、极值控制、自适应控制、模糊控制等。其中，反馈控制是自动控制系统最基本的控制方式，反馈控制系统也是应用最广泛的一种控制系统。

1. 开环控制方式

开环控制方式是指控制装置与被控对象之间只有顺向作用而没有反向联系的控制过程，按这种组成的系统称为开环控制系统，其特点是系统的输出量不会对系统的控制作用发生影响。开环控制系统可以按给定量控制方式组成，也可以按扰动控制方式组成。

2. 反馈控制方式

反馈控制方式是一种把系统的被控量反馈到它的输入端，并与参考输入相比较的控制方式。在反馈控制系统中，控制装置对被控对象施加的控制作用，是取自被控量的反馈信息，用来不断修正被控量的偏差，从而实现对被控对象进行控制的任务，这就是反馈控制的原理。反馈控制就是采用负反馈并利用偏差进行控制的过程。其特点是不论什么原因使被控量偏离期望值而出现偏差时，必定会产生一个相应的控制作用去减小或消除这个偏差，使被控量与期望值趋于一致。可以说，按反馈控制方式组成的反馈控制系统，具有抑制任何内、外扰动对被控量产生影响的能力，因而有较高的控制精度。

3. 复合控制方式

复合控制方式是指按偏差控制和按扰动控制相结合的控制方式。按扰动控制方式在技术上较按偏差控制方式简单，但只适用于扰动是可测量的场合，而且一个补偿装置只能补偿一个扰动装置，对其余扰动均不起补偿作用。因此，比较合理的一种控制方式是把按偏差控制与按扰动控制结合起来，对于主要扰动采用适当的补偿装置实现按扰动控制，同时再组成反馈控制系统实现按偏差控制，以消除其余扰动产生的偏差。这样，系统的主要扰动已被补偿，反馈控制系统就比较容易设计，控制效果也会较好。

（三）设施环境智能化综合调控

现代设施环境智能控制系统是一个非线性、大滞后、多输入和多输出的复杂系统，其问题可以描述为：给定温室内动植物在某一时刻生长发育所需的信息，该信息与控制系统感官部件所检测的信息比较，在控制器一定控制算法的决策下，各执行机构合理动作，创造出温室内动植物最适宜的生长发育环境，实现优质、高产、低成本和低能耗的目标。温室环境智能控制系统通过传感器采集温室内环境和室内作物生长发育状况等信息，采用一定的控制算法，由智能控制器根据采集到的信息和作物生长模型等比较，决策各执行机构的动作，从而实现对温室内环境智能控制的目的。

1. 温度智能控制系统

温度智能控制由变温双位自动控制系统完成，通过一个24小时为周期的定时器(Ps)自动转换，分时段向调节器输入给定温度。

温度管理一般分为四段变温或五段变温管理。四段变温管理将一昼夜分为上午、下午、前半夜、后半夜4个时间段，白天以促进光合作用为目标，晴天设置较高气温；前半夜气温略降，以促进体内物质转运；后半夜气温继续降低，以便抑制呼吸作用，但要保证作物生长发育不受阻。五段变温管理是在四段变温的基础上，增加早晨时段，以促进光合作用。

2. 通风换气自动调控系统

温室通风换气自动调控系统主要控制通风口的开启部位、开启大小、开启时间以及强制通风系统的开启时间和排风量等。

3. 灌溉自动控制系统

温室灌溉自动控制系统主要是控制灌溉用水的加温和精确，定时、定量、高效地自动补充土壤水分。

4. 液态肥施用自动控制系统

温室液态肥施用自动控制系统控制施肥的开、关，肥液的浓度与施肥量等。

5. 二氧化碳气肥施肥自动控制系统

二氧化碳气肥施肥自动调控系统控制室内二氧化碳气体施肥系统的开关与运行时间。

6. 光照自动控制系统

光照自动控制系统控制遮阳网的开放，以及补光灯的开、关时间等。设施环境智能调控设备及主要功能如表4-12所示。

表4-12　设施环境智能调控设备及主要功能

控制项目	控制设备	主要功能
换气	天窗、侧窗、换气扇	生长上限温度的维持，补充二氧化碳，除湿
加温	暖风机、热水锅炉与水泵	生长下限温度的维持，相对湿度的降低
保温	保温幕	抑制热蓄积
二氧化碳施肥	二氧化碳发生器 二氧化碳贮气罐	二氧化碳高浓度化
光调节	遮阳网、补光灯	短日照处理，抑制升温
喷雾	喷淋、喷雾系统	降温，加湿
空气搅拌	环流风机	气温均匀，防止叶面结露
无土栽培	营养液调节供液装置	EC、pH调节，供液量调节
灌水	灌水装置	调节土壤水分

PPT-34

复习思考题

1. 影响设施透光率的主要因素有哪些?
2. 如何改善设施内的光照条件?
3. 设施热支出途径有哪些?
4. 何谓贯流放热、温室效应、保温比、温度逆转现象?
5. 试述提高设施保温性的主要措施。
6. 如何有效降低设施内的湿度?
7. 设施内有害气体的种类主要有哪些?如何降低有害气体积累?
8. 简述设施内二氧化碳浓度的日变化规律及其调控措施。
9. 设施土壤次生盐渍化的原因及其防控途径。
10. 何为设施环境综合调控?设施环境综合调控的方式有哪些?
11. 计算机综合调控的设备有哪些?这些设备如何进行设施环境的调节?
12. 常见的灾害性天气有哪些?
13. 灾害性天气对园艺设施有哪些危害?
14. 怎样避免或减轻灾害性天气的危害?

项目五　灌溉系统及其设备的应用

项目描述

本项目主要描述生产中的灌溉系统及其设备相关内容，学生通过学习了解生产中在用的相关灌溉设备，掌握滴灌、喷灌、无土栽培灌溉等设施的组成系统、运行原理、维护保养等内容，并能在生产中加以应用。

任务一　农用水泵的类型及应用

一、农业水泵的类型

（1）离心泵。离心泵是利用叶轮旋转的离心力扬水的水泵。其流量小，扬程高，类型规格多，是园艺生产中，尤其是喷、滴灌系统中应用广泛的主要泵型。

（2）轴流泵。轴流泵是利用叶轮旋转时叶片对水的轴向推力引水的水泵。其流量大，扬程低，适用于低扬程的平原地区。

（3）混流泵。混流泵既利用叶轮的离心力又利用叶轮的轴向推力扬水。其流量和扬程介于离心泵和轴流泵之间，适用于平原和丘陵地区。

（4）潜水泵。潜水泵是由立式电动机与离心泵组成一体的提水机械，整个机组潜入水中，有作业面（浅水）潜水泵和深井潜水泵。

二、离心泵的一般构造与工作原理

离心泵一般由叶轮、泵体、轴与轴承、密封装置与支架组成（见图 5-1）。

叶轮对水做功，实现能量形式的转换，把动力机的机械能传递给水，转变成水流的动能和压能。泵体外形似蜗壳，内腔与叶轮外缘间的过水断面呈由小到大渐变的涡旋形流道，用于汇集叶轮甩出的水并形成水流，消除涡流与紊流，使水流降速增压，最大限度地将水流的动能转化为压能。轴与轴承，单吸泵的轴一端安装叶轮，另一端安装联轴器或皮带轮，中部用轴承支撑。双吸泵轴中部安装叶轮，两侧由轴承支撑，一端的端头安装联轴器。轴承一般采用滚动轴承，少数采用滑动轴承。密封装置用于减小轴与泵体轴孔的间隙，减缓泵内压力水沿轴的渗漏。常用的密封装置有填料密封和橡胶密封。大中型离心泵还会采用其他密封措施。

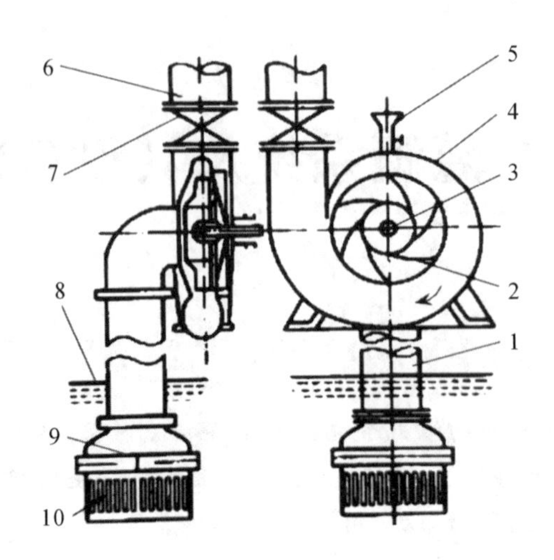

1-进水管;2-叶片;3-叶轮;4-泵壳;5-放气阀;6-出水管;7-法兰盘;8-水面;9-单向阀;10-滤网

图 5-1 离心泵结构

离心泵的工作分压水和吸水两个过程。

压水过程:启动前,需向泵内灌水,使叶轮浸在水中。启动后,叶槽中的水随叶轮转动,受离心力的作用,水沿叶片切线方向以高速甩入泵体蜗道并最终形成具有较高压力的水流,沿出水管流向高处。

吸水过程:叶轮叶槽中的水被甩离开,在叶轮的中心形成真空,而水源水面受到大气压的作用,在该压力差的作用下,水沿进水管被吸入泵内叶轮处。

叶轮连续转动,水泵的吸水与压水过程连续进行,水源不断地被提往高处。

三、离心泵的工作部件

(一)叶轮

叶轮是水泵最重要的工作部件。水泵通过叶轮的旋转使被抽送的水获得能量,使其有一定的流量和扬程。不同类型的水泵或不同用途的水泵,叶轮形式有所不同。常见的水泵叶轮如图 5-2 所示。

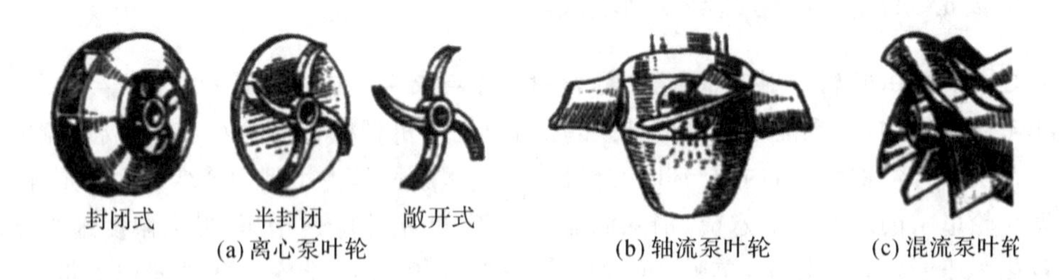

图 5-2 水泵叶轮

(二)泵壳

泵壳的作用是把水引向叶轮,汇集由叶轮流出的水流进入出水管,并将水流的部分动能转化为压能。泵壳也是其他部件连接的载体,一般用铸铁制成。离心泵的泵壳像蜗牛壳(见

图 5-3)，叶轮装在泵壳里，形成了过水断面由小到大的蜗形流道，水流在蜗道里实现能量的转换。轴流泵的壳体为圆桶形，上部为弯管。混流泵的泵壳有蜗壳形，也有圆桶形。

PPT-35

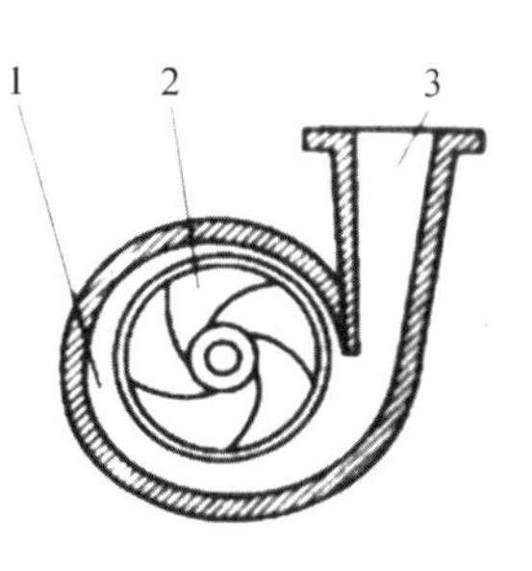

1-蜗道；2-叶轮；3-出水口

图 5-3　蜗壳形泵壳

任务二　滴灌系统的组成及应用

滴灌是滴水灌溉的简称，它是将水加压(有时混入可溶性化肥或农药)，经过滤，通过管道输送至滴头，以水滴(或渗流、小股射流等)形式，适时适量地向作物根系供应水分和养分的灌溉方法。滴灌具有部分润湿土体，作物行间距仍然保持干燥，经常不断并缓慢地浸润根层及输水、配水运行压力低的特点，是一种机械化、自动化的灌水技术，也是一种高度控制土壤水分、营养、含盐量及病虫等条件的农业新技术。

一、滴灌系统的组成

典型的滴灌系统由水源、首部枢纽、输水和配水管网及滴水器四大部分组成(见图 5-4)。

1-水源；2-水泵；3-阀门；4-压力表；5-调压阀；6-化肥罐；7-过滤器

8-冲洗管；9-干管；10-支管；11-毛管；12-滴头；13-进排气阀

图 5-4　滴灌系统示意

(1)水源。滴灌系统的水源可以是河水、湖水、自来水、地下水等。滴灌对水质要求较严,一般宜选用水质优良的水源。

(2)首部枢纽。其包括水泵(附动力)、化肥罐、过滤器、控制及测量设备等。其作用是从水源抽水加压,经过滤后按时按量输送至管网。采用高位水池供水的小型滴灌系统,可将化肥直接溶入池中。

(3)输水和配水管网。其包括干管、支管、毛管、管路连接管件和控制调节设备(如闸阀、减压阀、流量调节器、进排气阀等)。一般管道采用塑料管,常用有两种:聚氯乙烯管(PVC)和聚乙烯管(PE)。其作用是将压力水或化肥溶液输送并均匀地分配到滴头。

(4)滴水器。其作用是使毛管中压力水流经过细小流道或孔眼,使能量损失而减压成水滴或微细流而均匀地分配于作物根区土壤,是滴灌系统的关键部分。

二、滴灌系统的主要设备

(一)滴水器

压力水通过毛管进入滴头,经减压后,以稳定、均匀的低流量施入土壤,逐渐润湿作物根层。滴灌系统工作的好坏最终取决于滴水器性能的优劣。因此,通常将滴水器称为滴灌系统的心脏。一般要求滴水器流量低、均匀、稳定,不因微小的水头压力差而明显变化;结构简单,不易堵塞,便于装卸和清洗;造价低,坚固耐用。常用的滴水器可分为滴头和滴灌管(带)两大类。

1. 滴头

我国近期常用的滴灌设备按滴头与毛管的连接方式和消能方式可分为以下几种。

(1)管上式滴头(见图5-5)。其安装时,在毛管上直接打孔,将滴头插在毛管上,如孔口滴头、纽扣管上式滴头等。管上式滴头一般安装在ϕ12~20mm的PETP管(毛管)上,常用的流量规格有2.3L/h、2.8L/h、3.75L/h、8.4L/h,工作压力为0.08~0.3MPa。

图5-5 管上式滴头外观图

滴头按流道压力补偿与否,分为非压力补偿和压力补偿两类。压力补偿式滴头按其形状又可分为纽扣式滴头、旗状滴头和伞状滴头(见图5-6和图5-8)。

图5-6 纽扣式滴头

图5-7 旗状滴头

图5-8 伞状滴头

(2)滴箭型滴头。滴箭型滴头的压力消能有两种:一种是以很细内径的微管与输水管和滴灌插件相连,靠微灌流道壁的沿程阻力来消耗;另一种是靠出流沿滴箭的插针头部的迷宫形流道造成的局部水头损失来调节流量大小,滴头直接作用于作物的根部,滴箭可以以多头出水,出口滴头的每个滴孔连接一管线,水从各分流管线流向作物。一般用于盆栽或无土栽培(见图 5-9 至图 5-10)。

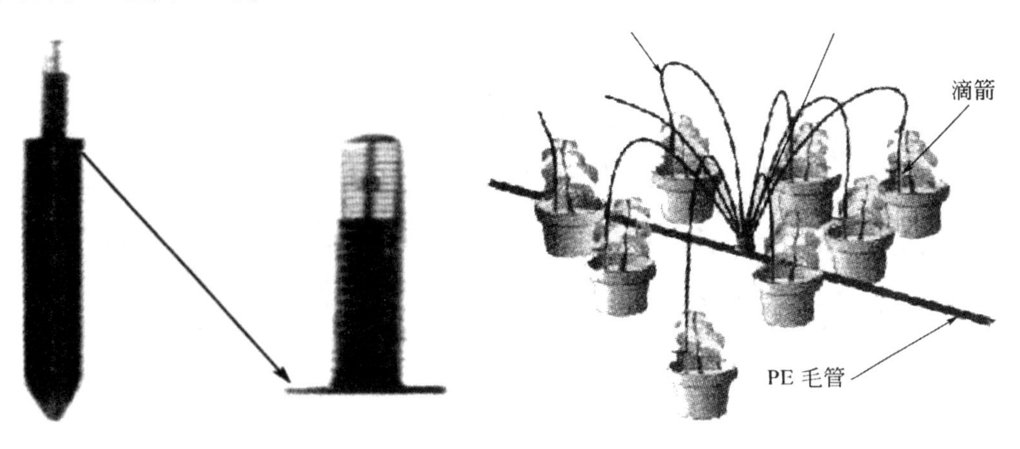

图 5-9 滴箭型滴头　　图 5-10 滴箭型滴头应用示意

(3)微管滴头。微管滴头是指直接安装在小管出水口上,用于分流和定位滴灌的配套设备,多用于盆栽、苗圃等作物(见图 5-11)。

(4)管间式滴头。管间式滴头具有迷宫式涡流流道,滴水孔为单出口狭缝,且置于管间,便于发生堵塞时拆卸清洗(见图 5-12)。

图 5-11 微管滴头

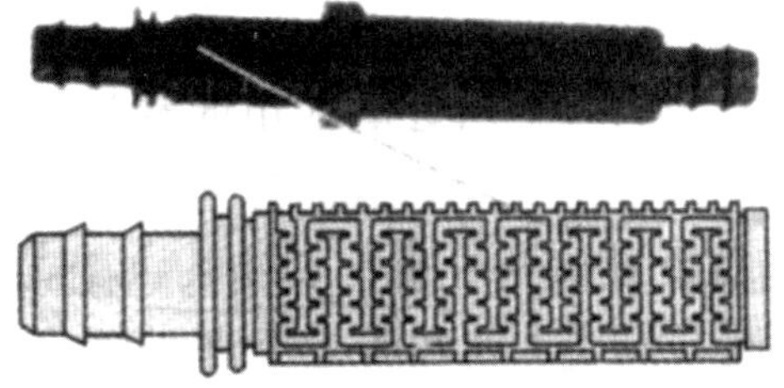

图 5-12 管间式滴头结构

2. 滴灌(管)带

滴灌(管)带是将滴头与毛管在制作过程中组装成一体的管状或带状滴水器。其工作压力低,且毛管和滴头合成一体。

(1)滴灌带。其管壁较薄(一般小于 0.4mm),出水口在管壁打孔或直接在结合缝出热合成流道或成双壁管理,以及在出水口装有片状滴头等,可压扁成带状。滴灌带体积小,便于运输安装,一次性投资低,但铺设时不能弯曲,而且使用寿命短,适于一次性使用(见图 5-13和图 5-15)。

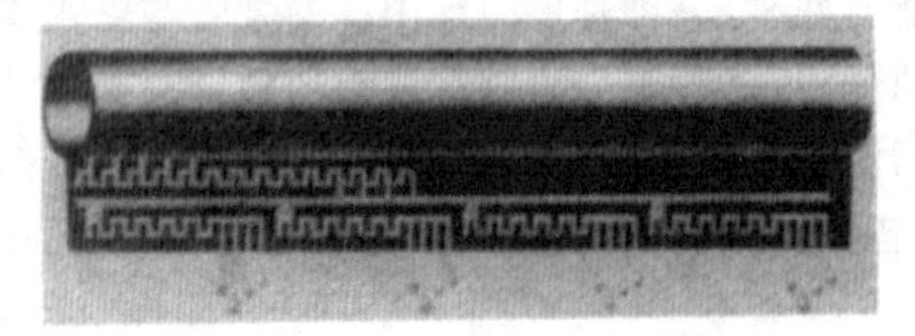

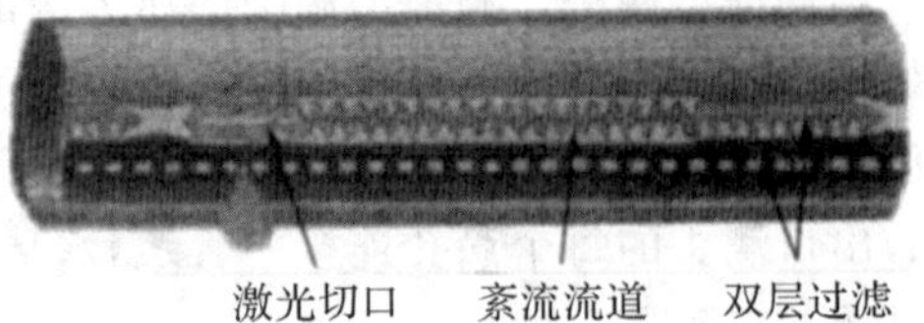

图 5-13　单翼式滴灌带

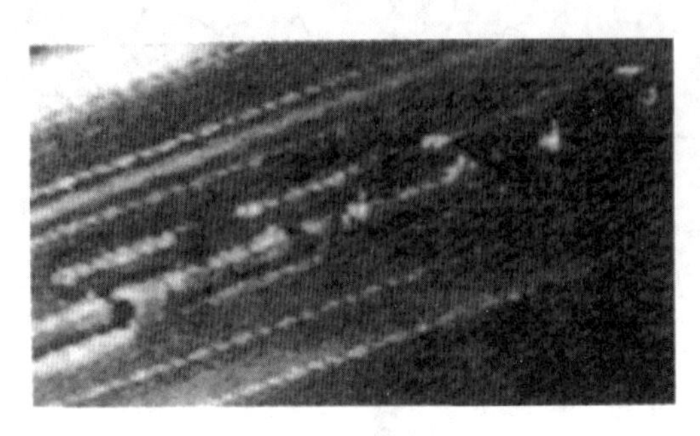

图 5-14　内镶贴条式迷宫滴灌带

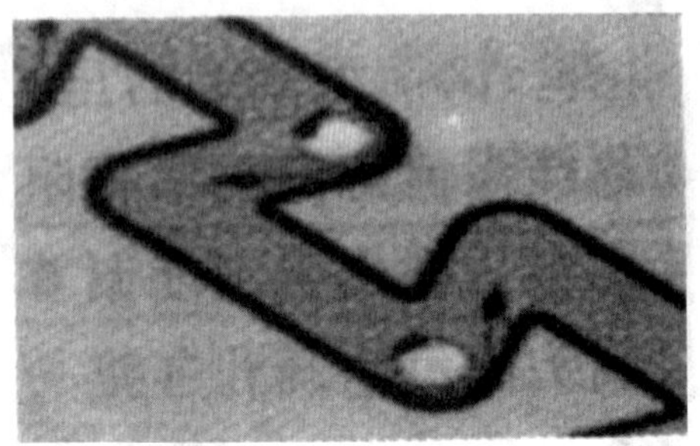

图 5-15　虎头式滴灌带

(2)滴灌管。其管壁较厚(一般大于 0.4mm),管内装有专用内镶式滴头。内镶式滴头具有长而宽的曲径式密封管道,每个滴头往往配有两个出水口,当系统关闭时,其中一个出水口就会消除土壤颗粒被吸回堵塞的危险。按形状可分为条形滴头和圆柱形滴头(见图 5-16和图 5-17)。内镶式滴头一般安装在毛管的内壁。

(a) 非压力补偿式

(b) 压力补偿式

图 5-16　内镶式圆柱形滴头图

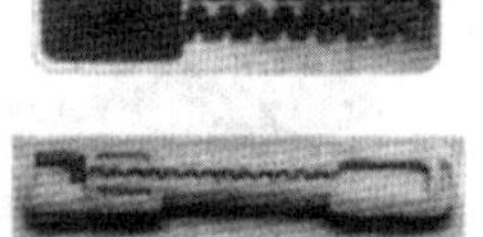

图 5-17　内镶式条形滴头图

(二)过滤器

过滤器是清除水流中各种杂质,保证滴灌系统正常工作的关键设备。除脉冲滴灌外,滴头的出水孔口及流道甚小,极易堵塞,即使较清的井水或泉水作为滴灌水源,也必须设置过滤器,以保证滴灌系统的正常运行。对明槽水流,还应在集水池前设纱网或砾石层滤水装置。必要时设沉淀池,以确保进泵水流洁净,减轻过滤器负担。过滤器一般安装在肥料罐后面。过滤器类型较多,应根据水质情况正确选用。

(1)筛网过滤器。网式过滤器结构简单,一般由承压外壳和缠有滤网的内心构成,滤网由尼龙丝、不锈钢或含磷紫铜(可抑制藻类生长)制作,但滴灌系统的主过滤器最好用不锈钢丝制作。其孔径一般为 70～200 目,应根据水源泥砂颗粒粗细确定。筛网过滤器能很好地清除滴灌水源中的极细砂粒。灌区水源较清时使用很有效,但当藻类或有机物较多时,易被堵死,需要经常清洗(人工清洗或反冲清洗)。因此,在利用露天水源滴灌时,应在泵底外装一过滤网作为初级过滤使用,以防止杂草、藻类堵塞过滤网。

(2)砂砾石过滤器。将细砾石和经过分选的各级砂料放在一个圆柱形的池子里，便构成砂砾石过滤器，经过滤的水再穿过包裹着150目滤网的穿孔集水管集中水流，然后经过出水管，送入滴灌管路系统。砂砾过滤器适用于含有大量悬浮泥沙和有机物的水源。

(3)离心式过滤器。这种过滤器是通过水流在过滤罐内做旋转运动时产生的离心力，把水中比重较大的泥砂颗粒抛出，以达过滤水流的目的(也叫涡流砂粒分离器)。这种过滤器可以除去200目筛网所能拦截的砂粒的98%，是一种拦截水源中大量极细砂的有效装置。离心式过滤器的主要优点是能连续过滤高含砂量的灌溉水，但不能清除密度小于1的有机物，故它只能作为初级过滤用。直接采用井水滴灌时，离心过滤器可作为主过滤器使用。

(4)泡沫过滤器。这种过滤器采用塑料管和泡沫聚氨甲酸酯为过滤材料。其造价低，宜在水很干净时采用或作为最终过滤器用。

(三)输水动力

滴灌常用的水泵有潜水泵、离心泵、深井泵、管道泵等，水泵的作用是将水流加压至系统所需的压力并将其输送到输水管网。

动力机可以是电动机、柴油机等。如果用有水源的自然水头(水塔、高位水池、自来水等)则可省去水泵和动力。

(四)施肥装置

随水施肥是滴灌系统的重要功能。当直接从专用蓄水池中取水时，可将化肥溶于蓄水池再通过水泵随灌溉水一起送入管道系统。当直接从自来水、人畜饮水蓄水池或水井取水时，则需加设施肥装置。通过施肥装置可将化肥溶解后注入管道系统随水滴入土壤中。向管道系统注入化肥的方法有三种:压差式原理法、泵注法和文丘里注入器法。

(五)管道与连接件

管道与连接件用于组成输水、配水网。塑料管是滴灌系统的主要用管，主要有聚乙烯管、聚氯乙烯管和聚丙烯管。易于产生化学反应或锈蚀的管道，如钢管、铸铁管、水泥管等应尽量避免使用。将各级管路连接成一个整体的部件为管件。主要管件有接头、三通、弯头、螺纹接头、旁通及堵头等。

(六)控制、测量与保护装置

控制、测量与保护装置为滴灌系统的正常运行所必需。控制装置为各类阀门，如控制阀、安全阀、进排气阀、冲洗阀等。测量装置包括压力表和水表。保护装置有流量调节器、压力调节器和水阻管等。

三、滴灌系统的运行管理

(一)滴灌的水管理

滴灌的水管理是滴灌系统运行管理的中心内容。其主要任务是正确地确定滴灌制度并加以实施。不同作物及同一作物不同生育阶段对水分的要求是不同的，不同的环境条件下作物的耗水也不一样。以土壤水分的消长作为控制指标进行滴灌，使土壤水分处于适宜的范围，以“张力计”法较为普遍。

张力计的测量范围一般为$(0\sim1)\times10^5$ Pa。旱地土壤有效水的范围是从田间持水量到萎蔫系数之间的含水量，水分所受到的吸力为$(0.3\sim15)\times10^5$ Pa。对于绝大多数作物而言，在水分所受到吸力为 1×10^4 Pa 时，作物生长就开始受阻。为了保证作物的稳产高产，水分所受到的吸力应在 $(0.3\sim1)\times10^5$ Pa，也就是说当张力计的读数为 1×10^5 Pa 时开始灌水，灌到 0.3×10^5 Pa 时停止。当然合理滴灌的指标还应根据作物及不同生育阶段对土壤水分的要求以及气候、土壤条件做适当调整。

（二）滴灌系统运行管理

运行管理主要是设施、设备的管理。每年灌溉季节开始前，应对地埋压力管道进行检查、试水，保证管道通畅；闸阀及安全保护设备应启动自如，动作灵活；阀门井中应无积水，裸露在地面的管道部分应完整无损；测量仪表要盘面清晰，指针灵敏。每年灌溉季节结束，应冲净管道泥砂，排放余水，进行维修；阀门井加盖保护，在寒冷地区阀门井与干支管接头处应采取防冻措施。地面用移动管道，应尽量避免日光直接曝晒。停止使用时，应存放于通风、避光的库房里。塑料管道应注意冬季防冻，并及时检查、维修蓄水池和沉淀池。

（三）滴灌系统的日常管理

滴灌系统的日常管理内容包括：根据作物的需要，按张力计读数开启和关闭滴灌系统；必要时，由滴灌系统施加可溶性化肥、农药；预防滴头堵塞，对过滤器进行冲洗，对管路进行冲洗；规范运行操作，防止水锈的产生。

（四）滴灌施肥管理

滴灌施肥是供给作物营养物质的最简便的方法。一般将称好的肥料先装入一容器内加水溶解，然后将肥料溶液倒入水池（箱），经一定时间肥料液扩散均匀后再开启滴灌系统随水施肥。为保证施肥均匀，应采用低浓度，少施勤施的方法，池（箱）中最大浓度不宜超过 500mg/L。

PPT-36

任务三　微喷灌系统的组成及应用

微喷灌是通过低压管道系统，以小流量将水喷洒到土壤和作物表面进行灌溉的方法。它是在滴灌和大田喷灌的基础上形成的一种新的精量灌水技术。微喷灌时，水流以较大的速度由微喷头的喷嘴喷出，在空气阻力的作用下形成细小的水滴落到土壤、作物的表面，湿润土壤。由于微喷头出流孔口的直径和出流流速（或工作压力）都比滴灌滴头大，从而大大减少了堵塞。微喷灌还可将可溶性化肥随灌溉水直接喷洒到作物叶面或者根系周围的土壤表面，提高施肥效率。

一、微喷灌的组成

微喷灌系统由水源、首部枢纽、供水管网、微喷头和自动控制设备组成（见图 5-18）。

（一）水源及其要求

微喷灌的水源应符合农田灌溉水质要求，可以是地面水源，也可以是地下水源。地面水源是指可以作为农业设施和保护地灌溉工程用的江水、河水、湖泊水、塘堰水、水库水等。由于地面水源来源于大气降水（如雨、雪、冰、雾等），并且直接与大气相接触，因此易受周围环境的污染，一般浑浊度都较高，泥沙含量高，水质、水温变化大。但地面水源也具有水量充

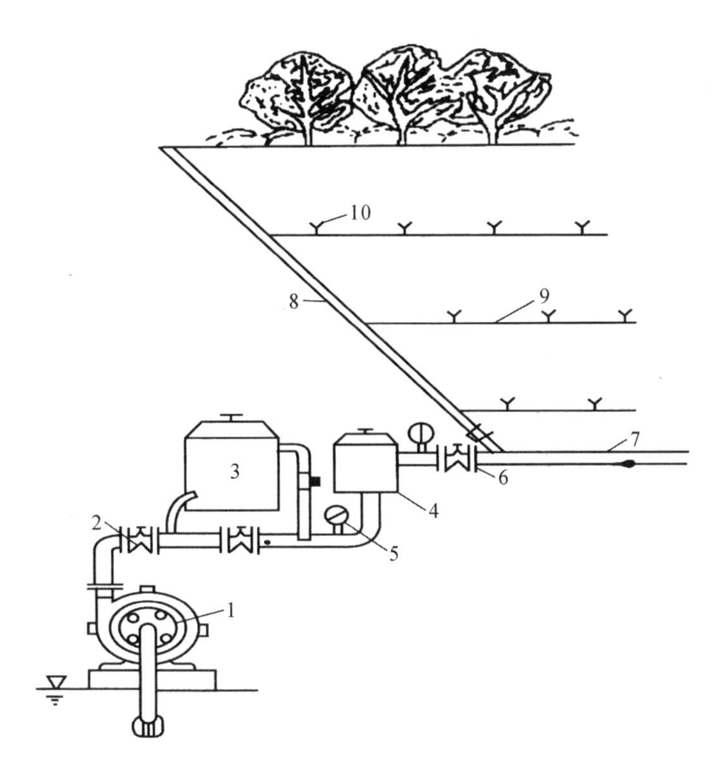

1-水泵;2-闸阀;3.化肥罐;4.过滤器;5.压力表;6-水表;7-干管;8.支管;9.毛管;10.喷头

图 5-18 微喷灌系统示意

沛、取用较方便、矿化度及硬度较低等优点。

地下水源是指埋藏于地面以下地层中的水源,统称为地下水。地下水源主要来源于大气降水和地面水源的渗入。由于地下水埋藏在地表以下,在地层流动,受地层吸附、过滤和微生物的作用,故一般具有水质洁净、无色无味、悬浮杂质少、水温变化小、分布面广、不受环境污染等优点。但它的流速和径流量小,矿化度和硬度较高。地下水可以就地开采利用,投资少,见效快。

无论选用哪一种灌溉水源,都应该满足以下几方面的基本要求:

(1)水量:应能充分满足栽培区灌溉用水的要求。

(2)距离:水源的位置应尽可能靠近农业设施和保护地区域,减少设备投资和运行成本。

(3)无污染:灌溉水源的水质应符合《农田灌溉水质标准》。

(4)杂质少:在微灌水源中各种杂质须尽量少,防止灌溉系统堵塞,增加管理难度和生产成本。

(二)首部枢纽

完整的首部枢纽主要包括水泵与动力机、净化过滤设备、施肥装置、测量和保护设备、水加温设备等。

在设施灌溉中常用的水泵有离心泵、潜水泵、深井水泵等;动力机在南方地区以电动机为主,配合有柴油机、汽油机等;净化过滤设备主要有拦污网、沉淀池、介质过滤器、网式过滤器等;施肥装置主要有压差式施肥罐、文丘里施肥器、电动施肥泵和水动施肥泵等;测量和保护设备主要包括水表、压力表、安全阀、单向(逆止)阀和进排气阀等;在北方地区由于冬季十分寒冷,为了防止冷水直接灌溉产生的不良影响,通常在冬季要对灌溉水进行加温,因此还要配备相应的水加温设备,其以电加温居多。

(三)供水管网

供水管网的作用是将经首部枢纽处理过的压力水,按照所设计的灌溉路线送到灌溉区,最终通过微喷头实现灌溉。供水管网主要包括干管、支管,干管和支管通常采用硬质聚氯乙烯(U-PVC)、软质聚乙烯(PE)等塑料管。为了提高土地利用率,根据使用要求,通常可将干管埋于地下或架于设施的骨架上,留有相应的接口,可选用不同的微喷头与之灵活连接。目前在大型设施内,移动喷灌车的运用也越来越普遍。

管件是将管道连接成管网的部件。管道的种类与规格不同,所用的管件不尽相同。如干管与支管的连接需要等径或异径三通,还要设置阀门,以控制进入支管的流量;支管与毛管的连接需要异径三通、等径三通、异径接头等管件;毛管与微喷头的连接需要旁通、变径管接头、弯头、堵头等管件。管件的材料多为塑料,也可以用钢管加工。

(四)微喷头

微喷头是微喷灌系统的主要部件,它直接关系到喷洒质量和整个系统运行是否可靠。按现有微喷头的结构形式及工作原理进行分类,微喷头一般分为射流式、离心式、折射式和缝隙式四种。最常用的主要是折射式和射流式两种。折射式没有旋转部件,一般又称固定式微喷头;射流式喷头带有旋转部件,喷头在喷水的同时也在不停地旋转,故又称旋转式微喷头。微喷头的工作压力一般为50～2000kPa,喷嘴直径为0.8～2.2mm,喷水量一般小于240L/h。

二、微喷灌系统的设备

(一)水泵

水泵是微喷灌系统的心脏,它从水源抽水并将无压水变成满足微喷灌要求的有压水。水泵的性能直接影响着微喷灌系统的正常运行及费用。应根据微喷灌系统的需要选用相应性能的高效率水泵。

(二)过滤器

在微灌系统中,由于灌水器的流道、孔口直径等比较小,水源中的难溶性矿物质、有机颗粒、肥料和农药中的不溶性杂质等,都易引起堵塞,影响微灌系统的正常工作。在生产中应针对引起堵塞的主要原因选择合适的过滤器,以便达到良好的净化水源的效果。对于灌溉水的源头可以采用拦污网、沉淀池等进行初处理,然后再通过过滤设备进一步过滤。生产中常用的过滤器有筛网式过滤器、叠片式过滤器、砂石过滤器、离心式过滤器等。

(1)筛网式过滤器。它的过滤介质有塑料网、尼龙筛网或不锈钢筛网,主要作为末级过滤(见图5-19)。它的过滤效果主要由筛网的孔径大小(即网的目数)决定,筛网的目数越大,过滤效果也越好,但也容易引起堵塞,一般要求过滤器的滤网孔径大小为所使用灌水器孔径的1/10～1/7即可。

(2)叠片式过滤器。叠片式过滤器是由大量的很薄的圆形叠重叠起来,并锁紧形成一圆柱形滤芯,每个圆形叠征的两个面分布着许多滤槽,当水流经过这些叠片时,利用盘壁和滤槽来拦截杂质(见图 5-20)。这种类型的过滤效果要优于筛网式过滤器,所以在水质太差时不宜作为初级过滤。

(3)离心式过滤器。其工作原理是由高速旋转的水流产生的离心力,将砂粒和其他较重的杂质从水体中分离出来,它内部没有滤网,保养方便,可作为高含砂量水源的主过滤器(见图 5-21)。生产中应把握水质的污染程度选择不同的过滤器。

图 5-19　筛网式过滤器

图 5-20　叠片式过滤器

图 5-21　离心式过滤器

(三)施肥装置

施肥装置是微灌系统的重要组成部分,也是一项重要的功能。通过施肥装置将溶解于水的化肥溶液或药液,注入管道系统随水滴入土壤中,完成施肥或喷药过程。根据向管道系统注入溶液或药液的方法不同,施肥装置分为压差式、泵注式和文丘里式三种。

1. 压差式施肥罐

压差式施肥罐又称旁通施肥罐。罐上安装有进水管和出水管,并与主管相连。在主管上位于进、出水管相连接点的中间设调压阀。当调压阀刚关闭时,两边即形成压差,一部分水流经过进水管进入化肥罐,溶解罐内化肥,然后化肥液又通过出水管进入主管进行施肥。

压差式施肥罐是按数量施肥方式施肥,开始时流出的肥料浓度较高,随着施肥的进行,罐中肥料越来越少,浓度越来越低。阿莫斯特奇总结了罐内不断降低的溶液浓度的规律,在相当于 4 倍罐容积的水流通过罐体后,90%的肥料已进入灌溉系统。流入施肥罐内的水量,可通过安装在进水管上的流量计(水表)来测得。因此,在生产中可根据理论施肥时间、施肥罐的大小来计算出进入施肥罐的水量,从而通过调压阀来调节其流量。压差式施肥罐要求肥料罐具有良好的密封及抗压、防腐性能,常用金属、塑料制成。压差式施肥罐结构简单,造价较低,不需外加动力设备。

2. 注射泵

注射泵使用活塞泵或隔膜向滴灌系统注入肥料,通常有水力驱动泵、电机或内燃机驱动泵以及施肥机。目前生产中应用最多的是水力驱动的杜塞泵。在荷兰进口的现代化温室中,特别是在无土栽培中,施肥机的应用较为普遍。泵注法的优点是肥料浓度稳定,施肥质量好,效率高,可实现电脑自动控制(见图 5-22)。

3. 文丘里注入器

文丘里注入器的工作原理是:流通过一个由大渐小然后由小渐大的管道时(文丘里管喉部),在狭窄部分流速加大,压力下降;当喉部管径小到一定程度时管内水流便形成负压,在喉管侧壁上的小口可以将肥料溶液从一敞开肥料罐通过小管径细管吸上来。文丘里注入器结构简单，造价低廉，使用方便，非常适用于小型滴灌系统。因为将文丘里注入器直接装在主管路上造成的压力损失较大，因此，一般应采取并联方法与主管路连接(见图 5-23)。

图 5-22　注射泵

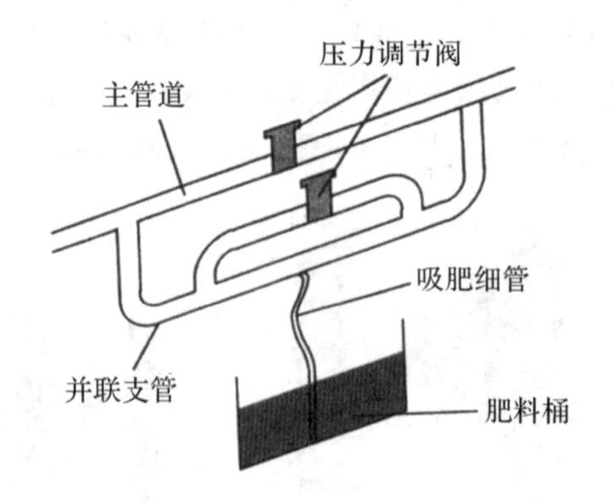

图 5-23　文丘里注入泵

以上施肥装置均可进行某些可溶性农药的施用。为了保证滴灌系统运行正常并防止水源污染，必须注意以下几点：注入装置一定要设在水源与过滤器之间，以免未溶解的化肥、农药或其他杂质进入微灌系统，造成堵塞；施肥、施药后必须用清水把残留在系统内的肥液或农药冲洗干净，以防止设备被腐蚀；水源与注入装置之间一定要安装逆止阀，以防肥液或农药进入水源，造成污染。施肥器安装在滴灌系统的首部。三种施肥装置的优缺点比较如表 5-1 所示。

表 5-1　三种施肥装置的优缺点比较

类型	优点	缺点
压差式	结构简单，制造容易，造价较低，不需外加动力设备，应用较广泛	肥料溶液浓度变化大且无法控制，灌溉容积有限，有一定水头损失
泵注式	肥料浓度稳定，施肥质量好，效率高	需要注入泵，造价较高
文丘里式	结构简单，造价低廉，使用方便	水头损失太大

(四)微喷头

1. 折射式微喷头

折射式微喷头主要部件包括喷嘴、折射锥(折射破碎机构)、支架。其有单向和双向喷水两种形式，工作原理是：压力水流由喷嘴垂直向喷出，在折射锥的作用下，水流受阻力而改变方向，被粉碎成薄水层向四周射出，在空气阻力的作用下形成细小的水滴散落，水压越大其雾化性越好，射程也越远。该喷头结构简单，没有运动部件，工作稳定，价格便宜。它适用于果树、苗圃、温室大棚、园林花卉及食用菌培养场所。常用的几种折射式喷头如图 5-24 所示。

2. 旋转式微喷头

旋转式微喷头又称射流式微喷头，由支架、旋转臂、喷水口和连接件四部分组成。其工作原理是：压力水流由喷嘴垂直向上喷出后，射到可以旋转的单向折射臂上，不仅使水流改变了方向，能按一定的仰角射出，同时也对折射臂产生一定的反作用力，使之快速旋转，将水

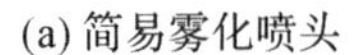
(a) 简易雾化喷头　　(b) G形折射喷头　　(c) 折射式微喷头

图 5-24　常见的几种折射喷头

流进一步粉碎，故为全圆式喷洒。该喷头带有运动部件，加工精度要求高，运动部件在高速旋转下也易磨损，因此使用寿命较短。它适用于果园、茶园、苗圃、蔬菜、城市园林绿地等灌溉，用于大面积湿润灌溉与降温喷洒则效果更佳。常用的几种旋转式喷头如图 5-25 所示。

(a) 单侧G形旋转喷头　(b) 双侧轮G形旋转喷头　(c) 单侧轮旋转喷头

图 5-25　常见的旋转喷头

3. 离心式微喷头

离心式微喷头由喷嘴、喷头座、导流心室（离心室）和进水口接头组成。其工作原理是：压力水流从切线方向进入导流心室，绕垂直轴旋转，然后通过喷头中心的喷嘴呈水膜射出，水膜在空气阻力的作用下粉碎成水滴散落。该喷头具有结构简单、体积小、工作压力低、雾化程度高、流量小、不易堵塞等特点，适用于喷洒蔬菜、花卉、园林绿化等。常用的四出口雾化喷头如图 5-26 所示。

图 5-26　离心式喷头

4. 缝隙式微喷头

缝隙式微喷头的特点是雾化，呈扇形向上喷洒，特别适用于长条带状形花坛微喷洒（见图 5-27）。

三、微喷灌的设计

（一）微喷灌系统的设计要求

微喷灌系统设计总的要求如下：

（1）微喷灌系统的设计灌水均匀度应大于 85％。

图 5-27　缝隙式喷头

(2)微喷灌系统的组合喷灌强度应小于土壤的入渗能力。

(3)雾化指标应适应作物和土壤的耐冲刷能力。

(4)工程建成后应具有较高的经济效益,初步分析的益本比大于 2.0。

(二)微喷头组合方式及其选择微喷头的组合方式

微喷头组合方式及其选择微喷头的组合方式有正方形、矩形、正三角形和等腰三角形四种。微喷头的组合方式除受到保护地边界条件限制外,还受到其他条件的制约。因此,其组合形式按下列步骤进行:

1. 微喷头的喷洒形式

微喷头的喷洒形式有多种,如全圆喷洒、扇形喷洒、带状喷洒等。在保护地中,除了微喷头喷洒半径必须小于保护地尺寸要求外,在保护设施边界处应选择扇形喷洒,而中间部位可选择全圆喷洒方式。全圆喷洒能充分利用射程,降低系统造价。

2. 选择微喷头的组合形式

选择微喷头的组合形式是指选择微喷头在田间的布置形式,一般用相邻的 4 个微喷头的平面位置组成的图形表示。其组合间距用 S_e 和 S_l 表示:S_e 表示同一条支管上两相邻微喷头的间距;S_l 表示相邻两支管的间距。一般应尽可能使支管间距 S_l 大于或等于喷头间距 S_e,即选择正方形喷洒组合或矩形喷洒组合,以减少支管用量,节省设备投资。

3. 组合间距

保护地中的微喷灌灌溉组合间距应根据保护地边界条件,用作图法进行组合间距布置。

(三)微喷灌系统设计的关键技术

微喷灌系统设计必须考虑土壤的干容重、田间持水率、允许喷灌强度及计划湿润层深度等,依次计算灌水定额、允许组合喷灌强度等;先根据保护地条件选择好组合方式,再进行微喷灌设计。

四、微喷灌的管理

(一)微喷灌系统运行管理

微喷灌系统运行管理主要是设施、设备的管理。每年灌溉季节开始前,应对地埋压力管道进行检查、试水,保证管道通畅;闸阀及安全保护设备应启动自如,动作灵活;阀门井中应无积水,裸露在地面的管道部分应完整无损;测量仪表要盘面清晰,指针灵敏。每年灌溉季节结束,应冲净管道泥砂,排放余水,进行维修;阀门井加盖保护,在寒冷地区阀门井与干支管接头处应采取防冻措施。地面用移动管道，应尽量避免日光直接曝晒。停止使用时，应存放于通风、避光的库房里。塑料管道应注意冬季防冻，并及时检查、维修蓄水池和沉淀池。对蓄水池、沉砂池的沉积物应定期洗刷排除，灌溉季节结束，蓄水池存水应放掉。

对过滤设备应经常检查，清洗污物，灌溉季节结束时，刷洗滤网，晾干后收存备用。微喷头运行时，要经常检查，发现堵塞物及时处理，并检查微喷头喷洒时是否符合技术要求，转动部件是否灵活，是否有漏喷现象等。灌溉季节结束后将微喷头用一块塑料布包住，在附近挖一个小坑，埋入地下，并注上标记，以便识别。

（二）用水管理

微喷灌具体的灌水时间和灌水量，应根据栽培园艺作物的种类、不同生育时期的需水特性及环境条件，尤其是土壤含水量的多少来确定。

（三）施肥管理

在微喷灌过程中施肥具有方便、均匀的特点，容易与作物各生育阶段对养分的需求相协调；易于调整对作物所需养分的供应；有效利用和节省肥料，施用液体肥料更方便，且能有效地控制施肥量。但有的化肥会腐蚀管道中的易腐蚀部件，施肥时应加以注意。

PPT-37

微喷灌系统大部分采用压差式化肥罐，用这种化肥罐施肥的缺点是肥液浓度随时间不断变化。因此，以轮灌方式逐个向各轮灌区施肥，要控制好施肥量，正确掌握灌区内的施肥浓度。另外，喷洒施肥结束后，应立即喷清水冲洗管道、微喷头及作物叶面，以防产生化学沉淀，造成系统堵塞及作物叶片被烧伤。

任务四 无土栽培设施的应用

在现代化温室中栽培园艺植物普遍采用无土栽培。无土栽培根据作物所需营养来源可分为无机营养无土栽培和有机生态无土栽培。其中无机营养无土栽培形式多样，包括无基质栽培的营养液膜水培（NFT）、深夜流水培（DFT）、浮板毛管水培（FCH）、雾培和基质栽培的岩棉培、袋培法和立体栽培等。不同栽培形式所用的栽培设施不同。

一、营养液膜水培（NFT）设施的应用

营养液膜水培，是一种将植物种植在浅层流动的营养液中的水培方法。其栽培设施主要由种植槽、贮夜池、营养液循环流动系统及其他辅助设施组成。

（一）种植槽

大株型作物种植槽是用 0.1～0.2mm 厚的白面黑底的聚乙烯薄膜围起来的等腰三角形槽，槽长 20～25m，槽底宽 25～30cm，槽高 20～25cm（见图 5-28）。为改善作物的吸水和通气状况，可在槽内底部铺一层无纺布。小株型作物的种植槽是用玻璃钢或水泥制成的且波纹瓦作槽底；波纹瓦的宽度为 100～120cm，谷深 2.5～5.0cm，相邻波峰间距 10～15cm；全槽长 20m 左右，坡降 1∶(70～100)。一般槽都架设在木架或金属架上，高度以方便操作

为度。槽上加盖一块 2cm 厚的有定植孔的硬泡沫塑料板，使其不透光，如图 5-29 所示。

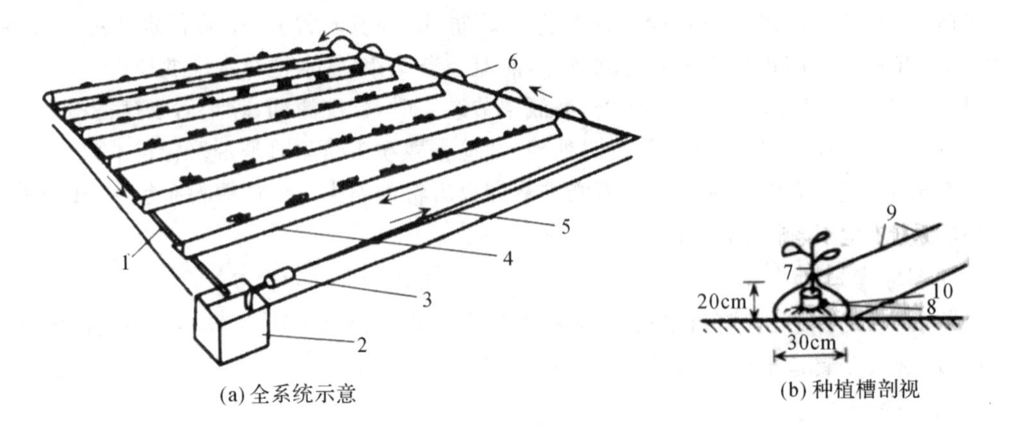

(a) 全系统示意　　(b) 种植槽剖视

1-回流管；2-贮夜池；3-泵；4-种植槽；5-供液主管；6-供液支管；7-苗；8-育苗钵；9-夹子；10-聚乙烯薄膜

图 5-28　NFT 大型作物种植槽示意

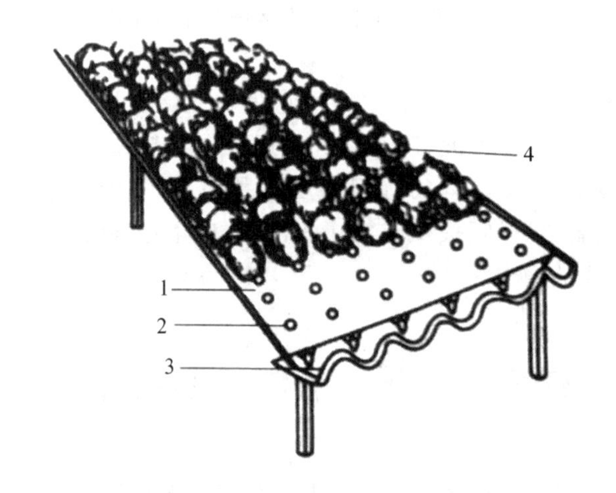

1-定植板；2-定植孔；3-波纹瓦；4-作物

图 5-29　NFT 小型作物种植槽示意

（二）贮夜池

贮夜池位于地平面以下，其容量按大株型作物每株 5L，小株型作物每株 1L 计算。

（三）营养液循环流动系统

营养液循环流动系统主要由水泵、管道及流量调节阀等组成。水泵应选用耐腐蚀的自吸泵或潜水泵，功率大小应与整个种植面积营养液循环流量相匹配。管道均应采用塑料管道，以防止腐蚀。管道安装时要严格密封，同时尽量将管道埋于地面以下，一方面方便工作，另一方面避免因日光照射加速老化。管道分两种：一是供液管，从水泵接出的主管上接出支管，其中一条支管引回贮液池，使一部分抽起来的营养液回流到贮液池中，一方面起搅拌营养液作用，使之更均匀并增加液中溶存氧，另一方面可通过其上的阀门调节输往种植槽方向去的流量。在支管上再接许多毛管输到每个种植槽的高端，每槽的毛管设流量调节阀，然后在毛管上接出小输液管引入种植槽。大株型种植槽每槽设几条直径为 2～3mm 的小输液管,管数以控制到每槽2～4L/min的流量为度。多设几条小输液管的目的是在其中有1～2条堵塞时,还有1～2条畅通,以保证不会缺水。小株型种植槽每个坡谷都设两条小输液管,保证每坡谷都有液流,流量每谷2L/min。二是回流管。种植槽的低端设排液口,用管道接到集液回流主管上,再引回贮液池中。集液回流的主管要有足够大的口径,以免滞溢。

(四)其他辅助设施

其他辅助设施包括定时器、电导率(EC)自控装置、pH自控装置、营养液温度调节装置和安全报警器等。

(1)定时器。间歇供液是NFT水培特有的管理措施。通过在水泵上安装一个定时器从而实现间歇供液的准确控制。

(2)电导率(EC)自控装置。其由EC传感器、控制仪表、浓缩营养液罐(分A、B两个)和注入泵组成。当EC传感器感应到营养液的浓度降低到设定的限度时,就会由控制仪表指令注入泵将浓缩营养液注入贮液池,使营养液的浓度恢复到原先的浓度。反之,营养液的浓度过高,则会指令水源阀门开启,加水冲稀营养液使之达到规定的浓度。

(3)pH自控装置。其由pH传感器、控制仪表和带注入泵的浓酸(碱)贮存罐组成,其工作原理与EC自控装置相似。

(4)营养液温度调节冷却装置。液温太高或太低都会影响作物的生长,通过调节液温以改善作物的生长条件,比对大棚或温室进行全面加温或降温要经济得多。营养液温度控制装置主要由加温或降温装置及温度自控仪两部分组成。

(5)安全报警器。NFT的特点决定了种植槽内的液层很浅,一旦停电或水泵故障而不能及时供液时,很容易因缺水导致作物萎蔫。例如,有无纺布做槽底衬垫的番茄,在夏季条件下,停液30min以上即会干枯死亡。所以,NFT系统必须配置备用电机和水泵,还要在循环系统中装有报警装置,发生水泵失灵时及时发出警报以使及时补救。

二、深液流水培(DFT)设施的应用

深液流水培技术的特点是营养液的液层较深,性质稳定,且循环流动,植株倒挂于营养液的水平面上,部分裸露于空气中,部分浸没于营养液中。深液流水培设施一般由种植槽、定植板与定植杯、地下贮液池、营养液循环流动系统四大部分组成。

(一)种植槽

种植槽一般宽60～90cm、深12～15cm、长10～20m,槽底用5cm厚的水泥混凝土制成,然后在槽底的四周用水泥砂浆和砖砌成槽框,再用高标号耐酸抗腐蚀的水泥砂浆抹面,以达到防渗防蚀的效果(见图5-30)。

(2)定植板与定植杯

定植板用聚苯乙烯硬泡沫板制成,长一般为1.5～2.0m,厚约3cm[见图5-31(a)]。板面开若干定植孔,孔径为5～6cm,定植孔内嵌一只塑料定植杯[见图5-31(b)],高7.5～8.0cm,杯口直径与定植孔相同,杯口外沿有一宽约5mm的唇,以卡在定植孔上,杯的下半部及底部开出许多直径5mm的孔。定植板的宽度比种植槽宽10cm,使定植板的两边能架在种植槽的槽壁上,这样可使定植板连同定植杯悬挂起来。若定植板中部向下弯曲,则需在槽的中间位置架设水泥墩等制成的支撑物以支持植株、定植杯和定植板的重量。

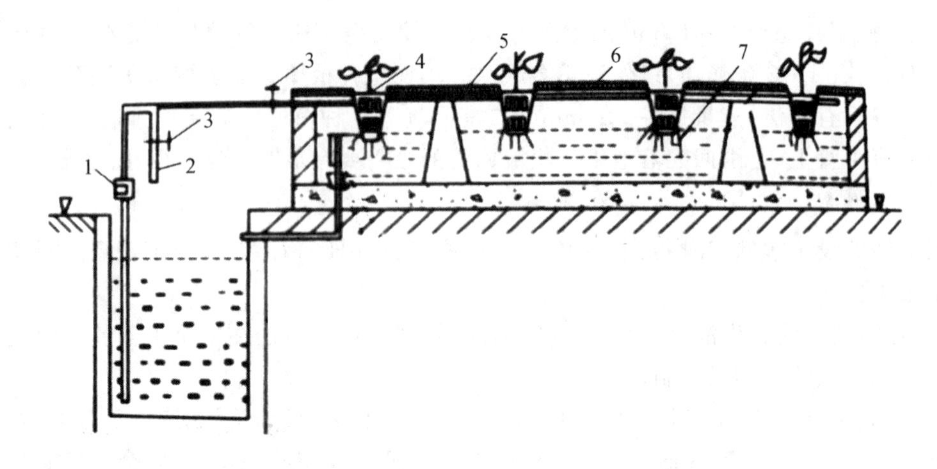

1-水泵;2-充氧支管;3-流量控制阀;4-定植杯;5-定植板;6-供液管;7-营养液

图 5-30　深夜流水培设施组成纵切面示意

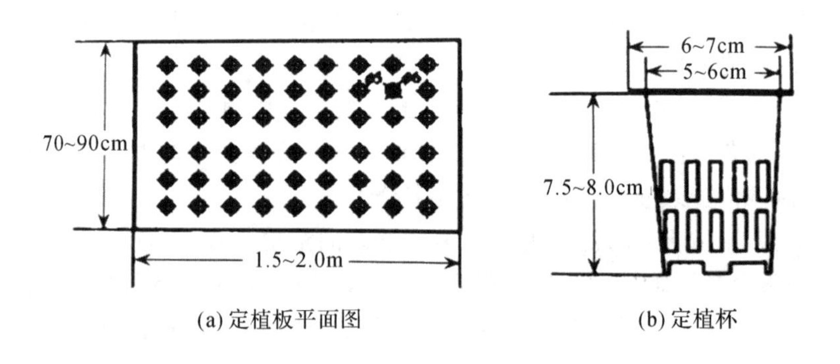

(a) 定植板平面图　　(b) 定植杯

图 5-31　DFT 定植板

（三）地下贮液池

地下贮液池容积的设计按照大株型作物每株占液 15～20L,小株型作物每株占液 3L 计算。算出总需液量后,以其一半作为贮液池容积即可。一般 $1000m^2$ 的温室需设 20～$30m^3$ 的地下贮液池。建筑材料应选用耐酸抗腐蚀的水泥为原料,池壁砌砖,池底为水泥混凝土结构,池面应有盖,保持池内黑暗以防藻类滋生。

（四）营养液循环流动系统

营养液循环流动系统包括供液管道、回流管道、水泵及定时器,所有管道均用塑料制成。每 $1000m^2$ 的温室应用 1 台 50mm、22kW 的自吸泵,并配以定时控制器,以按需控制水泵的工作时间。

三、浮板毛管水培(FCH)设施的应用

浮板毛管水培系统由营养液池、种植槽、营养液循环系统和控制系统四大部分组成。除种植槽外,其他三部分设施基本与 DFT 相同。

种植槽由定型聚苯乙烯泡沫槽连接而成,每个槽长 1m、宽 0.4～0.5m、高 0.1m。种植槽安装在地面上,地面必须水平。联体种植槽总长以 15～30m 为宜。种植槽的槽内铺一层

0.3～0.4mm 厚的聚乙烯黑白双色复合薄膜或两层 0.15mm 厚的黑色薄膜。薄膜必须无破损，以防漏液。种植槽内放置 1.25cm 厚、14cm 宽的聚苯乙烯泡沫板作为浮板，漂浮在营养液的表面。浮板上覆盖一层 25cm 宽的无纺布（规格为 $50g/m^2$）作为湿毡。植物一部分根系在湿毡上生长，吸收空气中的氧气；另一部分根系浸在营养液中吸收水分和养分。定植板选用 2.5cm 厚、40～50cm 宽的聚苯乙烯泡沫塑料板，覆盖在聚苯乙烯泡沫槽上。定植板上有两排定植孔，行株距为 40cm×20cm，孔径为 2.3cm，与育苗杯外径一致（见图 5-32）。种植槽上端安装进水管，下端安装排液装置，进水管处同时安装空气混入器，增加营养液的溶氧量。排液管与贮液池相通，种植槽内营养液的浓度通过垫板或液层控制装置来调节。一般在秧苗刚定植时，种植槽内营养液的深度保持 6cm 左右，定植杯的下半部浸入营养液，以后随着植株生长，逐渐下降到 3cm。这种方法简单易行，设备造价低廉，适合我国目前的生产水平，宜大面积推广。

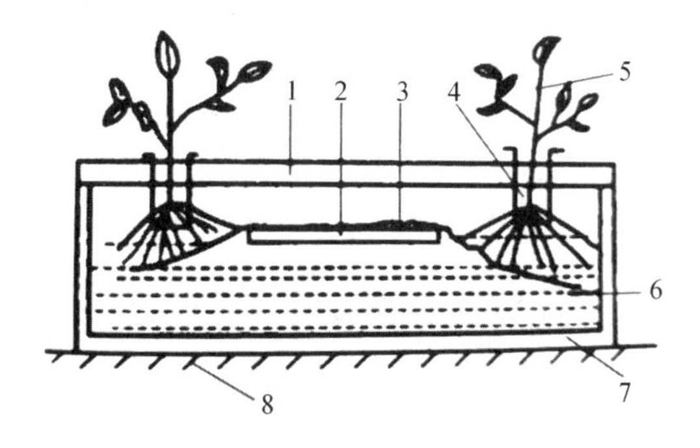

1-定植板；2-浮板；3-无纺布；4-定植杯；5-植株；6-营养液；7-定型聚苯乙烯种植槽；8-地面

图 5-32　FCH 种植槽横断面

四、雾培设施的应用

雾培是用喷雾装置将营养液雾化，使植物的根系在封闭黑暗的根箱内，悬空于雾化的营养液环境中。雾培设施包括根箱和喷雾系统两部分，如图 5-33 所示。

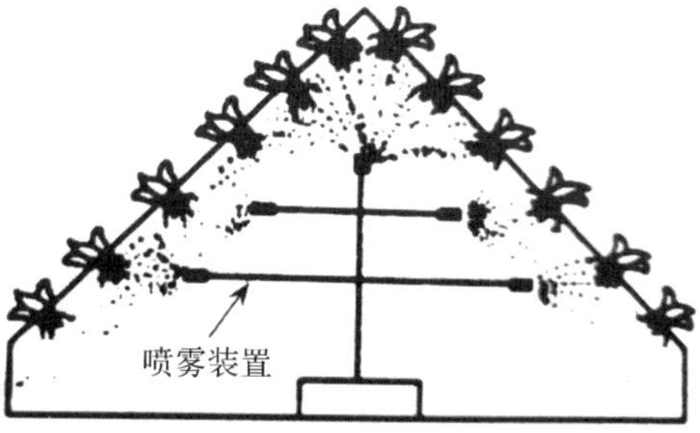

图 5-33　雾培装置示意

（一）根箱

根箱由两块已经打好定植孔的泡沫塑料板竖立成八字形，与地面形成一个三角形的封闭系统，植株定植在泡沫塑料板上。

（二）喷雾系统

喷雾系统主要包括贮液池、压力泵、供液管道（喷雾管）和雾化喷头。喷雾管设在封闭系统内靠地面一边，在喷雾管上安装雾化喷头，将营养液雾化成细雾状喷到植物根系，使植物能更好地吸收。喷头由定时器调控，按一定间隔定时喷雾。

五、岩棉培设施的应用

岩棉培就是将作物种植于一定体积的岩棉块中，让作物在其中孔根锚定、吸水、吸肥、吸气。基本栽培模式是将岩棉切成定型的长方形块，用塑料薄膜包成枕头袋状，称为岩棉种植垫。种植时，将岩棉种植垫的面上薄膜开个小穴，栽植带育苗块的秧苗，并滴入营养液。由于营养液利用方式不同，岩棉培可分为开放式和循环式岩棉培两种。

岩棉培的设施包括栽培床、供液装置和排液装置，如图 5-34 所示。若采取循环供液，排液装置可省去。栽培床是用厚 7.5cm、宽 20～30cm、长 100cm 的岩棉垫连接而成，上面定植带岩棉块的幼苗，外面用一层厚 0.05mm 的黑色或黑白双面聚乙烯塑料薄膜包裹。每条栽培床的长度，以不超过 15m 为宜。一般采用滴灌装置供应营养液，即利用水泵将供液池中的营养液，通过主管、支管和毛管滴入岩棉床。

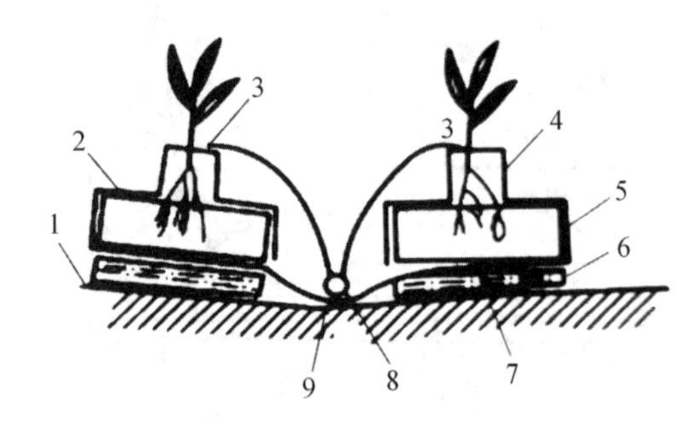

1-畦面塑料膜；2-岩棉种植垫；3-滴灌管；4-岩棉育苗块；
5-黑白塑料膜；6-泡沫塑料块；7-加温管；8-滴灌支管；9-塑料膜沟

图 5-34　岩棉种植垫横切面

六、袋培设施的应用

袋培是用尼龙袋、塑料袋等装上基质，按一定距离在袋上打孔，作物栽培在孔内，以滴灌的形式供应营养液。袋内基质可用蛭石、珍珠岩、锯末、聚丙烯泡沫及其混合物。栽培袋有两种规格：一种是开口筒式栽培袋[见图 5-35(a)]，即将直径 30～35cm 的筒膜剪成 35cm 长，用塑料薄膜封口机或电熨斗将筒膜一端封严；另一种是枕头式栽培袋[见图 5-35(b)]，即将筒膜剪成 70～100cm 长，用塑料薄膜封口机或电熨斗封严筒膜的一端，装入基质后再封严另一端。

开口筒式袋培是按照每袋装基质 10～15L 的量，直接将基质装入袋中，直立放置，即成为一个筒式袋。枕头式袋培是结合栽培袋制作装填基质，每袋装 20～30L，再封严另一端，依次摆放到温室中。长栽培袋则先将长条形塑料平铺于温室的地面上，沿中心线装填 20～30cm 宽、15～20cm 高的梯形基质堆，再将长向的两端兜起，每隔 1m 用耐老化的玻璃丝绳扎住即可。

袋培的滴灌系统在安装前，要先将温室的整个地面铺上乳白色或白色朝外的黑白双色塑料薄膜，以便将栽培袋与土壤隔开，这样有助于冬季增加室内的光照度；然后将栽培袋按照一定的行距摆放整齐。枕头式栽培袋摆放后，在袋上开两个直径 10cm 的定植孔，两孔中

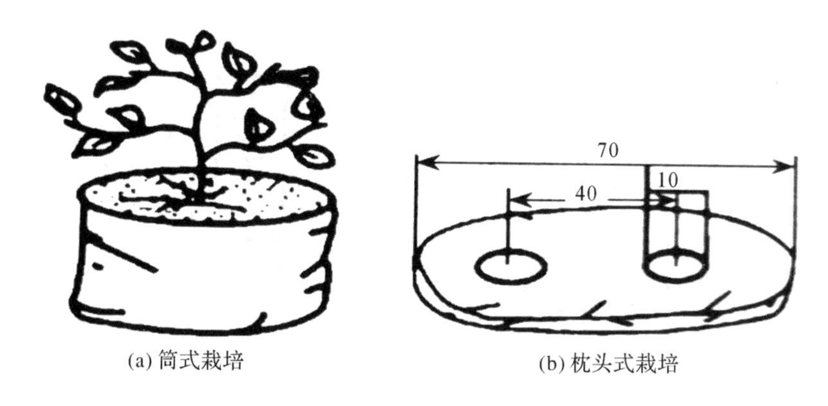

图 5-35　袋培示意(单位:cm)

心距离为 40cm[见图 5-35(b)]。植株定植后再安装滴灌系统。每株至少设置 1 个滴头(见图 5-36)。无论是开口筒式袋培还是枕头式袋培,袋的底部或两侧都应该开 2～3 个直径0.5～1.0cm 的小孔,以便多余的营养液能从孔中渗透出来,防止沤根。长塑料袋栽培则是在基质装填后铺设滴灌管或滴灌带,然后再将塑料两端向上卷合。

1-营养液罐;2-过滤器;3-水阻管;4-滴头;5-主管;6-支管;7-毛管

图 5-36　袋培滴灌系统示意

七、立体栽培设施的应用

立体栽培常见的有柱状栽培、长袋状栽培和立柱式盆钵无土栽培三种方式,主要用于种植叶菜类、草莓等园艺作物。

(一)柱状栽培

栽培柱采用硬质塑料管或石棉水泥管制成,在管的四周按螺旋位置开孔,植株种植在孔中的基质中,也可采用专用的无土栽培柱,栽培柱由若干短的模型管构成,在每个模型管中有几个突出的杯状物,用于种植园艺植物,如图 5-37 所示。

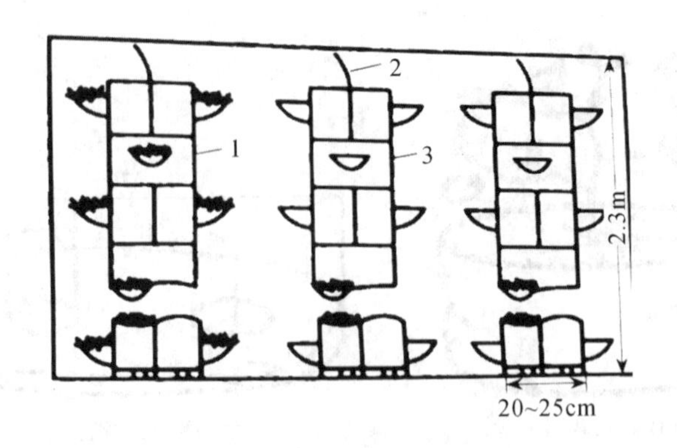

1-水泥管；2-滴灌管线；3-种植孔

图 5-37　柱状栽培示意

(二)长袋状栽培

长袋状栽培用聚乙烯塑料薄膜袋作栽培柱。栽培袋直径为 15cm，厚度为 0.15mm，长度为 1～2cm，内装栽培基质，底端结紧以防基质漏出，从上端装入基质后扎紧，然后悬挂在温室中，袋周围开一些 2.5～5.0cm 的孔，用以种植作物。上端配置供液管，下端设置排液管，如图 5-38 所示。无论是柱状栽培还是长袋状栽培，栽培柱或栽培袋均是挂在温室的上部结构上，在行内彼此间的距离约为 80cm，行间距离为 1.2m。水和养分供应，是用安装在每个柱或袋顶部的滴灌系统进行的，营养液从顶部灌入，通过整个栽培袋向下渗透。营养液不循环利用，从顶端渗透到底部，即从排水孔排出。每月用清水洗盐 1 次。

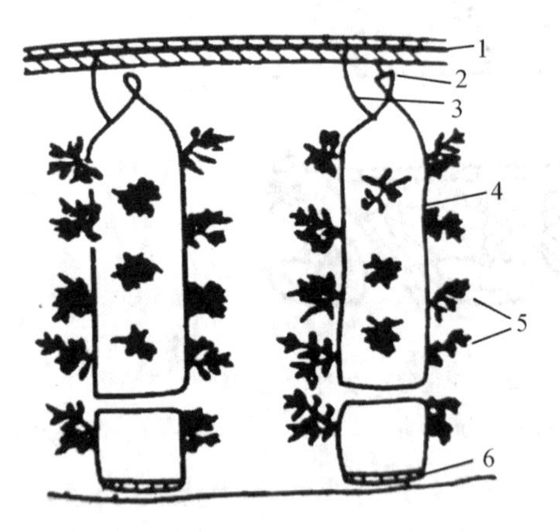

1-养分管道；2-挂钩；3-滴灌管；4-塑料袋；
5-作物；6-排水孔

图 5-38　长袋状栽培示意

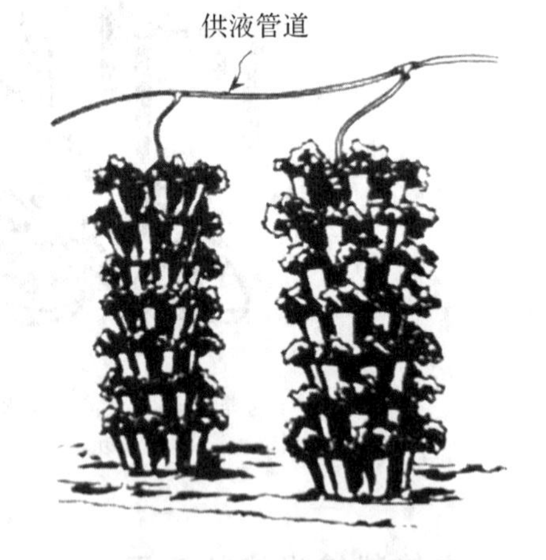

图 5-39　立柱式盆钵无土栽培

(三)立柱式盆钵无土栽培

立柱式盆钵无土栽培是将定型的塑料盆填装基质后上下叠放，栽培孔交错排列，保证作物均匀受光，作物定植在盆钵的培养液中，供液管道由顶部自上而下供液，如图 5-39 所示。

八、有机生态无土栽培设施的应用

有机生态无土栽培是指用基质代替土壤，用有机固态肥取代传统的营养液，并用清水直接浇灌植物的栽培方式。栽培设施主要包括栽培槽和供水系统两部分。

(一)栽培槽

有机生态无土栽培系统采用基质槽栽培的形式(见图 5-40)。在无标准规格的成品槽供应时，可选用当地易得的材料建槽，如木板、木条、竹竿甚至砖块，栽培槽不需特别牢固，只要能保持基质不散落到走道上就行。槽框建好后，在槽的底部铺一层 0.1mm 厚的聚乙烯塑料薄膜，以防止土传病虫害。槽边框高 15～20cm，槽宽依不同栽培作物而定。如黄瓜、甜瓜、番茄等植株高大需有支架的作物，栽培槽宽度定为 48cm，可供栽培 2 行作物，栽培槽距 0.8～1.0m；如莴苣、小白菜等植株矮小的作物，栽培槽宽度可定为 72cm 或 96cm，栽培槽距 0.6～0.8m。槽长度应依设施规格而定，一般为 5～30m。

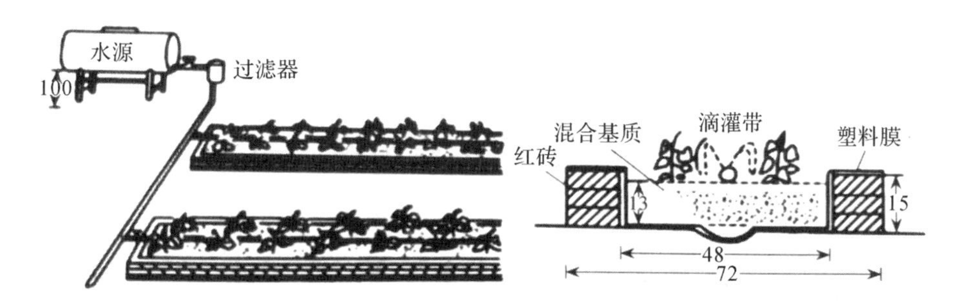

图 5-40　有机生态无土栽培槽(单位：cm)

(二)供水系统

在有自来水基础设施或水位差 1m 以上贮水池的条件下，按单个棚室建成独立的供水系统。除管道用金属管外，其他器材均可用塑料制品以节省资金。栽培槽宽 48cm，可铺设滴灌带 1～2 根；栽培槽宽 72～96cm，可铺设滴灌带 2～4 根。

PPT-38

复习思考题

1. 滴灌滴水器的种类及功能有哪些？
2. 微喷头的种类及功能是什么？
3. 生产中有哪些无土栽培设施？

项目六　工厂化育苗设施设备及其应用

项目描述

工厂化育苗已经成为蔬菜和花卉标准化、规模化生产的重要手段,也是园艺种苗产业化经营的必然选择。通过本章的学习,要求学生掌握工厂化育苗的主要设施和设备的性能特点、工厂化育苗的工艺流程以及工厂化育苗的质量控制,为今后学习具体育苗技术奠定基础。

任务一　工厂化育苗的认知

一、工厂化育苗的优点与意义

工厂化育苗是以先进的育苗设施和设备装备种苗生产车间,将现代生物技术、环境调控技术、施肥灌溉技术、信息管理技术贯穿种苗生产过程,以现代化、企业化的模式组织种苗生产和经营,从而实现种苗的规模化生产。

(一)工厂化育苗的优点

我国传统的育苗大多采用营养土块育苗或者营养钵育苗,尽管生产成本较低,但主要是农户分散育苗,且存在费工费时、育苗周期长、育苗质量得不到保障和种苗商品性差等缺点,已不能满足现代农业集约化和规模化生产的要求。而且传统育苗在定植前要经过分苗,此过程中很容易损伤幼苗根系,导致幼苗定植后生长缓慢、生长整齐度差。现代农业的快速发展迫切要求改变传统的育苗方式,实现种苗的标准化生产。工厂化育苗与传统育苗相比,具有以下优点:

(1)节省能源与资源。以穴盘育苗为例,与传统的营养钵育苗相比,育苗效率由 100 株/m^2 提高到 500～1000 株/m^2。工厂化育苗多由专业种苗公司经营,实现了种苗的规模化生产,较传统的分散育苗节约能源 70%以上,劳动力成本可降低 90%,显著降低了育苗成本。

(2)提高种苗生产效率。工厂化育苗采用精量播种技术,每小时可播种 700～1000 盘,育苗周期较传统的育苗时间大为缩短,大幅度提高了育苗生产效率。育苗实现 1 穴 1 粒,可节省种子用量,降低用种成本。

(3)提高秧苗素质。工厂化育苗通过采用育苗精准环境控制技术、施肥灌溉技术等先进技术,可实现种苗的标准化生产,育出的幼苗生长整齐一致。采用一次成苗技术,幼苗根系发达并与基质紧密黏着，定植时不伤根系，容易成活，缓苗快，秧苗的素质和商品性得到提高，同时缩短成苗苗龄，根系活力强，为高产栽培奠定基础。

(4)商品种苗适于长距离运输。工厂化育苗多采用轻型基质进行育苗，成苗后幼苗的质量轻，适合长距离运输，对于实现种苗的集约化生产、规模化经营十分有利。

(5)适合机械化移栽。国外已经开发出与不同的穴盘规格相适应的机械化移栽机，实现了从种苗生产到田间移栽的全过程机械化。

(二)工厂化育苗的意义

工厂化育苗是在人工控制的最佳环境条件下，充分利用自然资源，采用科学化、标准化的技术措施，运用机械化、自动化手段，使作物秧苗生产达到快速、优质、高效而又稳定的一种育苗方式。工厂化育苗具有以下意义：

(1)采用科学的管理和环境控制，提高秧苗质量。工厂化育苗通过采用精准环境控制、施肥灌溉等先进技术，可实现种苗的标准化生产，育出的幼苗整齐一致。采用一次成苗技术，幼苗根系发达并与基质紧密黏着，定植时不伤根系，容易成活，缓苗块，秧苗的素质和商品性都等到提高。

(2)节约种子，降低育苗风险和生产成本。工厂化育苗采用精量播种技术，可节省种子用量；完善先进的育苗设施与环境控制设备，降低了育苗风险；规模化高效育苗体系降低了育苗成本。

(3)有利于优良品种的推广，提高作物的质量和产量，同时节省劳力，减轻劳动强度。

(4)有利于实现种苗的规模化、集约化和商品化生产。工厂化育苗多采用轻型基质进行育苗，成苗后幼苗质量轻，适合长距离运输，对于实现种苗的集约化、规模化经营十分有利。

(5)推动传统农业走向现代农业。工厂化育苗技术的普及推广了农业生产方式的变革，使育苗由传统的“千家万户”转变为专业育苗公司生产，推动我国育苗技术和育苗方式的革新，实现由传统农业向现代化农业的转变。

二、工厂化育苗的历史与发展现状

(一)国外工厂化育苗的历史与发展现状

早在20世纪50年代开始，一些发达国家就开展了蔬菜工厂化育苗的研究，到60年代，美国、法国、荷兰、澳大利亚和日本等国的工厂化育苗产业已经形成了一定的规模。美国的Speedling公司创始人之一Geroge Todd首先推出了使用发泡聚苯材料制作的穴盘，并将其应用到花椰菜的育苗上。与此同时，美国康奈尔大学的Jim Boodley和Ray Sheldrake教授首次提出应用泥炭、蛭石作为育苗基质，为穴盘育苗的大规模工厂化生产提供了广阔的思路，并且提供了优良、稳定的育苗机制，其后将其成功应用于蔬菜、花卉的种苗生产。目前穴盘育苗技术已经在世界各地普及。

目前，穴盘育苗在美国等发达国家已经形成了一个新的种苗生产行业，它的出现带动了温室制造业、穴盘制造业、基质加工业、精密播种设备等一大批相关产业的技术进步。从国外工厂化育苗的发展过程来看，其具有穴盘育苗市场需求量和供应量大；宜地育苗，分散供苗，种苗生产专业化程度高；机械化程度高；技术管理规范等特点。

(二)国内工厂化育苗的历史与发展现状

我国从20世纪80年代中期正式引进穴盘育苗技术，北京蔬菜研究中心专家承担技术设备引进和消化吸收的研究工作，并在北京郊区建起了我国第一座穴盘苗生产场，并于1987年正式投入生产。经过几年的生产，其取得了巨大的社会效益。它的成功运作使我国蔬菜育苗首次实现了专业化，供应实现了商品化，生产过程实现了机械化。

我国自20世纪80年代引进穴盘育苗技术后，在“八五”、“九五”、“十五”期间都将工厂化育苗作为国家攻关重点项目进行研究。目前，工厂化育苗所需要的精量播种机、行走式洒水车、移动式苗床、穴盘育苗、育苗生产流水线都已经实现国产化生产，在育苗基质配方、育苗环境控制上进行了大量的研究，并已经应用于育苗实际。我国的工厂化育苗经过几十年的发展，尽管取得了长足进步，但是与国外先进的工厂化育苗技术和生产规模相比还有较大的差距，还存在以下一些问题：

(1)工厂化育苗技术的研究与推广普及相脱节。中国已有一大批高等院校和科研机构从事工厂化育苗技术的研究，在育苗温室结构建筑、育苗设备与设施、基质配置和加工、育苗环境因子控制、育苗技术、基于图像处理的健康苗识别技术等方面的研究取得了一大批成果，但是一些研究成果还没有得到很好的推广普及，致使中国工厂化育苗的发展速度相对缓慢。

(2)工厂化育苗投入大，成本较高。工厂化育苗是集成了设施生物技术、设施工程技术、设施智能控制技术和现代管理技术为一体的综合体。目前，国内比较大型的育苗工厂所采用的设施、设备大多都是从国外进口，尽管技术先进，质量好，但价格较贵，投资较大；国内研发的设备、设施尽管价格低，但性能还满足不了要求，而且不配套，故障率较高。

(3)秧苗没有成为真正的商品，没有创建自己的品牌。由于目前一些秧苗生产企业的规模较小，所以很难降低成本，抵御经营风险，提高秧苗的品质，调动生产者的积极性。因此，育苗企业必须扩大生产规模，按照市场经济的要求，采用现代化企业模式经营，培育自身的品牌，增强市场竞争力。

PPT-39

(4)工厂化育苗的相关配套技术不完善，良种培育相对滞后。多数优质种子靠国外进口。工厂化育苗的有关育苗技术标准、操作规范、管理规范、包装运输技术规范等还没制定或还需要进一步完善，因而难以提高秧苗生产的标准化水平。

任务二　工厂化穴盘育苗设施与设备

工厂化育苗是以现代生物技术、环境调控技术、施肥灌溉技术、信息管理技术贯穿种苗生产过程，现代化温室和先进的工程装备是工厂化育苗最重要的基础。育苗设施主要由育苗温室、播种车间、催芽室、计算机管理控制室等组成。工厂化育苗最重要的设施是育苗温室，不同类型温室环境控制系统的配制差异也较大，对环境的检测和控制能力也有差异，种苗的生产速度和质量也不同。

工厂化育苗的主要生产设备有种子的处理设备、精量播种设备、基质消毒设备、灌溉和施肥设备和种苗储运设备等，以及苗床、穴盘、种苗转移车、种苗分离机、移苗机、嫁接机械等辅助设备。

一、工厂化穴盘育苗的设施

(一)基质处理车间

穴盘育苗多为批量生产,基质用量较大,而且常使用复合基质,需要基质混合、搅拌、消毒等机械。所以,基质处理车间不仅要存放一定数量的育苗基质,而且要能容纳相应的机械设备,并留有作业空间。基质存放在天棚内或通风良好的车间内,不需要露天存放,消毒后的基质要避免与未消毒的基质接触。

(二)播种车间

播种车间是进行播种操作的主要场所,通常也作为成品种苗包装、运输的场所。播种车间一般由播种设备、催芽室、种苗温室控制室等组成,很多育苗工厂将温室的灌溉设备和水罐也安排在播种车间内。播种车间一般与育苗温室相连接,但不能影响温室的采光。如图 6-1所示是武汉维尔福种苗有限公司的播种车间。

图 6-1　武汉维尔福种苗有限公司的播种车间

播种车间内的主要设备是播种流水线,或者用于播种的机械设施。在播种车间的设计中,要根据育苗工厂的生产规模、播种流水线尺寸等合理确定播种车间的面积和高度,而且要注意空间使用中的分区,使基质搅拌、播种、催芽、包装、搬运等操作互不影响,有足够空间进行操作。播种车间也可以与包装车间连为一体,便于种苗的搬运,提高播种车间的空间利用率。

(三)催芽室

种子播种后进入催芽室,因此催芽室需要提供种子发芽的适宜温度、湿度和氧气等条件,有些种子在发芽过程中还需要光照。催芽室多用密闭性、保温隔热性能良好的材料建造,重用材料为彩钢板。催芽室的设计为小单元的多室配置,每个单元以 $20m^2$ 为宜,一般应设置三套以上,高度 4m 以上。催芽室的温度和相对湿度可以调控和调节,相对湿度75%～90%、温度 20～35℃、气流均匀度 95%以上。催芽室的主要设备有加温系统、加湿系统、风机、新风回风系统、补光系统以及微电脑自动控制器等;由铝合金散流器、调节阀、送风管、加湿段、混合段、回风口、控制箱等组成。

催芽室的系统正常工作时温度、湿度达到设定范围时,系统自动停止工作,风机延时自动停止；温度、湿度偏离设定范围时，系统自动开启并工作。湿度进行设定范围时，加湿器自动停止工作；加热器继续工作，风机继续工作。如风机、加湿器、加热器、新风回风混合段等任何段发生故障，报警提示，系统自动关闭。

（四）育苗温室

种子完成催芽后，即转入育苗温室中，直至炼苗、起苗、包装后进入种子种苗运输环节。育苗温室是幼苗绿化、生长发育和炼苗的主要场所，是工场化育苗的主要生产车间。育苗温室应满足种苗生长发育所需的温度、光照、水分、肥料等条件。育苗温室具有通风、帘幕、降温、加温系统，以及苗床、补光、水肥灌溉、自动控制系统等特殊设备。目前，国外大型育苗公司通常采用隔断的连栋温室进行商品苗生产。隔断后形成的各区间温度、湿度、光照等环境条件可以分别设定，以适用幼苗不同发育时期的需要。在我国，部分发达地区也采用了自动化程度较高的连栋温室。大型连栋温室空间大，土地利用率高，透光率好，便于安装环境控制设备，实现环境因子的自动控制，也适宜机械化作业，多用于周年规模化育苗，但存在投资大、保温性差、能耗高、日常运行费用高等缺点。因此，塑料拱棚、节能高效日光温室等设施仍占有很大的比例。

（五）控制室

工厂化育苗过程中对温室环境的温度、光照、空气湿度和水分、营养液灌溉实行有效的监测和调节，是保证种苗质量的关键。育苗温室的环境控制由传感器、计算机、电源、配电柜和监测控制软件等组成，能对加温、保温、降温排湿、补光和灌溉系统实施准确而有效的控制和决策、数据采集处理、图像分析与处理等。

二、工厂化穴盘育苗的设备

工厂化穴盘育苗的设备包括育苗温室环境控制设备和育苗生产设备两大部分。育苗温室环境控制设备为种苗培育提供适宜的生长环境，由加温系统、降温系统、补光系统等组成。育苗生产设备主要指种苗工厂化生产所必需的设备，包括育苗温室环境控制设备、育苗生产设备、基质处理设备、育苗盘清洗消毒设备、灌溉和施肥设备以及种苗储运设备等。

1. 育苗温室环境控制设备

(1)加温系统。加温是冬季育苗和调控育苗环境的重要措施。加温设备与通风设备相结合，为育苗温室内种苗的生长发育创造适宜的温度和湿度条件，从而缩短种苗培育时间，获得长势均匀一致的优质种苗。目前常见的加温系统有水暖加温的集中供热和燃油热风炉等形式。我国冬季的多数地区温度低于 0℃，种苗生产温室内的平均温度控制在白天不低于 20℃，夜间最低气温不低于 15℃。但在实际生产中，很多种苗厂的最低气温控制在 12℃左右。

(2)降温系统。保护设施内的降温最简单的途径是通风，但在温度过高，依靠自然通风不能满足园艺作物生长发育要求时，必须进行人工降温。降温措施可以从三方面考虑：①减少进入温室的太阳能辐射；②增大温室的潜热消耗；③增大温室的通风换气量。降温方法主要有湿帘降温、遮光降温、蒸发冷却和强制通风等方法，这就要求育苗温室有遮阳网、湿帘、风机等设备。

(3)保温系统。育苗温室的温度要达到并维持适宜于园艺种苗生育的设定温度，并且温度的空间分布均匀，时间变化平缓，因此保温系统十分重要。保温的原理是，在不加温情况下，利用地表辐射在夜间增加保护设施内空气的热量，同时减少热量散失。夜间地中供热量的大小取决于日间地中吸收热量的土壤面积，土壤对太阳辐射能吸收率与射入温室的太阳辐射能有关；热量散失是贯流放热和换气放热。常见的保温措施有：减少向设施内表面的对流传热和辐射传热；减少覆盖材料自身的热传导散热；减少设施表面向大气的对流传热和辐射传热；减少覆盖面的漏风而引起的换气传热。

(4)二氧化碳施肥系统。温室是相对封闭的环境，白天 CO_2 浓度低于室外，为增强温室园艺作物的光合作用，要补充 CO_2。为了控制 CO_2 浓度，需要在温室内安装 CO_2 气体传感器等设备，育苗温室最佳 CO_2 浓度为 400～600μL/L。

(5)补光系统。为了满足幼苗生长期间对光照的需求，尤其是在冬季及早春，自然光照较弱，阴天多雨的气候条件下，为了满足幼苗对光照的需求，促进幼苗健壮、快速生长，育苗温室一般需要配置人工补光系统。研究表明，温室苗床上日光照总量小于 100W/m^2，或有效日照时数不足 4.5h/d 时，就应该进行人工补光。

(二)育苗生产设备

1. 种子处理设备

种子处理设备是指育苗前根据农艺和机械播种的要求，采用生物、化学、物理和机械的方法处理种子的设备。播种经过处理的种子能提高种子的发芽率和出苗率，促进幼苗生长，减少病虫危害，为作物高产稳产创造条件。常用的种子处理设备包括种子拌药机、种子表面处理机械、种子单粒化机械、种子丸粒化加工设备和种子包衣机等，以及用 γ 射线、高频电流、红外线、紫外线、超声波等物理方法处理种子的设备。广义的种子处理设备还包括种子清选机械和种子干燥设备。

(1)种子拌药机。其由种子箱、药粉箱、药液桶和搅拌室组成，可拌药粉或药液。在种子箱和药粉箱内设有搅拌推送器，以防物料架空。在搅拌室内装有螺旋片式或叶片式搅拌器。种子箱内的种子通过活门落入搅拌室，与定量进入搅拌室的药粉或者药液混合，拌好的种子由排出口排出(见图 6-2)。

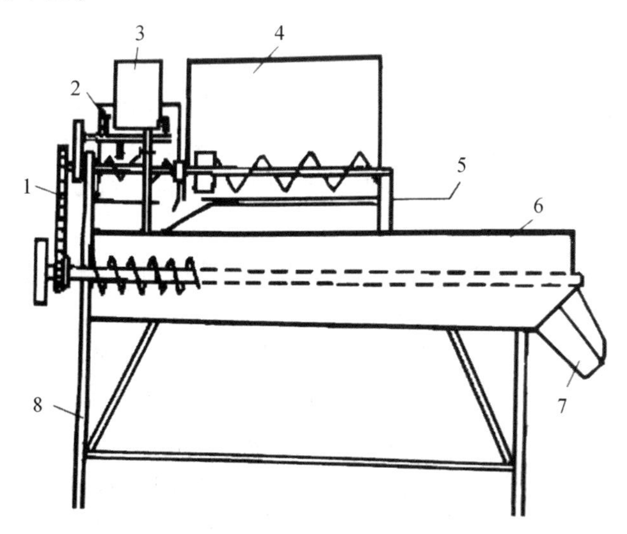

1-链条；2-药粉箱；3-药业桶；4-种子箱；5-调节板；6-搅拌室；7-出口；8-机架

图 6-2 种子拌药机

(2)种子表面处理机械。其用剥绒机或者硫酸清洗设备脱去种子表面的短绒,其中以泡沫酸洗设备的处理效果较好,脱绒净度高,对种子的伤害少。

(3)种子单粒化机械。其是将种子球剥裂、研磨成单粒种子的机械。种子剥裂机常带斜纹的冷硬铸铁碾辊,其线速度在5m/s以下,刀与铁辊斜纹在入口处的间隙为1~2mm,出口处3~4mm。种球在铁辊与辊筒室内壁之间挤压和搓离作用下被研磨成大小均匀的单粒种粗制品,经清洗机除去空壳及半仁种子,即可用于播种。

(4)种子丸粒化加工设备。种子丸粒化加工有载锅转动法和气流成粒法两种方法。载锅转动法是将种子放进一个呈圆柱形的载锅中,当载锅转动时,种子沿内壁做定点滚动,在种子翻滚的过程中,把粉状的包衣物料均匀地加入载锅中,与此同时黏结剂通过高压喷枪均匀地喷洒在种子表面,粉状物料被黏在种子表面,形成包衣,每个丸粒中只含有一粒种子。气流成粒法是通过气流作用,使种子在造丸筒中处于漂浮状态,包衣粉和黏结剂随着气流喷入造丸筒中,粉料便吸附在漂浮的种子表面上,种子在气流作用下不停运动,互相撞击和摩擦,把吸附在表面上的粉料不断压实,在种子表面形成包衣。

(5)种子包衣机。种子包衣机将种子裹上包衣物料制成大小均匀的球形丸粒。包衣物料由填料、肥料、农药及黏结剂组成。常用的种子包衣机有一个倾斜低俗旋转的扁圆形不锈钢锅,种子投入锅内旋转而滚动,喷入黏结剂溶液及分层加入粉状包衣物料并均匀附着后,即可以获得圆粒包衣种子。使用丸粒种子播种能促进苗齐苗壮。

2. 精量播种设备

工厂化育苗的精量播种设备一般由搅拌机、自动上料装填机、压窝装置、精量播种机、覆土设备、喷淋灌溉设备等组成整个流水线,流水线各工序间自动行进,基质搅拌、装盘、压窝、播种、覆盖、喷水6道工序一次完成。为便于搬运、安装、调试、维修,整套流水线一般都按功能划分成几套设备,各设备可组合成整个流水线,也可单独运行。设备之间的协调一般通过传送带的同步来保证,整个播种系统由微电脑控制,可对流水线传动速度、播种速度、喷水量等进行自动调节,一般每小时可播种1000~1200盘。

(1)精量播种机类型

精量播种机是精量播种流水线的核心部分。目前,按结构形式划分,国内外温室园艺精量播种机可分为针式播种机、板式播种机和滚筒式播种机。按自动化程度划分,可分为手动、半自动和全自动播种机。手动播种机又可分为点播机、手持振动式播种机,半自动播种机又可分为手持管式播种机和板式播种机,而全自动播种机又可分为针式精量播种机和滚筒式精量播种机。

①针式精量播种机。该机型是全自动的管式播种机,只需配置几种规格的针头,就可适播质量不同、形状各异的种子,而且播种精度高。配套动力为空压机,输送胶带为步进式运动,播种速度为100~200盘/h。工作原理是负压吸种,正压吹种。通过带喷射开关的真空发生器形成真空,同时,针式吸嘴管在摆杆气缸的作用下到达种子盘上方,种子被吸附。随后,气缸在回位弹簧的作用下,带动吸嘴杆返回到排种管上方。此时,真空发生器喷射出正压气流,将种子吹落至排种管,种子沿着排种管落入穴盘中。该机配备0.5mm、0.3mm、0.1mm针式吸嘴各1套,可对秋海棠及瓜果类的种子进行精量播种。使用时需要根据种子的情况,调整真空压力和吸嘴与种子盘的距离等参数。为防止种子中的杂质堵塞吸嘴,该机还配置自清洗式吸嘴(0.3mm)1套。针式精量播种机在欧洲和美国应用比较广泛,其主要

特点是操作简便、适应面广、省工省时、播种精度高、播种数量和速度可调、通用性强。针式精量播种机对种子形状和粒径大小没有十分严格的要求，在生产中采用较多。

②滚筒式精量播种机。滚筒式精量播种机采用滚筒，通过旋转运动的方式进行播种。一般采用大口径滚筒，并具有多重种子分离器，可保证最大限度地单粒播种。该机型的穴盘输送带行走速度与滚筒转动速度一样，均为连续运动。Hamilton公司生产的滚筒式播种机的播种头利用带孔的滚筒进行精量播种，工作原理是：种子由位于滚筒上方的漏斗喂入，滚筒的上部是真空室，种子被吸附在滚筒表面的吸孔中，多余的种子被气流和刮种器清理。当滚筒转到下方的穴盘上方时，吸孔与大气连通，真空消失，并与弱正压气流相通，种子下落到穴盘中。滚筒继续滚动，且与强正压气流相通，清洗滚筒吸孔，为下一次吸种做准备。为适应不同种子，滚筒有多种，可按需选择、更换。滚筒式精量播种机的可移动性零件少，结构牢固，寿命持久，可靠性高，操作简单，整个播种过程不间断，从而保证了播种的连续性和高速性，播种速度可以达到1200盘/h；缺点是通用性相对较差，更换穴盘和种子时需要相应的更换滚筒，并且需要重新调节滚筒的转动速度、光电传感器位置和气室的气压。

③板式精量播种机。板式精量播种机比较典型的是万达能Vandana Tubless系列板式播种机，其工作机理是针对规格化的穴盘，配备相应的播种模板，一次播种1盘；优点是价格低、操作简单、播种精确，操作熟练后播种速度可达120～150盘/h。该机型配套可调的真空马达和瞬间振动器，配有正压气流开关用来清洗模板。但播种288孔、200孔、128孔等规格穴盘，需要有不同规格的播种机。每种规格的播种机因所播种的种子形状、大小和种类不同，有不同型号的播种板与之相配，一般每台播种机至少配3种规格的播种板。这3块播种板适合特定的穴盘穴孔数，可以满足大多数种子的播种要求，包括未处理的洋桔梗、矮牵牛、花烟草、万寿菊以及颗粒较大的种子。同一播种板可以通过调整压力来控制一次播种1粒种子或多粒种子。该机型的缺点是通用性较差，而且容易使操作者产生心理疲劳。

④小型针式播种机、点播器。小型针式播种机、点播器可替代精量播种流水线用于种苗生产，可降低设备投资。在小型育苗工厂、种植农户中使用，也可提高播种的速度和精度，提高播种效率，节省劳动力。

(2)精量播种设备代表机型

国外工厂化育苗机械研究起步较早，精量播种技术比较成熟，研制出的机型多，功能完善，配套设施齐全，自动化程度较高。知名的育苗精量播种机的生产商及品牌主要有：美国的布莱克默(Blackmore)、E-Z、万达能(Vandana)和Gro-Mor，英国的汉密尔顿(Hamilton)，荷兰的Visser，澳大利亚的Wiliames ST和ST1，韩国大东机电株式会社的Helper播种机，日本洋马公司的YVMP型和YVP型播种机。其中，Blackmore公司主要生产针式和滚筒式精密播种机，Vandana与E-Z公司主要生产板式精密播种机，Gro-Mor的产品以手持式和手动式针式播种机为主，Hamilton公司有手动、针式和滚筒式三大系列产品，Visser公司提供半自动、全自动的针式和滚筒式的精密播种机，Wiliames ST的产品主要是滚筒式精量播种机，Helper精密播种机涵盖了手持式、板式、手动针式和自动针式等。

中国自主研发的工厂化育苗播种流水线可以追溯到20世纪80年代，有振动气吸式穴盘播种机、气吹式精密播种机、SZ-200型播种机、2XB-400型穴盘育苗精量播种机等机型。上海交通大学2000年研制出我国第一台真空吸附式精量播种流水线。其他还有中国农业工程研究设计院等单位联合研制成功的2XB-400型穴盘育苗精量播种机、江苏大学设计研制的磁吸滚筒式播种机、广西农机化研究所研制的2ZBQ-300型双层滚筒气吸播种机、胖龙(邯郸)温室工程有限公司研制的BZ30穴盘精量播种机、浙江台州一鸣机械设备有限公司研制的YM-0911蔬菜花卉育苗气吸式精量播种流水线、浙江博仁工贸有限公司的赛得林播种机系列等。

①2XB-400型穴盘精量播种系统。1991年农业部"八五"重点科研项目曾经开设了一个专门研究穴盘育苗技术的项目,由中国农业工程研究设计院等单位联合研制成功了2XB-400型穴盘精量播种系统。2XB-400型穴盘精量播种机是机械式播种机,除一些外表光滑接近圆形的种子如油菜、甘蓝、菜花等种子可以直接上机播种外,其他种子需用丸粒化机将种子包上包衣剂和胶料,使之成为一定大小的丸粒后才能进行播种。许多圆形种子由于太小,一般也要用丸粒化机加工成较大的丸粒方可播种,因此2XB-400型播种机附带一配套的丸粒化机。根据在青岛、石家庄等地的试验和生产的情况看,该播种系统可以适应当时一些蔬菜和花卉的播种要求。

②真空吸附式精量播种流水线。上海交通大学于2000年研制出我国第一台真空吸附式精量播种流水线。该系统由基质自动上料装盘输送、自动播种、自动覆土、洒水喷淋等设备组成,各设备可以组合使用,也可单独使用,便于搬运、安装、调试和维修,实用性强。播种速度为120盘/h(12800粒/h),日播种量12万粒以上,能够播种异型种子,对穴盘适应性强,可适应各种不同宽度、高度的育苗穴盘,漏播率在3%以下,系统自动化程度高。

③新型精量播种流水线。中国自主研发的新型精量播种流水线已经逐步进入商业化推广、应用阶段,以浙江博仁工贸有限公司开发的精量播种流水线为代表机型,适用于不同形状和大小的种子,可以根据种子的大小和形状,通过更换3种装置(穴孔、吸管、导管)就可以播种各种规格的穴盘和各种大小的种子,种子的播种位置和在孔穴中的深度均匀一致,配置系统控制屏,能实时提示电气元件出现的各种情况。

(三)基质处理设备

1. 基质搅拌设备

基质搅拌是穴盘育苗过程中的一个重要环节,直接影响基质填充和播种等作业质量以及后期秧苗的生长发育。育苗基质通常由2～3种基质材料构成,如沙子、煤渣、草炭、蛭石和土壤等。基质搅拌的目的是使各种具有不同特性的基质材料均匀地混合在一起,最终使搅拌好的基质具有均匀良好的持水性、透气性、颗粒型、透水性等性能。

基质搅拌机具有不同的分类方法,根据搅拌轴的数目可分为单轴、双轴和多轴,一般以单轴和双轴搅拌形式居多;依据搅拌轴的布置方式不同,可分为立式和卧式;根据搅拌叶片形状的不同,可分为螺条式、螺带式和桨叶式等。

2. 基质消毒设备

根据工作原理不同,基质消毒有物理消毒和化学消毒两种方法。物理消毒方法包括热风消毒、微波消毒、太阳能消毒、高温蒸汽消毒等方法,其中以高温蒸汽消毒较为普遍,效果较好。化学消毒法是指将液体或者气体消毒剂注入基质中达到一定深度,并使之汽化和扩散,从而达到灭菌消毒的作用。

蒸汽消毒机一般使用内燃炉筒烟管式锅炉,燃烧室燃烧后的气体从炉管经烟管从烟囱中排出,传热面上的水在蒸气室汽化后排出进行消毒。为了安全运行,一般要求以最大蒸发量设置给水装置，蒸汽压力超过设定值时安全阀打开，安全装置起作用。蒸汽消毒机除了可以对基质消毒外，还可以对苗床、穴盘、花盆等温室用具进行有效消毒。

在基质消毒前，需要将待消毒的基质疏松好，用帆布或者耐高温的厚塑料布将待消毒的基质密封，通过覆盖物下的高温蒸汽传送管通入蒸汽，即可进行消毒。根据消毒深度、设备型号的不同，应相应调整消毒时间（见表 6-1）。需要注意的是，因消毒时基质类型、天气情况等相关因素和条件差异较大，实际采用的消毒时间应根据具体情况增加或缩短。一般在60℃下消毒 30min，可以根除多数病原物。对基质消毒时，一般可采用相对较高的温度，以达到较好的消毒效果。

表 6-1　消毒机的基质消毒不同深度所需时间

消毒深度 /cm	消毒机型号及覆盖面积/min			
	AGRIVAP2004 75m²	AGRIVAP2006 105m²	AGRIVAP2008 150m²	AGRIVAP2014 300m²
5	41	36	34	40
10	81	72	67	80
15	121	108	102	120
20	162	144	135	160
25	203	180	169	200
30	243	216	203	240
35	283	252	237	280
40	324	288	280	320
45	365	324	304	360
50	405	360	337	400
55	445	396	372	440
60	486	452	405	480

Sioux S90 型蒸汽发生器是温室、育苗工厂、苗圃等土壤、基质和器材消毒的专用设备，是一种燃油式锅炉，每小时蒸汽输出量为 91kg，从开始启动到达消毒要求只需要 30min 左右，安装使用比较方便。主要参数如表 6-2 所示。

表 6-2　Sioux S90 型蒸汽发生器主要参数

项目	参数	项目	参数
热量输入/kW	131.88	重量/kg	576
蒸汽输出/(kg/h)	91	尺寸	295cm×112cm×127cm(长×宽×高)
最高输出温度/℃	121	电源	220V/两相/50Hz/6A
熏蒸面积/(m²/h)	1.5×15	正常工作压力/kPa	54.92～68.65
耗油量/L	16	锅炉功率/W	4265.89
邮箱容量/L	91	配件	帆布管件、蒸汽用胶带、蒸汽用膜等
锅炉容量/L	632		

（四）育苗盘清洗消毒设备

育苗盘清洗消毒设备包括预洗、主洗、消毒、物料输送、控制5个单元，育苗盘通过输送导轨先后进过雾化湿润、毛辊刷洗、高压冲洗、喷雾消毒4个阶段，自动完成育苗盘的清洗和消毒。机器清洗消毒效率高，每小时可清洗育苗盘600余个，消毒合格率为100%。育苗盘清洗消毒一体机操作时只需在机器进盘口一次摞放好十几个育苗盘，机器会自动逐个输送，并一次经过预洗、主洗、消毒3个单元，操作工在出盘口收集育苗盘即可，清洗和消毒育苗盘变得简便快捷。华农公司研发的自动穴盘清洗线适用于塑料材质穴盘的清洗，穴盘最大尺寸700mm×470mm×120mm。该机器配有清洗和消毒两个系统，清洗系统有4个可旋转的不锈钢喷嘴，可以冲洗穴盘的各个部位；喷嘴可承受外部多级离心泵最大10kg水压，清洗水经过不锈钢过滤器循环使用，过滤器安装在槽内，每6～8h清洗一次。消毒系统是在一个特制的消毒槽上安装4个固定的不锈钢喷嘴，离心泵从消毒液容器中吸液给喷嘴对穴盘进行喷射，多余的液体被回收到储存容器中。

（五）灌溉和施肥设备

灌溉和施肥系统是种苗生产的核心设备，通常包括水处理设备、灌溉管道、贮水及供给系统、灌溉和施肥设备、灌水器如滴头、喷头等。其中，贮水设施可按混合罐原理制作成一个系统。

1. 水处理设备

根据水源的水质不同选用不同的水处理设备，例如，以雨水和自来水作为灌溉用水，只要安装一般的过滤器；以河水、湖水及地下水作为灌溉用水时，应根据pH、EC和杂质含量的不同，配备水处理设备。水处理设备通常由抽水泵、沉淀池、过滤器、氢和氢氧子交换器、反渗透水源处理器等组成。

2. 贮水及供给系统

污水经收集系统进入集水池。集水池的主要功能是均衡水和水质，同时在其前端设置粗细格栅，拦截水中粗大的悬浮物和漂浮物，保护提升泵和后续工艺正常运行。在集水池中设置提升泵，将污水提升进入复合生物滤池处理系统，大部分有机污染物在这里得到去除。复合生物滤池系统处理出水进入中间水池，沉淀去除复合生物滤池系统脱落的生物膜后经分配井分别进入水平潜流人工湿地系统和垂直潜流人工湿地系统，进一步去除水中污染物。人工湿地系统处理出水进入清水池，供育苗场生产用水和绿化浇灌，多余尾水达标排放。

3. 灌溉和施肥设备

种苗生产的灌溉主要采用喷灌和潮汐灌溉两种方式，喷灌有固定式和自走式两种形式。灌溉和施肥设备设有电子调节器及电磁阀，通过时间继电器，调整成时间程序，可以定时、定量地进行自动灌水。灌溉系统还可以进行液肥喷灌和喷施农药，并在控制盘上可测出液肥、农药配比、电导率和需要稀释的加水量。

灌溉系统是育苗温室中的关键设备。理想的工厂化育苗灌溉系统应满足以下要求：一是灌溉均匀度高；二是压力、流量可调；三是可结合灌溉施入肥料、农药等，且用量控制性能良好；四是灌溉区域定位准确，可对选定苗床区域进行灌溉；五是开启或停止时无滴状水形成，以免对灌溉系统下方的种苗造成伤害或导致种苗生长不均匀；六是可有效消除育苗盘的“边际效益”。

(1)顶部固定式微喷灌溉系统。其是即在苗床上部安装微喷装置进行灌溉。这种方法因灌溉均匀度不高、可调节性差等缺点而采用较少(见图 6-3)。

(2)自走式灌溉系统。其通过行走轮或钢丝牵引使灌溉行车沿轨道往复行走进行灌溉,均匀度优于固定式灌溉系统,比人工浇水节约 50%,比固定式微喷灌溉节约 25%,且在行走速度、距离、施肥、浇水等方面都可实现自动调控。目前育苗工厂大多采用这种系统(见图 6-4)。自走式灌溉系统由控制部分、动力部分和浇水机构 3 部分组成。控制系统通过微电脑编程控制灌溉区域、灌溉次数和灌水量。动力部分通过减速电机和机械皮带控制灌水机的行走速度。自走式灌水机的动力部分通常在中间,两旁各有一根浇水横梁,由中间延伸到两侧,横贯整个温室的一跨。浇水横梁通常为圆形或者方形不锈钢管,上面等距离配置浇水喷头。

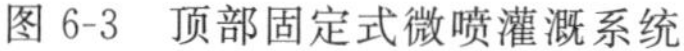

图 6-3　顶部固定式微喷灌溉系统

图 6-4　自走式苗床灌溉系统

(3)潮汐灌溉。潮汐灌溉育苗设备由苗床、进水部及排水部组成,其原理是在需要灌溉时通过进水部使床面内水位上涨,育苗基质通过盆底部排水口对水分进行自然吸胀,待吸胀完成后,盆器及床面内多余水分通过排水部排出床面。其中,进水部由进水管道、水泵及水位传感器组成。灌溉水源通过水泵及进水管道进入苗床面,水位传感器通过控制水泵启停以维持液面高度。排水部由常开电磁阀、排水管、手动阀门及水位传感器组成。当苗床内灌溉水位达到一定高度后,水位传感器控制电磁阀自动开启进行排水,手动阀门可调节排水的速度,以便让穴盘中基质有足够的时间吸水。苗床普邮泡沫板及塑料薄膜,使床面形成中央导水槽,从而排水迅速且无积水残留。

4. 自动肥料配比机

通过自动肥料配比机,同时对种苗培育区的多种不同作物使用不同肥料配比营养液进行自动选肥、定时定量灌溉,从灌溉首部接出几根独立的管道直接通向滴灌、喷灌各小区,按照设定的肥料配比等目标值进行精确的比例均衡全自动化施肥,同时可以实现自动调节肥料泵的施肥速率。

(六)种苗储运设备

种苗的包装和运输是种苗生产过程的最后一道程序,对种苗生产企业来说非常重要,如包装和运输方法不当,可能造成重大损失。

种苗的包装设计包括包装材料的选择、包装设计和装潢、包装技术标准等。种苗包装设计应根据苗的大小、育苗盘规格、运输距离的长短、运输条件等确定包装规格尺寸、包装装潢和包装技术，包装标志必须注明种苗种类、品种、苗龄、叶片数、装箱容量、生产单位，每个穴盘在进入包装箱之前应仔细检查标签是否完整、正确。

包装箱多为多层包装纸箱，一般可放置4～6个穴盘，采用纸板分层叠加，内隔层纸板经防潮处理，可避免因潮湿造成穴盘挤压。包装箱应注意在箱外标注“种苗专用箱”、“向上放置↑”等标记，并设置种苗标签粘贴处，注明品种、数量、规格等。

种苗的运输设备有封闭式保温车、种苗搬运车辆、运输防护架等；根据运输距离的长短、运输条件等选择运输方式；种苗运输过程中，经过包装的种苗放在运输防护架上，这样不仅装卸方便，而且能保证在运输过程，种苗处于适宜的环境中，减少运输对种苗的损害。运输车辆应尽可能使用冷藏车，运输途中温度尽量接近目的地的自然温度，冬季5～10℃，不得高于15℃；空气相对湿度保持在70%～75%；其他季节的运输温度15～20℃，不得高于25℃；空气相对湿度保持70%～75%。

（七）育苗辅助设备

1. 苗床

为便于操作和创造更佳的育苗环境，育苗温室配置有苗床设备，种子经播种放入穴盘，催芽后即放入育苗温室的苗床上进行绿化。苗床一般分为固定式和移动式两种，设计时主要考虑最大限度地利用育苗温室的面积、便于操作和提高利用率等因素。

(1)固定式苗床。其主要由固定床架、苗床框以及承托材料等组成。床架用角铁、方钢等制作，育苗框多采用铝合金制作，承托材料可采用钢丝网、聚苯泡沫板等。固定式苗床因位置固定，作业时较为方便；但走道面积大，育苗温室利用率相对较低，苗床面积一般只有温室总面积的50%～65%(见图6-5)。

(2)移动式苗床。其床架固定，育苗框可通过滚动杆的转动而横向移动，或将育苗框做成活动的单个小型框架，在苗床床架上纵向推拉移动。与固定式苗床相比，可大幅提高温室利用率，最高可达90%以上；但对制作工艺、材料强度等要求高。有些苗床的育苗框和承托材料之间密封，可以以浸灌方式为幼苗供应所需水分和肥料。另外，苗床的高度也可以通过床架的螺栓进行调节(见图6-6)。

图6-5 固定式苗床

图6-6 移动式苗床

(3)节能型加温苗床。该苗床用镀锌钢管作为育苗床的支架，质轻绝缘的聚苯板泡沫塑料作为苗床铺设材料，电热线加热，并用珍珠岩等材料作为导热介质，采用温室内保温、固定式苗床灌溉等设备和方法设计制作工厂化育苗的苗床设施。在承托材料上铺设珍珠岩等保温和绝热性能好的材料作填料，在填料中铺设电加温线，上面再铺设无纺布。电加温线由独立的组合式控温仪控温。这种节能型苗床可节省加温成本，保证育苗时的热量和温度要求，创造更适宜幼苗根系生长的环境条件。该苗床具有以下优点：

①节能。由于苗床架空，隔绝了热量向土壤的传播，减少了热量损失；采用在苗床上铺设塑料拱棚，在相对较小的空间加温，使热量有效利用率提高；采用了轻质、保温性能良好的电热线作为导热介质，便于温度提升和控制，又能较好地保存加温线所产生的热量，达到节能效果，与常规电加温线苗床相比，可节能25%以上。

②温度可控性高，可局部控制。由于采用了小空间加温方法和良好的导热保温材料，使温度的可控性大为提高，电加温线分床铺设，控温仪分点设置，从而有利于进行育苗温室内苗床的局部控制，可以在同一间温室内培育不同类型和不同育苗阶段的种苗。

③操作方便。架空苗床和合理的苗床宽度设置，轻质育苗材料的采用，可控性良好的加温设施，使育苗操作的劳动强度大为降低，效率提高。

④设施成本低。采用固定式的苗床灌溉设备使育苗温室的成本大为降低，与国外同类育苗温室相比，单位造价不到国外的1/7。

2. 穴盘

育苗穴盘是工厂化育苗的必备育苗容器，是按照一定的规格制成的带有很多小型钵状穴室塑料盘。育苗穴盘按照材质可以划分为聚乙烯注塑、聚丙烯薄板吸塑及发泡聚苯乙烯三种。穴孔的形状有圆形和方形两种，国内生产的有方口盘、圆口盘两种，一般多为28cm×54cm。50孔育苗盘每个穴孔上径5cm，下径4cm，深5cm，此外还有32、40、72、128穴孔等规格（见表6-3）。美国、德国普遍采用方口育苗盘，一般长54～55cm、宽27.5cm左右，常用规格有50孔、72孔、84孔、128孔等，孔穴深度视孔的大小而异（见表6-4和表6-5）。由于育苗穴盘规格多样，所以在育苗过程中应根据育苗种类及所需苗的大小，相应选择不同规格的育苗盘（见图6-7）。育苗盘一般可连续使用2～3年。采用穴盘育苗具有以下优点：

表6-3　国产常用PVC穴盘规格

规格/（穴/盘）	长度/cm	宽度/cm	深度/cm	口径/cm	底部/cm	容积/（cm^3/穴）
21	54	28	6.5	6.5	3	128
32	54	28	5	6	3	110
50	54	28	5	4.5	2	55
72	54	28	4	3.8	2.2	40
105	54	28	4	3.2	1.3	20
128	54	28	4	3	1.3	18
200	54	28	4	2.2	1	12
288	54	28	3.7	1.9	0.8	7

表 6-4 美国穴盘规格及用料量

规格/(穴/盘)	上口边长/cm	上口边长/cm	深度/cm	容积/(cm³/穴)	容积/(cm³/盘)	每立方米基质装盘/个
50	4.9	2.8	6.1	97.14	4857	205
72	4.0	2.0	5.9	59.00	4248	235
98	3.5	1.5	5.4	39.15	3836	260
128	3.1	1.5	4.8	28.46	3643	274
200	2.3	1.2	4.5	15.14	3028	330
288	2.0	0.9	4.0	9.62	2771	360
392	1.5	0.8	3.8	5.49	2140	467

表 6-5 德国耐久型穴盘型号及规格

型号	长度/mm	宽度/mm	孔穴深度/mm	容积/(cm³/穴)	孔穴规格/mm
576(18×32)	530	310	30	3	13×13
273(13×21)	515	310	40	11	20×20
150(10×15)	515	335	65	37	30×30
77(7×11)	515	335	75	75	38×38
96(8×12)*	515	335	53	55	40×40
60(6×10)	530	310	170	240	50×50
48(6×8)	515	335	53	90	45×50
35(5×7)	515	335	70	160	56×56
35(5×7)*	360	280	115	200	50×50
24(4×6)*	360	280	160	330	55×60
15(3×5)	515	335	80	380	80×80
15(3×5)*	360	215	155	410	64×64
12(3×4)*	360	280	180	650	80×80
6(2×3)*	360	280	200	1600	110×110

注:表中带*表示加厚、加高型育苗盘,可用于大规格种苗或绿化苗木的育苗。

(1)高出芽率,苗生命活力强,可以大大节约种子,使种苗产业可以放心采用价值很高的优秀种子。穴盘育苗适于采用高精度播种流水线,便于实现机械化育苗,且操作方便。用高精度播种生产线实行机械化播种,作业质量高,每穴中基质填装量一致,播种深浅相差无几,压实程度、覆盖深度等都很接近,有利于出苗整齐一致。

(2)穴盘的穴与穴之间相对独立,既减少了一些土传病虫害的发生和蔓延,又可避免幼苗之间的营养竞争,根系可得到充分发育。

(3)穴盘苗比传统育苗高几倍的密度,节省了育苗所需温室面积。每株商品苗所需的温室投资和冬季采暖费用相对显著下降,便于集约化管理,可提高温室利用率;穴盘苗也有利于统一操作和控制育苗的生长发育,有利于提高种苗均匀度和种苗质量。

(4)穴盘所育的种苗起苗时非常方便,移栽简单。在起苗时,根系和基质网结而成的根

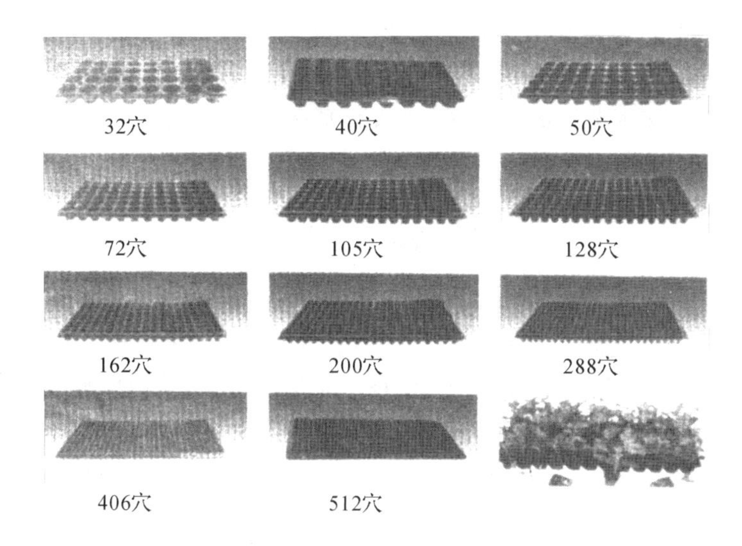

图 6-7　各式各样的穴盘

坨相当结实，不易散开。不论是手工或者机械化移栽，根坨都不易散结而使根系受伤。穴盘苗定植后成活率高，缓苗期非常短或者基本没有缓苗期，有利于定植后迅速恢复生长和提高幼苗对逆境的耐受力和抵抗力。

(5)穴盘苗便于存放，适宜远距离运输。如果措施得当，存放时间可延长数周而不受影响；穴盘苗由于采用轻基质、轻容器，便于实现集装箱运输，也便于装卸，使得种苗远程运输成为可能，可以扩大供应和销售范围，有利于实现种苗商品化供应。

3. 种苗移动车

种苗移动车包括穴盘转移车和成苗转移车。穴盘转移车将播种完的穴盘运往催芽室，车的高度及宽度应根据穴盘的尺寸、催芽室的空间和育苗的数量来确定。成苗转移车采用多层结构，根据商品苗的高度确定放置不同种类园艺作物种苗的搬运和卸载。

PPT-40

任务三　工厂化嫁接育苗设施与设备

一、嫁接的目的和作用

将一植物体的芽或者枝接到另一植物体的适当部位，使两者愈合生长形成一个新植物体的技术称为嫁接。嫁接用的芽或者枝称为接穗，承受接穗的植物体称为砧木。一般的嫁接植株由砧木和接穗两部分组成,有些砧穗之间还有中间砧。通常情况下,砧木构成嫁接植物体的地下部分,接穗构成地上部分,前者为后者提供水分和矿质营养,后者为前者提供光合作用同化产物。嫁接育苗的目的和意义主要体现在以下几个方面。

(一)无性繁殖,保持品种的优良性状

嫁接是一种无性繁殖手段。嫁接时,接穗一般取自遗传性稳定的栽培品种的成龄植株,嫁接后其遗传组成没有改变,仍表现出母本的性状。

(二)减少病虫危害,增强植株抗病虫能力

利用砧木的抗性可以减少土壤病原菌、害虫对植物体的侵染和危害。在欧洲,葡萄以前主要是靠扦插繁殖,容易受根瘤蚜危害,在根部产生根瘤,严重影响根系的吸收功能而造成减产,甚至死亡。后来,利用抗根瘤蚜的美洲葡萄为砧木嫁接解决了这一问题。减轻和避免土传病害、克服连作障碍是蔬菜嫁接栽培的主要目的。

(三)提高接穗抗逆性,增强环境适应能力

多数砧木来自野生或者半野生植物,抗逆性强。利用这些砧木嫁接可以提高接穗的抗逆性和环境适应能力,表现出耐寒、耐热、耐盐、耐旱、耐湿等特点,并能扩大品种的栽培区域。

(四)促进生长发育,实现早熟丰产

嫁接能利用砧木发达的根系增强植株吸收水分和矿物质营养的能力,增加根部物质的合成,提高地上部分的代谢活性和抗逆、抗病水平,生长发育旺盛,为早熟丰产奠定了基础。砧木的耐低温特性使嫁接植株在较低温度下也能正常生长,可以提早定植,提前开花结果,延长生育期和采收时间。另外,许多通过嫁接繁殖的植物,接穗取自成龄植株,育成的嫁接苗木也具有成年期的特点,比种子繁殖开花结果早。这对于多年生园艺植物,尤其是果树生产具有重要意义。

(五)实现特定的栽培或观赏目的

通过嫁接可以改变和控制株型与性别。矮化密植栽培已经成为当前国内外果树发展的趋势,利用矮化砧、矮化中间砧控制树冠发育,使树体矮小紧凑,不仅便于果园管理和采收,还能使果蔬提早结果,增进果实品质,并经济利用土地。

(六)扩大繁殖系数,加速优良品种苗木繁育

嫁接能利用一个枝段或者一个芽,甚至一个茎尖培育成一个完整植株,可以大大提高繁殖系数。西瓜芯长接将发育茎蔓的切段或者生长点嫁接到子叶期砧木上,不仅提高了繁殖系数,而且缩短了苗期,子叶苗嫁接一般需要 40～50 天成苗,芯长接却将苗期缩短到 15～20 天。将嫁接与组织培养技术相结合,可以缩短育苗周期,加快育苗速度,扩大繁殖系数,并有利于提高苗木质量,适于工厂化育苗和名特优新品种的快速繁育。利用茎尖不带病毒的特点,采用微体嫁接技术可以大批量生产无病毒良种苗木,在西班牙、美国和日本等国均已作为"柑橘品种改良计划"在全国范围内实施,我国在柑橘、苹果、葡萄等植物上也有应用。

二、适于机械化嫁接的方法与嫁接机器人

为了解决蔬菜的手工嫁接效率低、劳动强度大、嫁接苗成活率低等问题,机械嫁接或者嫁接机器人技术的研究和应用发展较快,国内外研发了多种集机械、自动控制与设施园艺技

术于一体的高新技术，能完成砧木和接穗的取苗、切苗、接合、固定、排苗等嫁接过程的自动化作业。操作人员只需将砧木和接穗放到相应的供苗台上，其余嫁接作业均由机器人自动完成，可以大幅度提高嫁接速度，显著降低劳动强度，提高嫁接成活率。

应用嫁接机器人技术可以大幅度提高嫁接效率和成活率。在机械化嫁接过程中，要解决的重要问题是胚轴或茎的切断、砧木生长点的去除和砧、穗的把持固定方法。平、斜面对接法是为机械切断接穗和砧木、去除砧木生长点以及使切断面容易固定接合而创造的嫁接方法。根据机械化嫁接原理不同，砧、穗的把持固定可采用套管、陶瓷针、嫁接夹或瞬间黏合剂等。

（一）日本第一代原型机 G871

G871 型嫁接装置是第一台可进行嫁接作业的机械，该装置主要由砧木供给机构、砧木输送机构、砧木切削机构、接穗供给机构、接穗输送机构、接穗切削机构、固定夹供给机构等组成。该嫁接装置采用人工单株上苗，砧木和接穗切刀为圆盘旋转切刀，该装置的工作过程如下（见图 6-8）。

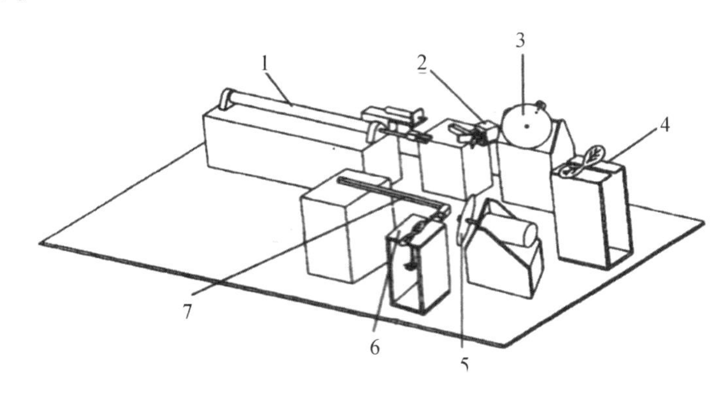

1-砧木输送机构；2-固定夹输送机构；3-砧木切削机构；4-砧木供给机构；
5-接穗切削机构；6-接穗供给机构；7-接穗输送机构

图 6-8 G871 型嫁接装置

（1）上苗作业。首先将子叶展开的砧木和接穗苗送入各供苗机构的缝隙苗托架中，接着将固定夹以张开状态置于固定夹供给机构中。

（2）砧木和接穗的夹持抓取。开启嫁接机开关，砧木输送机构的直动汽缸带动夹持手移向砧木苗，并夹持砧木胚轴；同时接穗输送机构的旋转汽缸转到接穗供给机构处，前端的夹持手夹持住接穗的胚轴。

（3）砧木接穗接合。完成砧木和接穗的夹持和抓取后，夹持着砧木苗的夹持手在直动汽缸带动下回撤，在回撤的途中砧木切削机构的砧木旋转切刀切去砧木的生长点和 1 片子叶（切角为 30°），当移动到对位接合处停止；另外，夹持接穗的夹持手在旋转汽缸驱动下回转，回转途中接穗的胚轴下段被接穗切削机构的接穗圆盘切刀切除（切角为 10°），接穗的夹持手也停止在对位接合处。

（4）固定嫁接苗。当砧木和接穗被送到对位接合处时，砧木和接穗的切口刚好贴合在一起，这时夹持着张开的固定夹的夹持臂在旋转汽缸带动下也转到对位接合处，使砧木和接穗的切口置于张开的固定夹内；接着，夹持臂松开固定夹，使其在切口处固定砧木和接穗；随后，砧木和接穗夹打开，在推苗板的作用下完成嫁接作业的嫁接苗排出嫁接装置。整个嫁接作业过程中，不计上苗作业时间，嫁接1株苗耗时7s。

G871型嫁接装置实际嫁接作业同人工相比还具有一定的差距。该嫁接装置的研究与试验表明，将贴接法用于机械嫁接切实可行，虽然该装置的嫁接成功率仅为82%～85%，嫁接苗的愈合成活率为76%～81%，都较手工嫁接低，但是，其嫁接生产能力是手工作业的2倍以上。该装置的研究为以后嫁接机及嫁接机器人的进一步开发奠定了良好的基础。

（二）井关GR800型嫁接机

井关GR800型嫁接机采用人工单株形式上苗，砧木和接穗均采用缝隙托架上苗，采用气动作为运动部件的动力，嫁接成功率达到90%以上，嫁接生产能力为800株/h。该嫁接机的工作过程如图6-9所示。

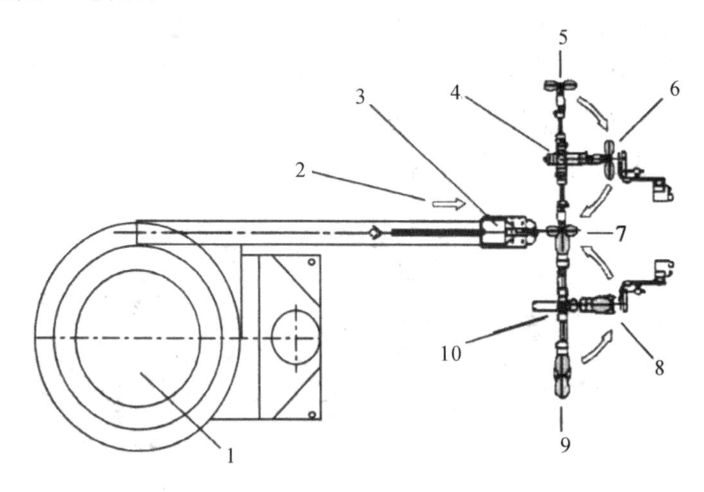

1-嫁接夹调向喂给机构；2-嫁接夹供给方向；3-上嫁接夹结构；4-接穗输送臂；5-上接穗；6-接穗切削；7-砧木接穗对位结合；8-砧木切削；9-上砧木；10-砧木输送臂

图6-9 GR800型嫁接机

（1）上苗作业。首先将砧木和接穗以固定的方向送入各自供苗机构的缝隙苗托架中。砧木输送臂和接穗输送臂上的直动汽缸驱动各自的夹持手分别向下和向上抓取、夹持住砧木苗和接穗苗的胚轴。

（2）砧木和接穗的输送与切削。夹持着砧木苗的砧木输送臂逆时针旋转90°，直动汽缸驱动夹持手回撤，到达砧木切削位置停止；接着砧木切刀臂带动切削刀片旋转以一定角度切除砧木的1片子叶和生长点。夹持着接穗苗的接穗输送臂顺时针旋转90°，同样接穗夹持手回撤，到达接穗切削位置停止，接穗切刀以一定角度旋转切除接穗的根部。

（3）砧木和接穗接合。完成砧木和接穗苗的切削后，砧木、接穗输送臂分别逆、顺时针旋转90°，依次夹持着砧木苗和接穗苗到达对位接合位置，随后砧木、接穗输送臂上的直动汽缸驱动夹持手外伸，使砧木和接穗的切口贴合到一起。

（4）固定嫁接苗。在完成共砧木与接穗靠近接合的同时，嫁接夹经过调向后，嫁接夹推板将其推入嫁接夹定导块上的导向槽内，嫁接夹在导向槽的作用下处于张开状态，到达动导块后对板停止，这时嫁接夹刚好将接合在一起的砧木与接穗的切口部位置于夹中，随后，嫁接夹动导块向外张开，使嫁接夹闭合，将砧木和接穗固定在一起（见图6-10）。

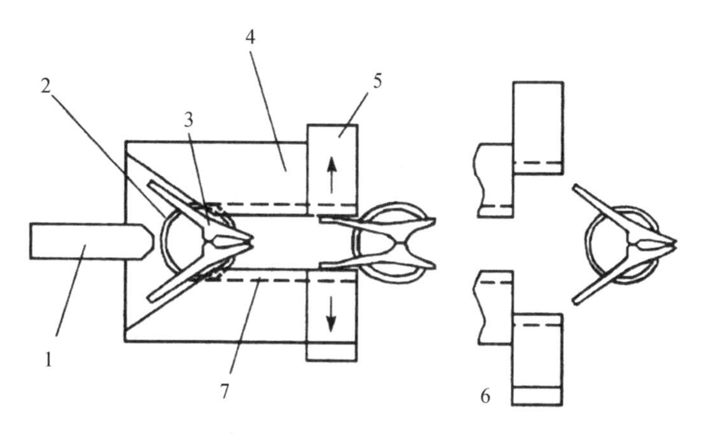

1-嫁接夹推板；2-嫁接夹簧；3-嫁接夹；4-嫁接夹定导块；5-嫁接夹动导块；6-嫁接夹推板；7-导向槽

图 6-10 嫁接夹的推送原理

(5)卸嫁接苗。嫁接夹夹紧嫁接苗后，砧木和接穗苗的夹持手打开，接着夹持手在直动汽缸驱动下回撤，然后嫁接夹推板进一步向右推嫁接夹，最终将完成嫁接作业的嫁接苗推出嫁接机外。完成 1 次嫁接作业动作后，砧木输送臂和接穗输送臂在旋转汽缸的驱动下分别反向旋转 180°，回到起始位置。

该嫁接机嫁接作业需要 5 人，2 人操作嫁接机嫁接作业，1 人运送嫁接苗，2 人回栽完成嫁接的嫁接苗，嫁接速度可达到人工的 3 倍左右，嫁接成功率超 90%。

(三)KGMO128 型全自动嫁接机

KGMO128 型全自动嫁接机采用平接法，嫁接系统由两部分构成：一是砧木预切削装置；二是砧木与接穗嫁接装置。该嫁接机采用标准 128 孔穴盘播种砧木和接穗。

为了保证后续嫁接作业时不妨碍砧木夹持，需要对砧木进行预切削，过程是将育在标准 128 孔穴盘内的砧木送入砧木切削装置中，预先将砧木苗的上部切除，切除的砧木通过输送带送入外部收集箱内。该嫁接机作业过程如图 6-11 所示。

(1)砧木切削。砧木以穴盘形式上苗后，嫁接机以 1 列 8 株苗一起处理，两片双层砧木导向夹持板插入穴盘苗间，合拢后靠每个苗位处的 V 形导向夹持板将 8 株苗同时夹持在固定位置；然后，砧木切刀紧靠上层导向板的上表面，将 8 株砧木切为平面，随后，上层导向板撤出，这时砧木在下导向板上露出一段，以便后续作业。

(2)接穗切削。接穗同砧木一样以穴盘形式上苗后，两片双层接穗导向夹持板插入穴盘苗间，利用 V 形导向夹持板同时夹持住 8 株苗，然后，接穗切刀紧靠下导向板的下表面将 8 株接穗苗的下部切除。

(3)砧木与接穗胶黏接合。接穗导向夹板将切去下部的 8 株接穗苗与切去上部的 8 株砧木苗一一对应地紧密靠在一起，使砧木和接穗的横断切口紧密地靠合在一起，接着下接穗导向板和上砧木导向板撤出，使砧木和接穗结合切口部位暴露出来，嫁接机分别通过两套 8 个一组的喷管，依次在砧木与接穗切口接合处喷专用生物黏合剂和固化剂，黏合剂经过 1s 多就可固化，完成砧木和接穗固定。

(4)夹持物撤除。当黏合剂固化后，砧木下导向夹持板和接穗上导向夹持板松开嫁接苗，退出夹持状态，一次完成 1 列 8 株嫁接苗的嫁接作业。

该嫁接机主要针对大规模蔬菜生产机构研制，自动化程度高，所采用的方法也复杂，所

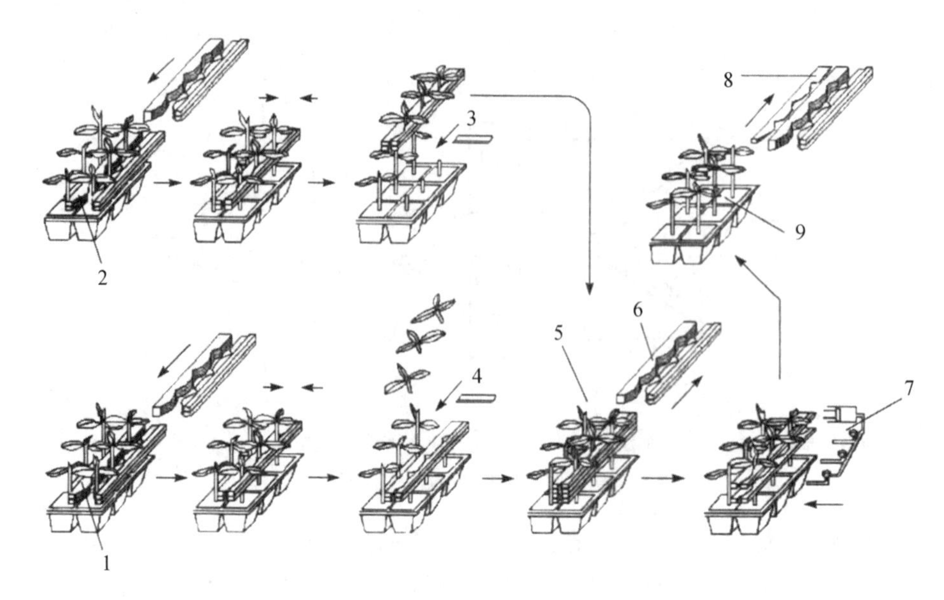

1-双层砧木导向夹持板;2-双层接穗导向夹持板;3-接穗切刀;4-砧木切刀;5-砧木接穗对位接合
6-砧木上层夹持板和接穗下层夹持板撤出;7-砧木和接穗切口接合部位喷涂黏合剂和固化剂;
8-砧木下夹持板和接穗上夹持板撤出;9-完成嫁接作业的嫁接苗

图 6-11　KGMO128 型嫁接机作业过程

以在中小型蔬菜生产机构中应用不广泛。

(四)洋马 T600 型嫁接机

为降低大型嫁接机的造价,洋马公司于 2003 年推出了体积较小、操作方便的 T600 型半自动葫芦科嫁接机。该机采用 V 形平接法,只能一人操作,操作人员分别将砧木和接穗以单株形式送到嫁接机的托苗架上,嫁接机自动完成砧木和接穗的切削、对接和上固定套管作业。该机生产率可达 600 株/h,嫁接成功率为 98%。T600 型嫁接机有四个工作位置:上砧木和接穗位置;砧木和接穗切削位置;砧木和接穗对位接合、上塑料固定套管位置;卸苗位置。该嫁接机嫁接作业如图 6-12 所示。

(1)上砧木和接穗。分别用手将砧木和接穗送入砧木和接穗的托苗架上,砧木在下、接穗在上,嫁接机启动后,砧木夹和接穗夹分别夹持住砧木和接穗,由图 6-12 的位置 A 旋转到位置 B。

(2)砧木和接穗切削。当砧木和接穗到达位置 B 后,砧木和接穗的 V 形切刀分别将砧木的生长点和接穗下部切除,在砧木上切出 V 形槽,同时接穗也切出可相互对接的 V 形。

(3)砧木接穗对接和上固定套管。完成切削的砧木和接穗经过上下对位结合,在位置 C 处套上透明的固定套管(固定套管横断面为一未封闭的环形),依靠透明塑料套管材料的弹性将砧木和接穗紧紧地固定在一起。

(4)卸嫁接苗。松开砧木夹和接穗夹,将完成嫁接作业的嫁接苗卸下,完成一个嫁接作业循环。

(五)针式嫁接机

韩国 Ideal System 公司生产出了采用针式嫁接法的全自动嫁接机。该机所用的嫁接针是陶瓷制五角形针,具有防止嫁接部位回转作用、固定性能好等优点,主要用于嫁接茄科类

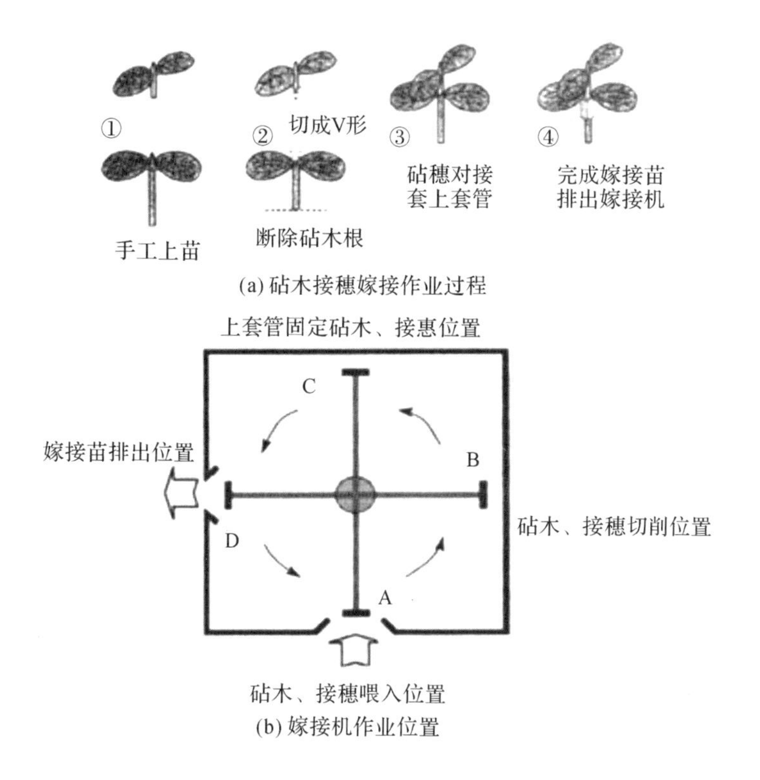

(a) 砧木接穗嫁接作业过程

(b) 嫁接机作业位置

图 6-12　T600 嫁接机作业过程

蔬菜，包括番茄、茄子、辣椒，其嫁接作业能力为 1200 株/h，采用 50 孔穴盘培育砧木和嫁接苗，并直接以穴盘形式整盘上苗，一个嫁接作业循环可同时完成 5 株苗的嫁接作业。

全自动针式嫁接机主要由砧木切削机构、嫁接机构、接穗切削机构、砧木接穗穴盘输送机构和机座等部分组成。完成的主要作业内容如下：定位输送砧木（穴盘）；在砧木切削位置切削砧木；将完成切削的砧木定位输送到嫁接位置；在嫁接位置将嫁接针插入砧木；定位输送接穗（穴盘）到切削位置；切削接穗；将完成切削的接穗定位输送到嫁接位置；在嫁接位置将接穗以 1 列 5 株同时对接到插有嫁接针的 5 株砧木上；将嫁接完的嫁接苗移出。

（六）2JSZ-600 型蔬菜自动嫁接机

20 世纪 90 年代中期，中国农业大学率先在国内开展蔬菜嫁接机的研究，1998 年成功研制出 2JSZ-600 型蔬菜自动嫁接机。该机采用单子叶贴接法，实现了砧木和接穗的取苗、切削、接合、嫁接夹固定、排苗作业的自动化。该机嫁接作业时砧木可直接带营养钵上机嫁接作业，生产率为 600 株/h，嫁接成功率高达 95%，可进行黄瓜、西瓜、甜瓜等瓜菜苗的自动化嫁接作业，嫁接砧木可采用云南黑子南瓜或瓠瓜。该机外形尺寸为 75cm×60cm×103cm，质量为 60kg，采用计算机控制，利用气动驱动各运动部件工作。该机设计新颖、精巧，结构简单合理，操作方便。该机对砧木、接穗适应性强，嫁接性能可靠，各项技术指标处于国内领先水平，在体积、质量、嫁接速度、嫁接性能等方面均达到了国际先进水平。2JSZ-600 型蔬菜自动嫁接机的砧木和接穗切削装置均采用一体式旋转切刀，砧本切刀和接穗切刀安装在同一个旋转刀架上，一次旋转可切除砧木的 1 片子叶和生长点，同时也切除了接穗的根部，操作简便，结构合理。

（七）靠接式嫁接机

20 世纪 90 年代初，韩国研制出采用靠接法的半自动嫁接机，该机可进行黄瓜、西瓜等瓜菜苗的机械化嫁接作业（见图 6-13）。

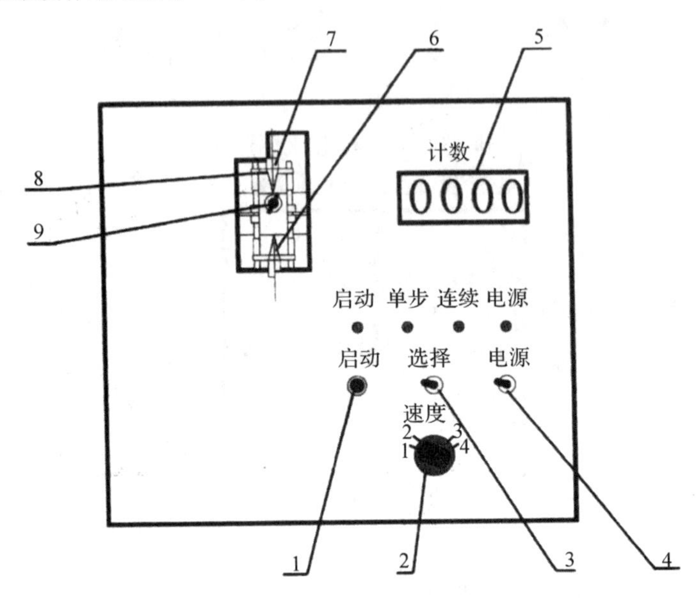

1-启动按钮；2-调速旋钮；3-选择旋钮；4-电源开关；5-计数器；6、7-接穗夹；8、10-砧木夹；9-切刀

图 6-13 靠接式嫁接机

靠墙式嫁接机主要由电机、控制机构、调节机构、工作部件等组成。控制机构是嫁接机的核心，它包括单片机、控制线路、计数器等，工作时序由单片机发出控制指令控制电机转速和转向来实现。调节机构可进行嫁接速度和嫁接方式的调节，由装在前面板上的旋钮和开关等组成。工作部件是嫁接机的作业执行机构，它包括砧木夹、接穗夹、进退刀杆和刀片等。该装置由单片机实现控制，采用凸轮传递动力，分别完成砧木夹持、接穗夹持、砧木接穗切削和对插四个动作。首先，砧木夹张开，上砧木，砧木夹在复位弹簧的作用下闭合，夹紧砧木，紧接着接穗夹张开，上接穗，接穗夹在复位弹簧的作用下闭合，夹紧接穗。其次，接穗夹带动接穗上提，同时切刀伸出，在接穗与砧木的茎秆上分别切以斜口，但并不将茎秆切断。再次，接穗夹在回位弹簧的作用下向下复位，将接穗的斜切口插入砧木的斜切口内，用嫁接夹夹住切口。最后，接穗夹和砧木夹同时张开，取下嫁接苗，完成一次嫁接作业循环。

靠接式嫁接机可根据需要进行连续或断续作业，调节速度，并有电子显示计数等功能，最高生产效率为 310 株/h，嫁接成功率为 90%左右。由于结构简单，操作容易，成本低，不仅在韩国，而且在日本和我国也有一定销量。由于采用靠接法嫁接，所以推广使用受到限制。

（1）2JC-350 型插接式嫁接机

2JC-350 型插接式嫁接机是东北农业大学以普通菜农和中小型育苗中心为使用对象开发研制的半自动嫁接机，主要以葫芦科蔬菜（黄瓜、西瓜和甜瓜）为嫁接对象。插接式嫁接法具有嫁接作业简便、成活率高、不需夹持物、嫁接育苗中应用广泛等优点。该机采用半自动式，人工上砧木、接穗苗和卸取嫁接苗（见图 6-14）。

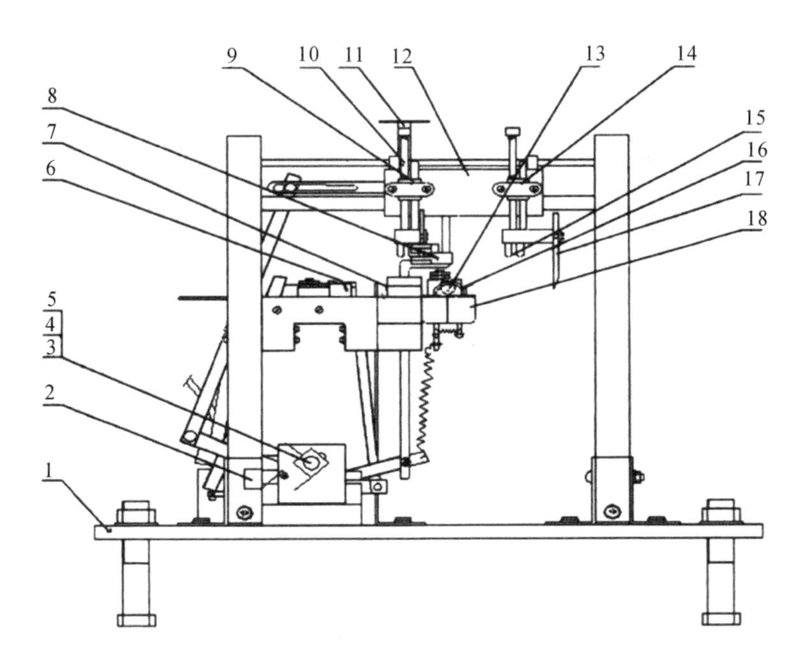

1-底座；2-位移开关；3-凸轮轴；4-凸轮组；5-电机；6-接穗切刀；7-对位座；8-接穗夹；9. 接穗夹滑块；10-双柱导向杆；11-压杆；12-主滑动块；13-砧木切刀；14-插签滑块；15-对位销；16-压苗片；17. 插签；18-砧木夹

图 6-14　2JC-350 型插接式嫁接机简图

2JC-350 型嫁接机包括以下主要工作部件：①砧木夹和压苗片等组成的砧木夹持机构；②砧木切刀等组成的砧木切削机构；③插签等组成的砧木打孔机构；④接穗夹等组成的接穗夹持机构；⑤接穗切刀等组成的接穗切削机构；⑥主滑动块、下压总成、插签滑块和接穗夹滑块组成的滑动机构；⑦分别固定安装在接穗夹滑块和插签滑块上的对位销与对位座组成的对位机构；⑧电机、凸轮组和传动杆组组成的动力传动机构。

2JC-350 型插接式嫁接机工作原理是通过凸轮组控制工作时序，实现一系列的嫁接作业流程。首先，砧木夹将砧木夹紧，压苗片联动下压，将砧木子叶压平，砧木切刀切除砧木生长点，主滑动块左行到达左工作位置，压杆下压，带动插签滑块下行，打孔后上行；接穗夹和接穗切刀同时完成夹持和切削接穗，主滑动块右行到达右工作位置，压杆下压带动接穗夹滑块下行插接，打开接穗夹后上行退苗，完成一个工作循环。

(九)2TJ-800 型蔬菜自动嫁接机

2TJ-800 型蔬菜自动嫁接机是由北京农业智能装备技术中心、北京农业信息技术研究中心、北京市农业机械试验鉴定推广站等单位联合设计的一种基于贴接法嫁接技术的蔬菜自动嫁接机(见图 6-15)。该机主要的技术难点是解决种苗快速切削和精准对接，以及嫁接夹自动排序与供给等问题。

2TJ-800 型蔬菜自动嫁接机结构包括砧木上苗机构、砧木夹持手、砧木切削机构、砧木搬运机构、接穗上苗机构、接穗夹持手、接穗切削机构、接穗搬运机构、嫁接夹自动上夹机构和秧苗输送带等。

2TJ-800 型蔬菜自动嫁接机的整机布局设计为：砧木和接穗的搬运装置分别设有 2 组夹持手，采用水平对称式分双夹持手的旋转臂结构，并以 2 组搬运装置为基准分别设置上苗

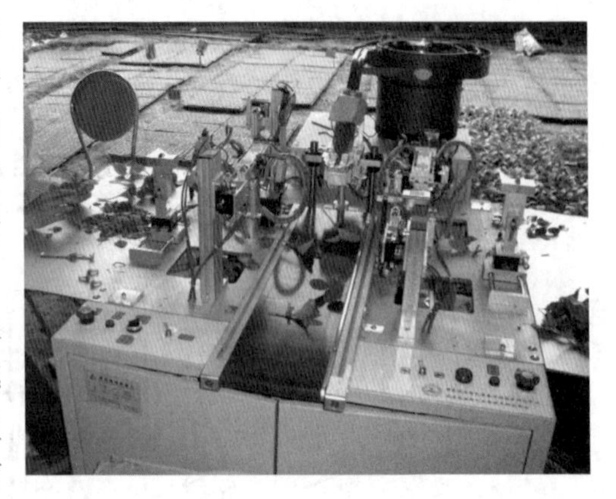

图 6-15　2TJ-800 型蔬菜自动嫁接机

工位、切削工位和对接工位。砧木和接穗搬运装置的初始位置设为水平 0°，在操作台两侧分别设置相应上苗工位；两搬运装置相向旋转 90°，分别设置 2 组砧木和接穗的切削工位；两搬运装置相向旋转 180°，设置为砧木和接穗对接工位。

工作过程：①将砧木 1 和接穗 1 分别放入砧木和接穗的上苗机构中。②踩下砧木和接穗的上苗踏板，砧木和接穗的搬运装置的第一组夹持手伸出，夹持住砧木 1 和接穗 1 并缩回，两搬运装置相向旋转 90°至切削工位Ⅰ。③砧木和接穗切刀Ⅰ分别对砧木 1 和接穗 1 进行切削。④两搬运装置继续相向旋转 90°至对接工位，第一组夹持手再次同时伸出，使砧木 1 和接穗 1 的两切削面刚好贴合在一起。⑤送夹装置推出嫁接夹，夹持住砧木 1 和接穗 1 的贴合部位，第一组夹持手松开嫁接苗并缩回，嫁接苗落到输苗带上并输出，完成一株苗嫁接。⑥同时，第二组夹持手处于上苗工位，伸出对砧木 2 和接穗 2 进行取苗。⑦两搬运装置同时反向旋转 90°，第二组夹持手至切削工位Ⅱ，砧木和接穗切刀Ⅱ分别对砧木 2 和接穗 2 进行切削。⑧两搬运装置继续反向旋转 90°，第二组夹持手到达对接工位，同时，第二组夹持手再次伸出，使砧木 2 和接穗 2 的两切削面贴合。⑨送夹装置再次推出嫁接夹，完成 2 株苗嫁接，依次循环作业。

PPT-41

2TJ-800 型蔬菜自动嫁接机平均嫁接速度 823 株/h，嫁接速度是人工作业的 6～7 倍，适合工厂化的嫁接育苗生产。瓜类比茄果类嫁接速度稍慢，原因是切削工序不同，上苗子叶方向需要调整。

任务四　工厂化组培育苗设施与设备

一、组培育苗在园艺作物生产中的地位

组培育苗也称试管育苗，是在人工控制条件下，将植物组织如茎、叶或花等，在试管内的人工培养基上进行离体培养，形成具有根、茎、叶的幼苗后，再经试管外驯化成苗。这种育苗方法不是用种子繁殖培育种苗，而是利用植物组织的再生能力培养成苗，运用营养体进行快速繁殖，因此，属于无性繁殖。这种育苗方法对于难以得到种子的植物，或能结籽而种子量很少的植物以及属于营养体繁殖的植物来说，是一种好的快繁方法。试管育苗能够保持原有品种的优育性状，获得无病毒苗木，提高繁殖系数，有利于实现育苗的自动化、工厂化和周年生产，实现在室内人工控制条件下以高密度、快速度繁殖。试管育苗法最早用于育种过程，随着组培育苗技术的成熟和组培苗驯化过程环境控制能力的增强，组培育苗技术在园艺作物尤其是无性繁殖的园艺作物的种苗快繁上发挥越来越重要的作用，目前已广泛应用于

园艺植物的种苗扩大繁殖中，如马铃薯、生姜、大蒜等蔬菜作物；草莓、香蕉等果树作物；兰科花卉、红掌、马蹄莲等高档花卉作物的种苗生产，均广泛采用工厂化组培育苗。因此，组培育苗在园艺作物种苗生产中具有重要地位。

二、组培育苗的工艺流程

组培育苗过程是在植物激素的调控下进行的，使用的植物生长调节物质主要有：生长素类，如吲哚乙酸、吲哚丁酸、萘乙酸等，主要调控向根方向分化；细胞分裂素类，如6-BA、玉米素等，主要调控向茎、芽方向分化。两类激素的比例最终控制着细胞和组织的分化方向。

当组培苗生根长度达到1～2cm时，准备移栽。移栽之前可用降低培养温度(20℃以下)和增加光照强度(3000lx以上)的方法进行1周左右的炼苗，移出前1～2天将培养瓶移入温室，打开瓶口。从培养瓶中小心地取出生根试管苗，用清水仔细洗去培养基，用纸将水吸干，再移栽到锯末与泥炭比例为1∶1或蛭石与珍珠岩比例为1∶1的基质中，喷透水，基质应预先消毒。开始阶段覆盖保湿，空气湿度为80%～90%或以上，温度为20～25℃，适当遮阳，防止强光照射。1周后降低湿度，浇营养液，保持基质相对湿度60%～70%为宜。试管苗在试管内的扩增阶段，对管内和室内微环境以及培养基的组成成分要求较高；在驯化阶段，对环境中的温度、湿度及光照条件要求严格；如果控制不当，难以顺利成苗和培育壮苗。因此，对设施、设备条件和技术水平要求较高。

三、组培育苗配套设施与设备

组培育苗配套设施一般由准备室、接种室、培养室和炼苗温室四大部分组成。

(一)准备室

准备室一般由洗涤室、培养基配制室、培养基分装及高压灭菌室组成。

(1)洗涤室。根据组培室的年生产能力安排房间大小，一般年产百万株苗的工厂要有20～30m^{2}的洗涤室，洗涤室的中间设宽1m，长4～6m的洗涤水槽，上设多个水龙头，内镶白瓷砖，底铺硬橡胶板，以防玻璃器皿清洗时碰底破碎。房间四周放多排多层木架，放置待清洗及清洗后的玻璃器皿，主要是三角瓶及小型平底白色罐头瓶(代替三角瓶做培养瓶)，其周转量应在1万瓶左右。本室需配备橡胶手套、各式瓶刷及大型塑料果筐若干。

(2)培养基配制室。一般在16～20m^{2}即可。中间设置长形或方形工作台，配制培养基用。台上放量筒、烧杯、移液管，自制刻度的26～28cm口径、较深的铝或钢锅2～3个。一边设沿墙工作台，放置粗天平(1～500g)一台，分析天平(1/1000g)一台，实体解剖镜一台；另一边放药品柜一个，放置各种瓶装配制培养基的大量元素、微量元素、有机质、琼脂、白糖。电冰箱或冷藏柜一台，内放激素类、配置好的培养基母液等。还需放置酒精桶(95%工业酒精即可)、蒸馏水桶若干。

培养基分装及高压灭菌室需要面积30m^{2}左右，中央需工作台一个，用于放置培养瓶、分装培养基用的医用下口杯。一边放大型立式或卧式高压灭菌锅两个，一边放鼓风干燥箱一台，用于烘干移液管类的玻璃器皿、棉塞等。电炉或煤气罐一个，用于熬固体培养基中的琼脂以及培养基中的糖。一角放蒸馏水器一台，灭菌锅和蒸馏水器电源需专用线路。另一角放置一摊木架子，一层30cm高即可，上放硬橡胶板，用于放置灭菌后的培养瓶。

（二）接种室

接种室需要面积 200m^2 左右，能放置单人 8 台或双人 4 台超净工作台，最好选用垂直送风、前面带玻璃幕帘、净化级为 100 级或更高级的超净台。每个工作台侧面能放置一台医用小平车，正面放一把椅子，要留出小平车的过道。如再有空间应放置几个小木架，用于在紫外灯消毒之前放入待接种的三角瓶，余者放在超净台上，以便在接种操作之前，打开紫外灯时就把这些三角瓶同时灭菌。房间顶部装紫外灯管，如有条件者可装空调机和空气过滤除尘器。现在的超净台有 220V 电压的，但因功率大，仍需专用电路。每个超净台上需酒精灯一盏，15cm 深广口瓶（装 10cm 左右 90％酒精）一个，解剖刀一把，医用枪状 25～30cm 长镊子一把，30cm 长大镊子一把，培养皿（12cm 或 15cm）或白瓷碟若干。

（三）培养室

培养室总面积 80～100m^2，可分成 3～4 间，要求采自然光量尽可能大；保湿、隔热效果好；四壁洁白，清洁明亮。培养架每层是高 30cm、宽 50cm、长为 130cm 的倍数，总高 6～7 层，每 130cm 长、50cm 宽的一层架子上装两根 40W 电子节能灯管。培养架可用木架、铝合金架或钢管架。每个房间装有大功率空调机 1～2 台，使得盛夏全部灯光开放时屋内温度能降至 25℃以下。现在许多培养室采用玻璃温室式，春、夏、秋 3 个季节的晴天不加灯光，只需降温即可，仅阴雨天加光，冬季早晚补光、加温。

（四）炼苗温室（移栽温室）

瓶苗在培养室内生长时，首先确保相对湿度为 100％，其次是无菌，再次是营养与激素供应，最后是适宜的光照和温度。瓶苗出瓶种植后，环境发生剧变，这是造成瓶苗移栽死亡的原因，故瓶苗出瓶后种植时需要一种特殊温室，即炼苗温室或称移栽温室，这是组培工厂化生产必不可少的一个车间。炼苗温室的环境调控设备尽量齐全，环境调控能力强，与一般穴盘育苗温室有一定不同。为了保证移栽成活率，练苗温室必须配有如下仪器和设备：

（1）空气湿度控制设备。温室内最好装有喷雾设备，并能用电脑自动控制，也可人工控制，要使室内湿度保持在 90％～100％，室内要有干湿球温度计或其他湿度测定仪。如无喷雾设备，则必须在温室内设小型塑料拱棚，可采用低于地表的地下床或与地面平的平畦，上设高 50～60cm 的半圆形拱棚，棚内放刚上钵的幼苗。

（2）光照控制设备。温室内可设自动控制的遮阳网或人工控制的遮阳网，春秋季节中午要遮光，夏季几乎全天遮光，但阴雨天要有补光设备，可设 400W 高压钠灯，尤其是冬季阴天或夏季连雨天时，一定要补光，使光强维持在 3～10klx。

（3）温度控制设备。温室一定要有加温、降温设备，并设有温度记录仪，有条件的炼苗温室可加冷热空调、电风扇等。一般温室也需有遮阳降温、喷水降温、排风扇降温及冬季暖气片、热风炉加温等加温设备，使温室温度夏季不高于 28℃，冬季不低于 5℃。此外，温室应设电热温床，使温室地温高于气温 2～3℃，尤其是冬季天气寒冷时，电热温床能极大地提高瓶苗移栽成活率。

（4）空间利用设备。炼苗温室还可在部分甚至全部面积上设置多层的铁架床，架子总高 1.5m 左右，分 3～4 层，或架子高 1.0m 左右，分 2～3 层，架子宽一般 60cm（按一个百孔盘的长度计算或两个百孔盘宽度计算）。长度根据温室宽度而定，两排架子之间留 40～50cm 宽的过道，或者设置宽 1～2m 的架子，但这种架子上能放置特制的容器及容器通道，以便拉动容器，方便作业。架子上，一般放置已经上盆成活的幼苗或对环境抗性强的刚移栽的幼苗，喜光者放上层，喜阴者放下层，这样能充分利用炼苗温室的空间。

复习思考题

1. 什么是工厂化育苗？
2. 工厂化育苗的优点是什么？
3. 工厂化育苗的主要设备有哪些？
4. 试述工厂化育苗的工艺流程。
5. 嫁接砧木选择的原则和条件是什么？

参考文献

[1] 别之龙,黄丹枫.工厂化育苗远离与技术.北京:中国农业出版社,2008.3.
[2] 别之龙,黄丹枫.工厂化育苗原理与技术.2版.北京:中国农业出版社,2019.
[3] 陈国元.园艺设施.苏州:苏州大学出版社,2009.
[4] 陈全胜、姚恩青.设施园艺.武汉:华中师范大学出版社,2010.
[5] 陈杏禹、李立申.园艺设施.北京:化学工业出版社,2011.
[6] 胡繁荣.设施园艺.2版.上海:上海交通大学出版社,2008.
[7] 李建明.设施农业概论.北京:化学工业出版社,2010.8.
[8] 李青云.园艺设施建造与环境调控.北京:金盾出版社,2008.10.
[9] 李式军.设施园艺. 北京:中国农业出版社,2002.
[10] 李式军.设施园艺.北京:中国农业出版社,2002.
[11] 李坤灼、张妍.设施园艺.2版.北京:中国农业大学出版社,2018.
[12] 马希荣.现代设施农业.银川:宁夏人民出版社,2009.
[13] 马凯,侯喜林.园艺通论.2版.北京:高等教育出版社,2006.
[14] 王双喜.设施农业装备.北京:中国农业大学出版社,2010.
[15] 谢小玉.设施农艺学.重庆:西南师范大学出版社,2010.
[16] 徐凤珍.蔬菜栽培学.北京:中国科学文化出版社,2003.
[17] 许太白.园艺机械与设施.北京:中国农业出版社,2016.
[18] 张庆霞、金伊洙.设施园艺.北京:化学工业出版社,2009.8.
[19] 张乃明.设施农业理论与实践.北京:化学工业出版社,2006.3.
[20] 张福墁.设施园艺学.北京:中国农业大学出版社,2001.

附　　录

技能训练1　电热温床的设计与铺设

一、实训目的

通过实训，掌握电热温床铺设的方法、步骤及注意事项。

二、材料与用具

电热线、农用控温仪、继电器（交流接触器）、磁插开关、胶布、铁锹、耙子等。

三、实训内容与方法

1．用DV810电热线铺设16m^2的苗床，电热线的额定长度为100m，额定功率为800W，每平方米用80W功率，计算电热线的根数和每根往返次数与铺线间距。

2．电热温床一般在保温较好的日光温室（或大棚）内，以缩小床内外气温差和土温差。具体铺设方法如下：

（1）清理床面。床面要平整，无石头瓦块，要踏实。

（2）加隔热层（又叫保温层）。为节电一般在床底和四周床壁设置隔热层，装入5～10cm厚的碎草或锯末，上边再铺一层薄膜或3cm的细砂做布线层。

（3）布线。按计算好的布线间距进行布线，为了布线均匀，可用同床宽等长木板两条，按线距宽度钉上钉子，木板两头打两个孔。布线时，将两根木板分别固定在床两端，再将电热线绕过钉子按计划间距布线。一般3人布线，其中2人在两端拉线，中间1人往返放线。布完线后，逐条拉紧。为使床温均匀，床的两侧线距窄些，中间线距宽些。

（4）铺床土和接电源。电热线拉紧后盖床土，播种床一般盖土8～10cm；移植床盖土13～15cm。用营养钵育苗的，为提高钵内温度，电热线上只盖2cm厚的床土。床土盖好后去掉两端木板，接好控温仪通电试用。

3．注意事项：

（1）每根电热线的功率是额定的，使用时不得剪短或连接。

（2）电热线严禁整盘试线，以免烧线。

（3）电热线之间不得交叉、重叠、扎结，以免烧线断路。

（4）需温高和需温低的蔬菜作物育苗时，不能用同一个控温仪。

(5)导电温度计(感温头)插置部位对床温有一定影响。东西床,插置在床东边3m处,深度插入被控部位,播种时在种子处,出苗后移植时,深度应在根尖部为宜。

(6)送电前应浇透水,如果电热线处有干土层,热量散失慢,容易造成塑料皮老化或损坏。

四、课后作业

现有1根长100m、额定功率为1000W的电热线,设定功率为100W/m^2,计算其可铺设的苗床面积;设苗床宽度为1.0m,计算出布线行数及布线间距,并绘出路线连接图。

五、考核方法与标准

1. 考核方法:设计与计算单人考核,其余各项分组考核。
2. 考核标准见表1。

表1　电热线的铺设技术考核表

序号	考核内容	考核标准	分值	得分	综合评价
1	设计及计算	功率密度的确定应根据季节、设施的环境条件及作物种类,确定合理的功率密度	5		
		按照育苗的面积,正确计算出总功率和所需电热加温线的根数	10		
		正确计算出布线长度,不限道数,并将布线道数取偶数	10		
2	布线操作流程	铺散热层要厚度均匀且符合要求,并适度踩平	15		
		电热线铺设前必须对电热线进行全面检查	15		
		铺电热线时,拉线力量合适,布线直且平行,电热线松紧适度,整齐,间距合理。电热线的两头留在一端	20		
3	电器设备的连接	能按照说明书正确连接控温仪,并能把感温插头插在具有代表性的位置	10		
		能正确与单项电源连接,能把几根电热线正确地并联上	15		
4	实中报告	内容充实、完整	10		
合　计			100		

技能训练2　小拱棚的设计与建造

一、实训目的

通过实训,能正确选择建造小棚的场所;能计算出建造小棚所需的材料,并完成骨架建造及扣棚膜的操作。

二、实训材料及场地

1. 实训材料：做棚拱用的厚竹片或竹竿（也可以用圆钢、钢管等），压杆用的材料或者压膜线，小支柱，塑料棚膜，铁丝，尺、钳子、刀、斧、锯、铁锹等工具。

2. 实训场地：校内外基地。

三、内容与方法（以拱圆棚为例）

（一）选择棚址

小棚应选择建在地势平坦、避风向阳，在东、西、南三面没有高大的建筑物或者树木，以保证建棚后有充足的光照。不能建在窝风、低洼处，否则不利于通风排湿；也不能建在风口处，否则易受风害。对于土壤的选择，以疏松肥沃、富含有机质的壤土或沙壤土为好，这样的土壤热容量低，土壤升温快。同时应注意选择地下水位较低、排水良好的地块。若地下水位高，早春地温回升慢，影响作物生长，不利于早熟栽培。

（二）选择方位

在确定好棚址的前提下，往往根据将要扣棚地块的垄或畦的方向来确定小拱棚的延长方向，即与垄或畦的方向保持一致即可，小棚的方位要求不像大棚、温室那样严格。

（三）计算材料用量

根据将要建造小棚的面积、拱间距、跨度、拱高等参数，画出草图，计算出骨架材料的规格、用量及棚膜的用量、尺寸。

（四）准备骨架材料

建棚用的杆、柱等材料应提前去皮、去枝杈，削成圆杆、截好杆头，使能接触到棚膜的部位达到光滑，不至于对棚膜造成损伤。并根据前面的计算结果，确定好拱架、支柱、压杆的长度，准备好充足的铁丝。

（五）架设小棚骨架

根据前面画好的草图，用尺测量好长度和宽度、拱间距及棚间距，在地面上画好施工线，然后将拱杆两端按施工线所在的位置，插入或埋入地下，深度以牢固为准，拱的大小和高度要一致。支好拱架后，根据实际情况设置1～2排立柱，并用铁丝将其固定好。最后将有铁丝、接头等易对棚膜造成损坏的地方，用布片、草绳等包好。

（六）扣棚膜

选温暖无风天的上午扣棚。扣棚时，棚膜要拉紧，将四边埋入土中，压杆要压紧绑牢。

四、课后作业

连续1周分别于早、中、晚观测小拱棚内的温度，并记录数据，分析总结。

五、考核方法与标准

1. 考核方法：基本知识单人考核，其余各项分组考核。

2. 考核标准见表2。

表2　小拱棚的建造技术考核表

序号	考核内容	考核标准	分值	得分	综合评价
1	设计及计算	选址及选择方位;依据光照、风、地势等因素正确选址,并根据畦向选择方位	5		
		根据规定的建造面积及参数,画出小棚的建造草图;较准确地计算出骨架材料用量、棚膜用量尺寸	10		
2	建造小棚骨架	因地制宜选择适当的材料做小棚的建造材料	10		
		拱架设置的高度、跨度要一致,间距合理、相等,埋设牢固	20		
		按照需要设置立柱,埋设及连接稳固、牢靠	20		
3	扣棚膜	棚膜剪裁大小合适,不浪费	10		
		棚膜覆盖要正、平、紧,四周压实	15		
4	实中报告	内容充实、完整	10		
合　计			100		

技能训练3　塑料大棚结构性能调查

一、实训目的

通过实地调查,了解当地塑料大棚的主要类型,掌握其规格尺寸和结构参数;了解塑料大棚建造材料的种类、用量及造价,调查不同类型塑料大棚的性能差异和应用情况,为独立设计建造大棚奠定基础。

二、实训材料及场地

1. 材料:皮尺、钢卷尺、游标卡尺、测量绳、直尺、计算器、绘图用纸等。
2. 场地:不同类型的塑料大棚。

三、内容与方法

(一)布置任务

实地考察各种类型的塑料大棚,测量当地有代表性的1～2种类型塑料大棚的规格尺寸和结构参数,计算所需建材及造价,综合其性能及应用情况,指出哪种类型的塑料大棚更适合当地设施园艺生产,并说明理由。

(二)实施步骤

1. 考察不同类型的大棚,了解其性能及应用情况。

2. 确定生产中应用较好的1～2种类型,测量其规格尺寸和结构参数(包括塑料大棚的长度、跨度、矢高,拱杆间距数量、拉杆数量等),根据所得数据绘制大棚的平面图、横切面图。

(3)调查大棚的骨架材料规格、用量及造价,列出材料用量表。

四、课后作业

综合造价和性能等各项因素，指出哪种类型大棚最适合当地生产，并说明理由。

五、考核方法与标准

1. 考核方法：基本知识单人考核，绘图规范考核。
2. 考核标准见表3。

表3 塑料大棚结构性能调查考核表

序号	考核内容	考核标准	分值	得分	综合评价
1	调查设计	调查认真，记录完整	20		
2	绘图制作	绘图规范，数据真实、准确	30		
3	数据分析	材料规格、用量造价等调查结果准确	30		
4	实中报告	作业完成认真且论证充分	20		
合计			100		

技能训练4 塑料大棚的设计

一、实训目的

能正确选择棚址，合理确定大棚的面积、长度、跨度、高度、高跨比等参数；掌握棚型设计方法，能粗略计算出建材用量和成本。

二、实训材料

铅笔、直尺、计算器、设计图纸等。

三、内容与方法

（一）布置任务

设计1栋适合当地园艺植物（果树、蔬菜、花卉均可）生产使用的钢架结构塑料大棚，并编制用料表，计算原材料成本。

（二）实施步骤

1. 考察棚址。在教师组织下，到实训基地或周边农村考察适合建棚的场地，拟定一块场地，并说明理由。

2. 大棚设计参数的确定。根据所学知识和当地生产的实际情况，确定大棚的占地面积、高度、跨度、长度、高跨比等参数，设计出合理的大棚弧形，并绘制设计图纸（包括纵切面、横切面和平面图）。

3. 编制材料表，计算材料成本。根据所设计的大棚，编制用量表，力求详尽、准确，并调查材料市场价格，估算材料成本。

4. 点评设计成果。选5～10名学生，展示自己的设计图纸和用料表，由教师和其他学生进行提问和点评。

四、课后作业

根据课堂点评结果，修改设计图纸和材料表。

五、考核方法与标准

1. 考核方法：基本知识单人考核，绘图规范考核。

2. 考核标准见表4。

表4 塑料大棚结构性能调查考核表

序号	考核内容	考核标准	分值	得分	综合评价
1	位置选址	选址合理，理由充分	10		
2	参数设计	各项设计参数均合理	20		
3	材料准备	材料准备细致，用量和估价准确	20		
4	答辩汇报	讲解流畅，答辩得当	20		
5	作业修改	完成设计图纸和用料表的修改	30		
合　计			100		

技能训练5　日光温室结构与性能调查

一、实训目的

通过实地调查，了解当地日光温室的主要类型，掌握其规格尺寸和结构参数，了解日光温室的建造材料、用量及造价，为独立设计日光温室奠定基础。

二、实训材料及场地

1. 材料：皮尺、钢卷尺、游标卡尺、测量绳、直尺、计算器、绘图用纸等。

2. 场地：不同类型的日光温室。

三、内容与方法

（一）布置任务

实地考察各种类型日光温室。测量当地有代表性的1～2种类型的规格尺寸和结构参数，根据前屋面采光角，确定其先进程度。调查日光温室建材的规格、用量及造价。

（二）实施步骤

（1）考察不同类型的日光温室，了解其性能及应用情况。

（2）确定生产中应用较好的1～2种类型，测量其规格尺寸和结构参数（包括长度、跨度、矢高和后墙高度、前屋面采光角、后屋面仰角、后屋面水平投影宽度、墙体厚度及立柱间距和拱架间距、作业间的规格等），根据所得数据绘制日光温室的平面图、侧剖面图，并注明其结构参数。

（3）调查日光温室骨架材料和墙体及后屋面建材的规格、用量及造价，列出材料用量表。

（4）园区整体规划。测量整个设施园区的面积、各类设施的方、各类设施的前后左右间距及道路的设置和规划，根据测量结果绘制所调查的设施园区的区划平面图。

四、课后作业

比较所调查的不同类型日光温室的优缺点。

五、考核方法与标准

1. 考核方法：调查记录考核，绘图规范考核。
2. 考核标准如表5所示。

表5　塑料大棚结构性能调查考核表

序号	考核内容	考核标准	分值	得分	综合评价
1	调查记录	调查认真，记录完整	20		
2	数据绘图	温室平面图、侧剖面图绘制规范，数据准确	30		
3	结果测算	材料规格、用量、造价等调查结果准确	20		
4	区划平面图	设施园区的区划平面图绘制规范，数据确切	20		
5	作业报告	完成作业认真，且论述充分	10		
合　计			100		

技能训练6　现代温室结构与性能调查

一、实训目的

通过实地调查，了解现代温室的主要类型，了解其性能和结构特点，掌握现代化温室的主要生产系统及其作用。

二、实训材料及场地

1. 材料：皮尺、钢卷尺、游标卡尺、测量绳、直尺、计算器、绘图用纸等。
2. 场地：现代化温室。

三、内容与方法

(一)布置任务

说出所调查的现代化温室属于哪种类型,有何特点。通过分小组实地测量,记录现代温室的屋面性状、跨度、顶高、天沟高度、柱间距、门窗规格、总面积等结构参数,掌握温室内所配置的生产系统名称及其作用。

(二)实施步骤

(1)根据所学知识,调查了解当前现代化温室的类型及特点。

(2)分小组实地考察和测量现代化温室的各项结构参数,并根据调查数据绘制现代化温室的平面图、横切面图和纵切面图。

(3)调查了解现代化温室的骨架材料和覆盖材料的材质、规格及造价。

(4)参观现代化温室配置的生产系统及使用情况,掌握其在生产中的作用,调查了解现代化温室的生产运营费用。

四、课后作业

查阅资料,总结全国各地现代化温室的应用及收支情况,为我国现代化温室的应用提出合理化建议。

五、考核方法与标准

1. 考核方法:温室类型识别考核,绘图规范考核。

2. 考核标准如表6所示。

表6　塑料大棚结构性能调查考核表

序号	考核内容	考核标准	分值	得分	综合评价
1	温室类型	正确识别所调查现代化温室的类型,并能说出其特点	10		
2	数据绘图	测量数据准确,绘图规范	30		
3	温室认知	能说出现代化温室的主要建筑材料名称及特点	20		
		能说出所调查现代化温室内配置的所有生产系统名称及作用	20		
4	作业报告	按时完成作业,收集材料充分,论述观点正确	20		
合　计			100		

技能训练7　地膜识别及地膜覆盖技术

一、实训目的

通过实训,了解地膜的种类及规格,能根据地膜覆盖的面积计算地膜使用量,正确利用农具进行整地,掌握正确的覆膜操作方法。

二、实训材料及场地

1. 实训材料:各种类型的地膜,整地工具。
2. 实训场地:充分翻耕的耕地人均 $50m^2$ 以上。

三、内容与方法

(一)对各种不同工艺、不同用途的地膜进行识别

观察各种类型地膜的幅宽、颜色、透光程度;用手触摸,感觉其质地,拉伸了解其强度;阅读说明书,详细了解其生产原料、生产工艺、产品规格、主要特点、使用方法及寿命等相关信息,并对以上内容进行认真记录。

(二)正确选择地膜

根据国家标准,农用地膜的最低厚度标准不得低于 0.008mm,目前主要是保证聚乙烯地膜达到一定的厚度,以保证具有一定的强度,便于农民在蔬菜收货后揭膜,提高回收率。超薄地膜由于强度低,易破碎,在使用后难于回收,使残留地膜在土壤中不断积累。随着地膜栽培年数的增加,一些耕地的土壤中日积月累的残膜逐渐形成阻隔层,影响了作物根系的生长发育和对水肥的吸收,使农作物减产。

(三)地膜用量的计算公式

地膜用量(kg)=地膜的密度×覆盖田面积×地膜厚度×理论覆盖度

公式中地膜的密度指的是制造地膜所使用的原料的密度,即聚乙烯树脂的密度,单位是 g/cm^3。高压低密度聚乙烯的密度一般为 $0.922g/cm^3$;低压高密度聚乙烯的密度一般为 $0.950g/cm^3$;线性低密度聚乙烯密度为 $0.920g/cm^3$。覆盖田面积的单位为 m^2,地膜厚度的单位为 mm。理论覆盖度就是单位面积上所使用地膜的总面积与土地面积的比值。地膜的用量是由地膜的密度、厚度、覆盖面积和理论覆盖度共同决定的。这样就很容易根据已知条件,计算出地膜的用量。

例如,地膜覆盖栽培茄子,选用的地膜为高压低密度聚乙烯地膜,厚度为 0.008mm,理论覆盖度为 80%,覆盖面积为 $666.7m^2$,地膜用量为:$0.922\times666.7\times0.008\times80\%=3.93kg$。

(四)施肥、整地、作畦

要施足底肥,精细整地和作畦。要做到地面要正平,不留坷垃、杂草以及残枝、枯蔓等,以利于地膜紧贴地面,并避免刺破、挂坏地膜,并要保证底墒。

(五)喷除草剂

除了除草地膜外的地膜都不含有除草剂,特别是覆膜质量较差时,易造成草荒,而且覆盖地膜后除草难,因此,在覆膜前可以根据需要喷除草剂。使用时按照作物种类选择除草剂。除草剂的用量应少于露地的使用量,否则易造成药害。

(六)覆盖地膜的方法

喷除草剂后要立即覆膜,人工覆膜时最少应 3 人一组,将地膜的一端先在垄或畦的起始

端埋好踩实后，一人铺展地膜，两人分别在畦两侧培土将地膜边缘压上，地膜要拉紧、铺正，并与垄面紧密接触，将边缘压紧封严。覆盖面积，即透明部分的宽度，要占畦面的3/5，留出垄沟用于田间作业和灌水。

四、课后作业

分析测定数据，总结归纳地膜覆盖的增温、保墒效应。

五、考核方法与标准

1. 考核方法：地膜选择、用量计算单人考核，覆膜操作小组考核。
2. 考核标准如表7所示。

表7　地膜覆盖技术实训质量考核标准

序号	考核内容	考核标准	分值	得分	综合评价
1	正确选择地膜	选择适宜种类、厚度的地膜	5		
		根据地块大小、正确计算地膜用量	10		
2	覆膜准备	均匀施足基肥	10		
		精细整地，无坷垃、垄行规范	15		
		正确使用农具	10		
3	覆盖地膜的方法	覆盖操作时，地膜要展平、拉直、压紧，操作者之间能密切配合	10		
		覆盖后，地膜紧贴在地面，裸露部分宽度适宜、均匀	20		
		覆膜的速度应高于当地水平	10		
4	作业报告	内容充实、完整	10		
合　计			100		

技能训练8　半透明覆盖材料的种类和性能调查

一、实训目的

正确识别遮阳网、防虫网、农用无纺布等园艺设施常用的半透明覆盖材料；了解其种类、规格型号；通过观测调查掌握其性能。

二、实训材料

1. 各种半透明材料的小块样本。
2. 使用半透明覆盖材料的园艺设施。
3. 酒精温度计、自记温度计、照度计、湿度计等仪器设备。

三、内容与方法

（一）布置任务

现有1栋用于春秋培育甘蓝苗的塑料大棚需要覆盖遮阳网，1栋用于越夏白菜生产的温室需要覆盖防虫网，另有1栋早春种植蔬菜的塑料大棚需要加挂无纺布二层幕。制订购买计划并实地接触经销商（注：各小组的任务相同，但温室大棚的规格和面积不同，由教师根据实际情况指定）。

（二）实施步骤

(1)查阅资料、实地调查。学生分成小组，通过查阅资料、参观走访等各种形式了解遮阳网、防虫网、农用无纺布等覆盖材料的种类、规格、性能和报价，形成调查报告。

(2)根据教师提供的小块覆盖材料样本，与手中的调查报告对照，选定需购买的材料种类和规格。

(3)制订购买计划，如生产厂家、材料数量、价格、运费，做出预算。

(4)连续1周观测遮阳网、防虫网和农用无纺布覆盖下的设施内的温度、光照度和相对湿度，并与外界温度、光照度和相对湿度进行比较，列出数据表。

四、课后作业

根据观测的环境指标数据，归纳总结出遮阳网、防虫网和农用无纺布的主要性能。

五、考核方法与标准

1. 考核方法：小组调查数据考核、报告制作考核，数据记录考核。
2. 考核标准如表8所示。

表8　半透明覆盖材料的种类和性能调查考核标准

序号	考核内容	考核标准	分值	得分	综合评价
1	材料调查	调查报告全面、翔实，有新意	20		
2	材料准备	选用材料合理，符合生产要求，兼顾节约成本	20		
3	预算可行性	预算准确，材料购买计划可行	20		
4	数据记录	按时测定相关数据，并认真记录、分析	20		
5	报告分析	总结报告全面、数据合理，与观测数据相符	20		
合　计			100		

技能训练9　园艺设施小气候观测

一、实训目的

掌握园艺设施小气候观测的一般方法，熟悉小气候观测常用仪器的使用方法，进一步掌握设施内各种小气候的变化规律，为设施环境调控和环境管理打下基础。

二、实训材料

1. 光照度：照度表。

2. 空气温湿度：普通水银(酒精)温度表、干湿球温度表、最高温度表和最低温度表、自记温度计、毛发湿度表、通风干湿表等。

3. 土壤温度：曲管地温表、地面温度表、地面最高温度表和地面最低温度表等。

4. CO_2 浓度：红外 CO_2 分析仪(便携式)。

5. 风速：热球或电动风速表。

6. 小气候观测支架。

三、内容与方法

(一)观测内容

(1)温室或塑料大棚的透光率、光照水平及垂直分布、日变化观测。

(2)温室或塑料大棚温、湿度分布，温、湿度日变化观测。

(3)土壤温度分布及日变化观测。

(4)二氧化碳浓度的分布、气流速度及日变化特征。

(二)测点布置

水平测点，视温室或塑料棚的大小而定，如一个面积为300～600m^2的日光温室可布9个测点(见图1)，其中点5位于温室中央，称之为中央测点。其中1、2、3和7、8、9两组测点与两侧山墙的距离为10m，4、5、6三个侧点的位置在温室长度的中部，测点1、4、7和3、6、9分别距前沿和后墙1m，南北向行内各测定间距相等。测试点高度以设施高度、作物状况、设施内气象要素垂直分布状况而定，在无作物时，可设0.2、0.5、1.5m三个高度；有作物时可设作物冠层上方0.2m，作物层内1～3个高度，室外对照区高度为1m。

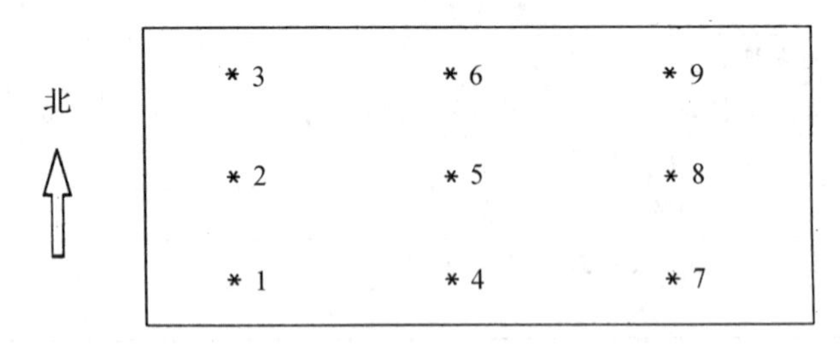

图1 观测点布置分布

(1)光照的水平分布测定一般取0.5m高度处的9个测点，垂直分布测定可只取中横断面(4、5、6点)的3个高度，或东、中、西三个横断面都取；光照日变化测定一般取纵剖面0.5m高度处的2、5、8点；并与室外对照观测。

(2)温度的日变化、水平及垂直分布观测的测定可同光照。

(3)湿度的日变化一般取0.5m高度处的2、5、8点，水平分布测定一般取纵剖面0.5m高度处的2、4、5、6、8点，垂直分布测定一般取5点的三个高度；并与室外对照观测。

(4)土壤温度的观测点一般于2、4、5、6、8点测定10cm处地温分布情况；并于5点和室外对照点观测5cm、10cm、20cm、25cm处地温的日变化。

(5)二氧化碳浓度的观测点一般于5点的三个高度测定，并与室外对照观测。

(6)风速的观测点一般于5点，可设作物冠层上方0.2m，作物层内1～3个高度，室外对照观测。

一般来说，在人力、物力允许时测定可按上述测定布置，如人力、物力不允许，可减少测点，但中央测点必须保留。

(三)观测仪器的设置

(1)照度表。着手测量时，应从最大量程试测，将导线插头插入相应插孔，手持感光器手柄，水平放置于待测位置，打开电源开关。当选用量程合适时，从电流表即可读出测量数据。测试完毕和存放期均应将选择旋钮置于关闭位置。

(2)曲管地温表。曲管温度表安放时应按5cm、10cm、15cm、20cm深度顺序自东向西排列，球部向北，表面间隔10cm，表身与地面成45°夹角，各表身沿东西向排齐。读数时不要把地温表取离地面，且视线要与水银柱顶端保持垂直。

(3)地面温度表、地面最低温度表、地面最高温度表须水平安放，按地面温度表、最低温度表、最高温度表的顺序自北向南平行排列，球部向东，并使其位于南北向的一条直线上。表面间隔约5cm，球部及表身一半埋入土中。

(4)干湿球温度表，是由两支规格相同的套管式玻璃水银温度表组成，两支温度表都是由感应球部、毛细管、刻度磁板、外套管四部分组成。一支温度表的感应球部包上一层脱脂纱布，纱布下部浸入一个带盖的水杯内，以蒸馏水湿润，叫湿球温度表。另一支温度表不包纱布，是干球温度表。利用干球温度表和湿球温度表的读数可查算空气的湿度。

最高和最低温度表：用来测定日最高气温和日最低气温。其构造与测定地面最高和最低温度表相同。只是刻度范围较小。

气温表的感应球部不应直接接受直射光照，最好安放在百叶箱内。最高、最低温度表的球部均应向东。

(四)观测时间

选择典型的晴天或阴天进行观测。

为了使设施内获得的小气象资料可进行比较，设施小气候日界定为每日的20时。1天(24h)内，空气温湿度、土壤温度、二氧化碳浓度、风速每隔2h测定一次，分别为20,22,24,02,04,06,08,10,12,14,16,18时共12次，如温室揭、盖苫时间与上述时间超过0.5h，则应在揭、盖苫后，及时加测一次。

光照度则应在每日揭、盖苫时段内每隔1h测定一次。观测时间取北京时间。

(五)观测顺序

视人力、物力可采取定点流动观测或线路观测方法。在每一平画(剖面)，每次观测时读数两遍，两次读数的先后次序相反，取两次观测的平均值。在某一点按光照—空气温、湿度—土壤温度—CO_2浓度—风速顺序进行。

土壤温度按地面温度、地面最低温度、地面最高温度，然后依次观测地下5cm、10cm、15cm、20cm深度的温度。

(六)观测资料整理

将一天连续观测的结果,按测点分别填入汇总表和单要素统计表(见表9至表13)。

表9　光照度测定记录表

试验地点:　　　　　　试验期日:　　　　　　天气情况:　　　　　　单位:klx

时间	高度/m	测点									平均	室外	最小值	均匀度	平均透光率/%
		1	2	3	4	5	6	7	8	9					

检查人:　　　　记录人:

表10　温度测定记录表

试验地点:　　　　　　试验期日:　　　　　　天气情况:　　　　　　单位:℃

时间	高度/m	测点									平均	室外气温	最小温度	均匀度	内外温差
		1	2	3	4	5	6	7	8	9					

检查人:　　　　记录人:

表11　湿度测定记录表

试验地点:　　　　　　试验期日:　　　　　　天气情况:　　　　　　单位:%

时间	高度/m	测点					平均	室外气温	最小温度	均匀度	内外温差
		2	4	5	6	8					

检查人:　　　　记录人:

表 12　地温测定记录表

试验地点：　　　　试验期日：　　　　天气情况：　　　　单位：℃

时间	高度/m	测点					平均	室外气温	最小温度	均匀度
		2	4	5	6	8				
	0.05									
	0.10									
	0.15									
	0.20									
	0.05									
	0.10									
	0.15									
	0.20									
	0.05									
	0.10									
	0.15									
	0.20									

检查人：　　记录人：

表 13　地温测定记录表

试验地点：　　　　试验期日：　　　　天气情况：

时间	高度/m	室内测点(5)		室外测点	
		二氧化碳/(ml/m^3)	风速/(cm/s)	二氧化碳/(ml/m^3)	风速/(cm/s)

检查人：　　记录人：

(七)注意事项

(1)观测内容和测点视人力、物力而定。

(2)观测前必须进行充分准备，任课教师要精心设计、精心准备、明确分工，既不窝工又不遗漏。

(3)仪器安装好以后务必预测一次，发现问题及时更正。

(4)每次观测前必须巡视各测点仪器是否完好，发现问题及时更正；每次观测后必须及时检查数据是否合理，如果发现不合理者必须查明原因并及时更正。

(5)观测前必须设计好记录数据的表格，要填写观测者、数据处理者的姓名。

(6)观测数据一律用 HB 铅笔填写，如发现错误记录，应用铅笔划去再在右上角写上正确数据，严禁用橡皮涂擦。

(7)各种仪表必须按气象观测要求进行，读数时要迅速、准确。

四、作业

填写汇总表和单要素统计表，写出实训报告，根据观测所得数据，绘出温室（或大棚）内等温线图、光照分布图、温度和湿度的日变化曲线图；并对温室（或大棚）结构和管理提出意见和建议。绘制各要素的日变化图、水平分布图（等值分布图）和垂直分布图。

五、考核方法与标准

1. 考核方法：数据测量考核、报告制作考核。

2. 考核标准如表14所示。

表14　园艺设施小气候观测考核标准

<table>
<tr><th>序号</th><th>考核内容</th><th>考核标准</th><th>分值</th><th>得分</th><th>综合评价</th></tr>
<tr><td rowspan="3">1</td><td rowspan="3">数据测量</td><td>按照要求测量设施内的温度、湿度和光照环境，数据准确可靠</td><td>30</td><td></td><td rowspan="5"></td></tr>
<tr><td>按照要求准时测量不同时间设施内外温湿度变化，数据准确可靠</td><td>20</td><td></td></tr>
<tr><td>按照要求准时测量设施内地温的分布和日变化，数据准确可靠</td><td>20</td><td></td></tr>
<tr><td>2</td><td>作业报告</td><td>按时完成作业，答案正确</td><td>30</td><td></td></tr>
<tr><td colspan="3">合　计</td><td>100</td><td></td></tr>
</table>